高职高专计算机任务驱动模式教材

网络安全实用项目教程

贾如春　沈　洋　库德来提·热西提　主　编

杨　云　崔　鹏　张晓珲　副主编

清华大学出版社

北京

内 容 简 介

本书基于"项目导向、任务驱动"的项目化教学方式编写而成,体现了"基于工作过程"的教学理念。

全书在基于全国职业院校技能大赛网络信息安全的项目基础上,融入了基于国家社科学基金科研项目青年项目:基于维哈柯文信息的电子数据司法鉴定问题研究(编号:13CFX055)的成果。从中分解成多个项目的任务环节,其中包括认识网络安全、网络攻击与防护、网络数据库安全、计算机病毒与木马防护、使用 Sniffer Pro 防护网络、数据加密、Windows Server 系统安全、防火墙技术、无线局域网安全和Internet 安全与应用等内容。

本书可以作为计算机和通信专业的教材,也可作为信息安全专业和从事信息安全研究的工程技术人员的参考书。

图书在版编目(CIP)数据

网络安全实用项目教程/贾如春,沈洋,库德来提·热西提主编.--北京:清华大学出版社,2015
(2023.1重印)
高职高专计算机任务驱动模式教材
ISBN 978-7-302-40759-1

Ⅰ.①网… Ⅱ.①贾… ②沈… ③库… Ⅲ.①计算机网络-安全技术-高等职业教育-教材
Ⅳ.①TP393.08

中国版本图书馆 CIP 数据核字(2015)第 161825 号

责任编辑:张龙卿
封面设计:徐日强
责任校对:刘 静
责任印制:宋 林

出版发行:清华大学出版社
  网 址:http://www.tup.com.cn,http://www.wqbook.com
  地 址:北京清华大学学研大厦 A 座   **邮 编:**100084
  社 总 机:010-83470000   **邮 购:**010-62786544
  投稿与读者服务:010-62776969,c-service@tup.tsinghua.edu.cn
  质量反馈:010-62772015,zhiliang@tup.tsinghua.edu.cn
  课件下载:http://www.tup.com.cn,010-83470410
印 装 者:北京国马印刷厂
经 销:全国新华书店
开 本:185mm×260mm   **印 张:**19.25   **字 数:**438 千字
版 次:2015 年 9 月第 1 版   **印 次:**2023 年 1 月第 7 次印刷
定 价:59.00 元

产品编号:066233-03

编审委员会

出版说明

我国高职高专教育经过十几年的发展,已经转向深度教学改革阶段。教育部于 2006 年 12 月发布了教高〔2006〕第 16 号文件《关于全面提高高等职业教育教学质量的若干意见》,大力推行工学结合,突出实践能力培养,全面提高高职高专教学质量。

清华大学出版社作为国内大学出版社的领跑者,为了进一步推动高职高专计算机专业教材的建设工作,适应高职高专院校计算机类人才培养的发展趋势,根据教高〔2006〕第 16 号文件的精神,2007 年秋季开始了切合新一轮教学改革的教材建设工作。该系列教材一经推出,就得到了很多高职院校的认可和选用,其中部分书籍的销售量都超过了 3 万册。现重新组织优秀作者对部分图书进行改版,并增加了一些新的图书品种。

目前国内高职高专院校计算机网络与软件专业的教材品种繁多,但符合国家计算机网络与软件技术专业领域技能型紧缺人才培养培训方案,并符合企业的实际需要,能够自成体系的教材还不多。

我们组织国内对计算机网络和软件人才培养模式有研究并且有过一段实践经验的高职高专院校,进行了较长时间的研讨和调研,遴选出一批富有工程实践经验和教学经验的双师型教师,合力编写了这套适用于高职高专计算机网络、软件专业的教材。

本套教材的编写方法是以任务驱动、案例教学为核心,以项目开发为主线。我们研究分析了国内外先进职业教育的培训模式、教学方法和教材特色,消化吸收优秀的经验和成果。以培养技术应用型人才为目标,以企业对人才的需要为依据,把软件工程和项目管理的思想完全融入教材体系,将基本技能培养和主流技术相结合,课程设置中重点突出、主辅分明、结构合理、衔接紧凑。教材侧重培养学生的实战操作能力,学、思、练相结合,旨在通过项目实践,增强学生的职业能力,使知识从书本中释放并转化为专业技能。

一、教材编写思想

本套教材以案例为中心,以技能培养为目标,围绕开发项目所用到的知识点进行讲解,对某些知识点附上相关的例题,以帮助读者理解,进而将知识转变为技能。

考虑到是以"项目设计"为核心组织教学,所以在每一学期配有相应的实训课程及项目开发手册,要求学生在教师的指导下,能整合本学期所学的知识内容,相互协作,综合应用该学期的知识进行项目开发。同时,在教材中采用了大量的案例,这些案例紧密地结合教材中的各个知识点,循序渐进,由浅入深,在整体上体现了内容主导、实例解析、以点带面的模式,配合课程后期以项目设计贯穿教学内容的教学模式。

软件开发技术具有种类繁多、更新速度快的特点。本套教材在介绍软件开发主流技术的同时,帮助学生建立软件相关技术的横向及纵向的关系,培养学生综合应用所学知识的能力。

二、丛书特色

本系列教材体现目前工学结合的教改思想,充分结合教改现状,突出项目面向教学和任务驱动模式教学改革成果,打造立体化精品教材。

(1)参照和吸纳国内外优秀计算机网络、软件专业教材的编写思想,采用本土化的实际项目或者任务,以保证其有更强的实用性,并与理论内容有很强的关联性。

(2)准确把握高职高专软件专业人才的培养目标和特点。

(3)充分调查研究国内软件企业,确定了基于Java和.NET的两个主流技术路线,再将其组合成相应的课程链。

(4)教材通过一个个的教学任务或者教学项目,在做中学,在学中做,以及边学边做,重点突出技能培养。在突出技能培养的同时,还介绍解决思路和方法,培养学生未来在就业岗位上的终身学习能力。

(5)借鉴或采用项目驱动的教学方法和考核制度,突出计算机网络、软件人才培训的先进性、工具性、实践性和应用性。

(6)以案例为中心,以能力培养为目标,并以实际工作的例子引入概念,符合学生的认知规律。语言简洁明了、清晰易懂,更具人性化。

(7)符合国家计算机网络、软件人才的培养目标;采用引入知识点、讲述知识点、强化知识点、应用知识点、综合知识点的模式,由浅入深地展开对技术内容的讲述。

(8)为了便于教师授课和学生学习,清华大学出版社正在建设本套教材的教学服务资源。在清华大学出版社网站(www.tup.com.cn)免费提供教材的电子课件、案例库等资源。

高职高专教育正处于新一轮教学深度改革时期,从专业设置、课程体系建设到教材建设,依然是新课题。希望各高职高专院校在教学实践中积极提出意见和建议,并及时反馈给我们。清华大学出版社将对已出版的教材不断地修订、完善,提高教材质量,完善教材服务体系,为我国的高职高专教育继续出版优秀的高质量的教材。

清华大学出版社
高职高专计算机任务驱动模式教材编审委员会
2014年3月

前　言

一、编写背景

近年来,高等职业技术教育得到了飞速发展,学校急需适合职业教育特点的网络安全课程的实用型教材,减少枯燥难懂的理论,取而代之的是安全建设网络、安全使用网络、安全管理网络等实际操作应用能力的培养与训练。我们基于全国职业院校技能大赛网络信息安全国赛项目,将项目内容分解为多个任务环节,通过任务来实现对相关知识点的理解和学习。

二、本书特点

本书是和四川福立盟信息技术有限公司合作共同编写的"工学结合"的网络安全项目化教材。全书共包含 10 个教学项目,最大的特色是"易教易学"。同时融合了国家社科学基金科研项目青年项目：基于维哈柯文信息的电子数据司法鉴定问题研究(编号：13CFX055)的成果。本书主要特点如下。

1. 体例上有所创新

"教学做一体",创新编写模式。将"教材—项目案例—工程实践"对接,有机融合项目式教学。全书采用"项目导向、任务驱动"的编写方式,通过工程实例的学习增强读者对知识点和技能点的掌握。

教材大部分章按照"项目导入"→"职业能力目标和要求"→"相关知识点"→"项目实施"→"拓展提升"→"习题"层次进行组织。

2. 内容上注重实用

全书共有 10 个项目：

项目 1　认识网络安全

项目 2　网络攻击与防护

项目 3　网络数据库安全

项目 4　计算机病毒与木马防护

项目 5　使用 Sniffer Pro 防护网络

项目 6　数据加密

项目 7　Windows Server 系统安全

项目 8　防火墙技术

项目 9　无线局域网安全

项目 10　Internet 安全与应用

三、教学大纲

参考学时 64 学时,其中实践环节为 32 学时,各项目的参考学时参见下面的学时分配表。

章　节	课 程 内 容	学 时 分 配	
		讲授	实训
项目 1	认识网络安全	4	2
项目 2	网络攻击与防护	4	4
项目 3	网络数据库安全	2	4
项目 4	计算机病毒与木马防护	6	6
项目 5	使用 Sniffer Pro 防护网络	4	4
项目 6	数据加密	4	4
项目 7	Windows Server 系统安全	2	2
项目 8	防火墙技术	2	2
项目 9	无线局域网安全	2	2
项目 10	Internet 安全与应用	2	2
	课时总计	32	32

四、其他

本书是教学名师、企业工程师和骨干教师共同策划编写的一本工学结合教材。由贾如春、沈洋、库德来提·热西提担任主编,杨云、崔鹏、张晓珲担任副主编。贾如春编写项目 2、项目 9,沈洋编写项目 4,库德来提·热西提编写项目 5、项目 6、项目 8,崔鹏编写项目 1、项目 10,张晓珲编写项目 3、项目 7。杨云编写了大纲以及项目 6 和项目 7 中的部分内容,张晖、金月光、李明生编写了项目 5 的部分内容。

作者 E-mail:yangyun90@163.com。Windows 及 Linux 教师交流群:189934741。

编　者

2015 年 5 月

目　录

项目 1　认识网络安全

1.1　项目导入

近几年来，网络越来越深入人心，它已成为人们学习、工作、生活的便捷工具，并为我们提供了丰富资源，但是我们不得不注意到，网络虽然有强大的功能，但也有会受到攻击而非常脆弱的一面。据美国 FBI 统计，美国每年因网络安全问题所造成的经济损失高达 75 亿美元，在我国，每年因网络安全问题也造成了巨大的经济损失，所以网络安全问题是我们决不能忽视的问题。据国外媒体报道，全球计算机行业协会（CompTIA）近日评出了"当前最急需的 10 项 IT 技术"，结果安全和防火墙技术排名首位，这说明安全方面的问题是全世界都急需解决的重要问题，我们所面临的网络安全状况有多尴尬也就可想而知了。

1.2　项 目 分 析

在网络高速发展的今天，人们在享受网络便捷所带来的益处的同时，网络的安全也日益受到威胁。

网络攻击行为日趋复杂，各种方法相互融合，使网络安全防御更加困难。黑客攻击行为组织性更强，攻击目标从单纯地追求"荣耀感"向获取多方面实际利益的方向转移，网上木马、间谍程序、恶意网站、网络仿冒等的出现和日趋泛滥。

智能手机、平板电脑等无线终端的处理能力和功能通用性日益提高，使其日趋接近个人计算机，针对这些无线终端的网络攻击已经开始出现，并将进一步发展。

总之，网络安全问题变得更加错综复杂，影响将不断扩大，很难在短期内得到全面解决。

安全问题已经摆在了非常重要的位置上，网络安全如果不加以防范，会严重地影响到网络的应用。

1.3 相关知识点

1.3.1 网络安全概念

1. 网络安全的重要性

（1）计算机存储和处理的是有关国家安全的政治、经济、军事、国防的情况及一些部门、机构、组织的机密信息或是个人的敏感信息、隐私，因此成为敌对势力、不法分子的攻击目标。

（2）随着计算机系统功能的日益完善和速度的不断提高，系统组成越来越复杂，系统规模越来越大，特别是 Internet 的迅速发展，存取控制、逻辑连接数量不断增加，软件规模空前膨胀，任何隐含的缺陷、失误都能造成巨大损失。

（3）人们对计算机系统的需求在不断扩大，这类需求在许多方面都是不可逆转、不可替代的，而计算机系统使用的场所正在转向工业、农业、野外、天空、海上、宇宙空间、核辐射环境等，这些环境都比机房恶劣，出错率和故障的增多必将导致可靠性和安全性的降低。

（4）随着计算机系统的广泛应用，各类应用人员队伍迅速发展壮大，教育和培训却往往跟不上知识更新的需要，操作人员、编程人员和系统分析人员的失误或缺乏经验都会造成系统的安全功能出现问题。

（5）计算机网络安全问题涉及许多学科领域，既包括自然科学，又包括社会科学。就计算机系统的应用而言，安全技术涉及计算机技术、通信技术、存取控制技术、校验认证技术、容错技术、加密技术、防病毒技术、抗干扰技术、防泄露技术等，因此是一个非常复杂的综合问题，并且其技术、方法和措施都要随着系统应用环境的变化而不断变化。

（6）从认识论的高度看，人们往往首先关注系统功能，然后才被动地从现象注意系统应用的安全问题。因此广泛存在着重应用、轻安全、法律意识淡薄的普遍现象。计算机系统的安全是相对不安全而言的，许多危险、隐患和攻击都是隐蔽的、潜在的、难以明确却又广泛存在的，这也使得目前不少网络信息系统都存在先天性的安全漏洞和安全威胁，有些甚至产生了非常严重的后果。

2. 网络脆弱的原因

（1）开放性的网络环境：Internet 的开放性，使网络变成众矢之的，可能遭受各方面的攻击；Internet 的国际性使网络可能遭受本地用户或远程用户、国外用户或国内用户等的攻击；Internet 的自由性没有给网络的使用者规定任何的条款，导致用户"太自由了"，自由地下载、自由地访问、自由地发布；Internet 使用的傻瓜性使任何人都可以方便地访问网络，基本不需要技术，只要会移动鼠标就可以上网冲浪，这就给我们带来很多的隐患。

（2）协议本身的缺陷：网络应用层服务的隐患；IP 层通信的易欺骗性；针对 ARP 的

欺骗性。

（3）操作系统的漏洞：系统模型本身的缺陷；操作系统存在 BUG；操作系统程序配置不正确。

（4）人为因素：缺乏安全意识，缺少网络应对能力，有相当一部分人认为自己的计算机中没有什么重要的东西，不会被别人黑，存在这种侥幸心理、重装系统后觉得防范很麻烦，所以不认真对待安全问题，造成的隐患就特别多。

（5）设备不安全：对于购买的国外的网络产品，到底有没有留后门，我们根本无法得知，这对于缺乏自主技术支撑、依赖进口的国家而言，无疑是最大的安全隐患。

（6）线路不安全：不管是有线介质、双绞线、光纤还是无线介质，以及微波、红外、卫星、Wi-Fi 等，窃听其中一小段线路的信息是很容易做到的，没有绝对安全的通信线路。

3. 网络安全的定义

网络安全是指网络系统的硬件、软件及其系统中的数据受到保护，不因偶然的或者恶意的原因而遭受到破坏、更改、泄露，系统连续可靠正常地运行，网络服务不中断。网络安全包含网络设备安全、网络信息安全、网络软件安全。从广义来说，凡是涉及网络上信息的保密性、完整性、可用性、真实性和可控性的相关技术和理论都是网络安全的研究领域。网络安全是一门涉及计算机科学、网络技术、通信技术、密码技术、信息安全技术、应用数学、数论、信息论等多种学科的综合性学科。

4. 网络安全的基本要素

（1）机密性（保密性）：确保信息不暴露给未授权的实体或进程；防泄密。

（2）完整性：只有得到允许的人才能修改实体或进程，并且能够判别出实体或进程是否已被修改。完整性鉴别机制，保证只有得到允许的人才能修改数据；防止篡改。

（3）可用性：得到授权的实体可获得服务，攻击者不能占用所有的资源而阻碍授权者的工作。用访问控制机制阻止非授权用户进入网络。使静态信息可见，动态信息可操作。防止中断。

（4）可鉴别性（可审查性）：对危害国家信息（包括利用加密的非法通信活动）的监视审计。控制授权范围内的信息流向及行为方式。使用授权机制，控制信息传播范围及内容，必要时能恢复密钥，实现对网络资源及信息的可控性。

（5）不可抵赖性：建立有效的责任机制，防止用户否认其行为，这一点在电子商务中是极其重要的。

1.3.2　典型的网络安全事件

1995 年，米特尼克闯入许多计算机网络，偷窃了 2 万个信用卡号。他曾闯入"北美空中防务指挥系统"，破译了美国著名的"太平洋电话公司"在南加利福尼亚州通信网络的"账户修改密码"，入侵过美国 DEC 等 5 家大公司的网络，造成 8000 万美元的损失。

1999 年，中国台湾省大学生陈盈豪制造的 CIH 病毒在 4 月 26 日发作，引起全球震撼,有 6000 多万台计算机受害。

2002 年,黑客用 DDos 攻击而影响了 13 个"根 DNS"中的 8 个,作为整个 Internet 通信路标的关键系统遭到严重的破坏。

2006 年,"熊猫烧香"木马致使我国数百万计算机用户受到感染,并波及周边国家。

2007 年 2 月,"熊猫烧香"制作者李俊被捕。

2008 年,一个全球性的黑客组织,利用 ATM 欺诈程序在一夜之间从世界 49 个城市的银行中盗走了 900 万美元。

2009 年,韩国遭受有史以来最猛烈的一次黑客攻击。韩国总统府、国会、国情院和国防部等国家机关,以及金融界、媒体和防火墙企业网站遭受攻击,造成网站一度无法访问。

2010 年,"维基解密"网站在《纽约时报》、《卫报》和《镜报》配合下,在网上公开了多达 9.2 万份的驻阿美军秘密文件,引起轩然大波。

2011 年,堪称中国互联网史上最人泄密事件发生。当年的 12 月中旬,CSDN 网站用户数据库被黑客在网上公开,大约 600 余万个注册邮箱账号和与之对应的明文密码泄露。2012 年 1 月 12 日,CSDN 泄密的两名嫌疑人被刑事拘留。其中一名为北京籍黑客;另一名为外地黑客。

2013 年 6 月 5 日,美国前中情局(CIA)职员爱德华·斯诺顿披露给媒体两份绝密资料,一份资料称:美国国家安全局有一项代号为"棱镜"的秘密项目,要求电信巨头威瑞森公司必须每天上交数百万用户的通话记录。另一份资料更加惊人,美国国家安全局和联邦调查局通过进入微软、谷歌、苹果等九大网络巨头的服务器,监控美国公民的电子邮件、聊天记录等秘密资料。

2014 年 4 月 8 日,"地震级"网络灾难降临,在微软 Windows XP 操作系统正式停止服务的同一天,互联网被划出一道致命裂口——常用于电商、支付类接口等安全极高网站的网络安全协议 OpenSSL 被曝存在高危漏洞,众多使用 HTTPs 的网站均可能受到影响,在"心脏出血"漏洞逐渐修补结束后,由于用户很多软件中也存在该漏洞,黑客攻击目标存在从服务器转身客户端的可能性,下一步有可能出现"血崩"攻击。

1.3.3 信息安全的发展历程

1. 通信保密阶段 ComSec(Communication Security)

通信保密阶段始于 20 世纪 40 年代至 70 年代,又称为通信安全时代,其重点是通过密码技术解决通信保密问题,保证数据的保密性和完整性,主要安全威胁是搭线窃听、密码学分析,主要保护措施是加密技术,主要标志是 1949 年 Shannon 发表的《保密通信的信息理论》、1997 年美国国家标准局公布的数据加密标准(DES)、1976 年 Diffie 和 hellman 在 *New Directions in Cryptography* 一文中所提出的公钥密码体制。

2. 计算机安全阶段

计算机安全阶段始于 20 世纪 70 年代至 80 年代,重点是确保计算机系统中硬件、软件及正在处理、存储、传输信息的机密性、完整性和可用性，主要安全威胁扩展到非法访问、恶意代码、脆弱口令等，主要保护措施是安全操作系统设计技术（TCB），主要标志是1985 年美国国防部（DoD）公布的可信计算机系统评估准则（TCSEC，橘皮书）将操作系统的安全级别分为 4 类 7 个级别（D、C1、C2、B1、B2、B3、A1），后补充红皮书 TNI（1987）和紫皮书 TDI（1991）等，构成彩虹（Rainbow）系列。

3. 信息技术安全阶段

信息技术安全阶段始于 20 世纪 80 年代至 90 年代，重点是保护信息，确保信息在存储、处理、传输过程中及信息系统不被破坏，确保合法用户的服务和限制非授权用户的服务，以及必要的防御攻击的措施。强调信息的保密性、完整性、可控性、可用性等。主要安全威胁发展到网络入侵、病毒破坏、信息对抗的攻击等。主要保护措施包括防火墙、防病毒软件、漏洞扫描、入侵检测、PKI、VPN、安全管理等。主要标志是提出了新的安全评估准则 CC（ISO 15408、GB/T 18336）。

4. 信息保障阶段

信息保障阶段始于 20 世纪 90 年代后期，重点放在保障国家信息基础设施不被破坏，确保信息基础设施在受到攻击的前提下能够最大限度地发挥作用。强调系统的鲁棒性和容灾特性。主要安全威胁发展到集团、国家的有组织地对信息基础设施进行攻击等。主要保护措施是灾备技术、建设面向网络恐怖与网络犯罪的国际法律秩序与国际联动的网络安全事件的应急响应技术。主要标志是美国推出的"保护美国计算机空间"（PDD-63）的体系框架。

1.3.4 网络安全所涉及的内容

1. 物理安全

网络的物理安全是整个网络系统安全的前提。在网络工程建设中，由于网络系统属于弱电工程，耐压值很低。因此，在网络工程的设计和施工中，必须优先考虑保护人和网络设备不受电、火灾和雷击的侵害；考虑布线系统与照明电线、动力电线、通信线路、暖气管道及冷热空气管道之间的距离；考虑布线系统和绝缘线、裸体线以及接地与焊接的安全；必须建设防雷系统，防雷系统不仅考虑建筑物防雷，还必须考虑计算机及其他弱电耐压设备的防雷。总体来说，物理安全的风险主要有，地震、水灾、火灾等环境安全；电源故障；人为操作失误或错误；设备被盗、被毁；电磁干扰；线路截获；高可用性的硬件；双机多冗余的设计；机房环境及报警系统、安全意识等设备与媒体的安全，因此要注意这些安全隐患，同时还要尽量避免网络的物理安全风险。

2. 网络安全

这里的网络安全主要是指网络拓扑结构设计影响的网络系统的安全性。假如在外部和内部网络进行通信时,内部网络的机器安全就会受到威胁,同时也影响在同一网络上的许多其他系统。透过网络传播,还会影响到连上 Internet/Intranet 和其他的网络;影响所及,还可能涉及法律、金融等安全敏感领域。因此,在设计时有必要将公开服务器(Web、DNS、E-mail 等)和外网及内部其他业务网络进行必要的隔离,避免网络结构信息外泄;同时还要对外网的服务请求加以过滤,只允许正常通信的数据包到达相应主机,其他的请求服务在到达主机之前就应该遭到拒绝。

3. 系统安全

所谓系统的安全是指整个网络操作系统和网络硬件平台是否可靠且值得信任。恐怕没有绝对安全的操作系统可以选择,无论是 Microsoft 的 Windows 系统或者其他任何商用的 UNIX 操作系统,其开发厂商必须有其 Back-Door(后门)。因此,我们可以得出如下结论:没有安全的操作系统。不同的用户应首先从不同的方面对其网络作详尽的分析,选择安全性尽可能高的操作系统。因此不但要选用尽可能可靠的操作系统和硬件平台,并对操作系统进行安全配置。而且,必须加强登录过程的认证(特别是在到达服务器主机之前的认证),确保用户的合法性;其次应该严格限制登录者的操作权限,将其完成的操作限制在最小的范围内。

4. 应用安全

应用安全涉及的方面很多,以 Internet 上应用最为广泛的 E-mail 系统来说,其解决方案有 Sendmail、Netscape Messaging Server、SoftwareCom Post. Office、Lotus Notes、Exchange Server、SUN CIMS 等 20 多种。其安全手段涉及 LDAP、DES、RSA 等各种方式。应用系统是不断发展且应用类型是不断增加的。在应用系统的安全性上,应尽可能建立安全的系统平台,而且通过专业的安全工具不断发现漏洞、修补漏洞,从而提高系统的安全性。

信息的安全性涉及机密信息泄露,未经授权的访问,破坏信息完整性,假冒、破坏系统的可用性等。在某些网络系统中涉及很多机密信息,如果一些重要信息遭到窃取或破坏,它的经济、社会影响和政治影响将是很严重的。因此,对用户使用计算机必须进行身份认证,对于重要信息的通信必须授权,传输必须加密。应采用多层次的访问控制与权限控制手段实现对数据的安全保护;采用加密技术,保证网上传输的信息(包括管理员口令与账户、上传信息等)的机密性与完整性。

5. 管理安全

管理安全是网络安全中最重要的部分。责任不明确、安全管理制度不健全及缺乏可操作性等都可能引起管理安全的风险。当网络出现攻击行为或网络受到其他一些安全威胁时(如内部人员的违规操作等),无法进行实时的检测、监控、报告与预警。同时,当事故发生后,也无法提供黑客攻击行为的追踪线索及破案依据,即缺乏对网络的可控性与可审查性。这就要求我们必须对站点的访问活动进行多层次的记录,及时发现非法入侵行为。

建立全新网络安全机制,必须深刻理解网络并能提供直接的解决方案,因此,最可行的做法是制定健全的管理制度并与严格的管理相结合。保障网络的安全运行,使其成为一个具有良好的安全性、可扩充性和易管理性的信息网络便成为首要任务。一旦上述的安全隐患成为事实,所造成的对整个网络的损失都是难以估计的。因此,网络的安全是网络建设过程中重要的一环。

1.3.5　网络安全防护体系

1. 网络安全的威胁

所谓网络安全的威胁是指某个实体(人、事件、程序等)对某一资源的机密性、完整性、可用性在合法使用时可能造成的危害。这些可能出现的危害,是某些个别有用心的人通过天下一定的攻击手段来实现的。

网络安全的主要威胁有:非授权访问、冒充合法用户、破坏数据完整性、干扰系统正常运行、利用网络传播病毒、线路窃听等。

2. 网络安全的防护体系

网络安全防护体系是由安全操作系统、应用系统、防火墙、网络监控、安全扫描、通信加密、网络反病毒等多个安全组件共同组成的,每个组件只能完成其中部分功能。

3. 数据保密

我们为什么需要数据保密呢?看下面的案例。

某网游公司因核心开发人员外泄相关技术及营业秘密,向法院提出诉讼,要求赔偿65 亿韩元的损失费。而网游公司也只能从零开始。

某员工参与军工科研所科研的多份保密资料和文件都落入境外情报机关之手。间谍通过暗藏木马程序,可远程控制该计算机并盗取绝密资料。

某央企因机器中病毒程序将单位办公系统中的红头文件发往中国台湾的途中被网监截获,被国资委多次点名批评。

据专业机构调查,数据泄密每年损失百亿,并呈逐年上升的态势。

从上面的案例中不难看出,数据是各行各业的核心,若各行各业对数据不采取保密措施,很容易造成数据外泄,从而造成重大损失,那么如何将数据进行保密呢?下面介绍数据信息保密性安全规范。

数据信息保密性安全规范用于保障业务重要业务数据信息的安全传递与处理应用,确保数据信息能够被安全、方便、透明地使用。为此,业务平台应采用加密等安全措施来保证数据信息的保密性。

- 应采用加密措施实现重要业务数据传输的保密性。
- 应采用加密措施实现重要业务数据存储的保密性。

加密安全措施主要分为密码安全及密钥安全。

（1）密码安全

密码的使用应该遵循以下原则：

- 不能将密码写下来，不能通过电子邮件传输。
- 不能使用默认设置的密码。
- 不能将密码告诉别人。
- 如果系统的密码泄露了，必须立即更改。
- 密码要以加密形式保存，加密算法强度要高，加密算法要不可逆。
- 系统应该强制指定密码的策略，包括密码的最短有效期、最长有效期、最短长度、复杂性等。
- 如果需要特殊用户的口令，要禁止通过该用户进行交互式登录。
- 在要求较高的情况下可以使用强度更高的认证机制，例如：双因素认证。
- 要定时运行密码检查器检查口令强度，对于保存机密和绝密信息的系统，应该每周检查一次口令强度；其他系统应该每月检查一次。

（2）密钥安全

密钥管理对于有效使用密码技术至关重要。密钥的丢失和泄露可能会损害数据信息的保密性、重要性和完整性。因此，应采取加密技术等措施来有效保护密钥，以免密钥被非法修改和破坏；还应对生成、存储和归档保存密钥的设备采取物理保护。此外，必须使用经过业务平台部门批准的加密机制进行密钥分发，并记录密钥的分发过程，以便审计跟踪，统一对密钥、证书进行管理。

密钥的管理应该基于以下流程。

- 密钥产生：为不同的密码系统和不同的应用生成密钥。
- 密钥证书：生成并获取密钥证书。
- 密钥分发：向目标用户分发密钥，包括在收到密钥时如何将之激活。
- 密钥存储：为当前或近期使用的密钥或备份密钥提供安全存储，包括授权用户如何访问密钥。
- 密钥变更：包括密钥变更时机及变更规则，及时处置被泄露的密钥。
- 密钥撤销：包括如何收回或者去激活密钥，如在密钥已被泄露或者相关运维操作员离开业务平台部门时（在这种情况下，应当归档密钥）。
- 密钥恢复：作为业务平台连续性管理的一部分，对丢失或破坏的密钥进行恢复。
- 密钥归档：归档密钥，以用于归档或备份的数据信息。
- 密钥销毁：密钥销毁将删除该密钥管理下数据信息客体的所有记录，并且无法恢复，因此，在密钥销毁前，应确认由此密钥保护的数据信息不再需要。

4. 访问控制技术

防止对任何资源进行未授权的访问，从而使计算机系统在合法的范围内使用。访问控制技术是通过用户身份及其所归属的某项定义组来限制用户对某些信息项的访问，或限制对某些控制功能的使用的一种技术，如 UniNAC 网络准入控制系统的原理就是基于此技术之上。访问控制通常用于系统管理员控制用户对服务器、目录、文件等网络资源的访问。

访问控制(Access Control)指系统对用户身份及其所属的预先定义的策略组限制其使用数据资源能力的手段。通常用于系统管理员控制用户对服务器、目录、文件等网络资源的访问。访问控制是系统保密性、完整性、可用性和合法使用性的重要基础,是网络安全防范和资源保护的关键策略之一,也是主体依据某些控制策略或权限对客体本身或其资源进行的不同授权访问。

访问控制包括三个要素:主体、客体和控制策略。

(1) 主体 S(Subject):是指提出访问资源具体请求,是某一操作动作的发起者,但不一定是动作的执行者,可能是某一用户,也可以是用户启动的进程、服务和设备等。

(2) 客体 O(Object):是指被访问资源的实体。所有可以被操作的信息、资源、对象都可以是客体。客体可以是信息、文件、记录等集合体,也可以是网络上硬件设施、无限通信中的终端,甚至可以包含另外一个客体。

(3) 控制策略 A(Attribution):是主体对客体的相关访问规则集合,即属性集合。访问策略体现了一种授权行为,也是客体对主体某些操作行为的默认。

5. 网络监控

网络监控,是针对局域网内的计算机进行监视和控制,Emulex 针对内部的计算机上互联网活动(上网监控)以及非上网相关的内部行为与资产等过程管理(内网监控)互联网的飞速发展,互联网的使用越来越普遍,网络和互联网不仅成为企业内部的沟通桥梁,也是企业和外部进行各类业务往来的重要管道。

6. 病毒防护

(1) 经常进行数据备份,特别是一些非常重要的数据及文件,以避免被病毒侵入后无法恢复。

(2) 对于新购置的计算机、硬盘、软件等,先用查毒软件检测后方可使用。

(3) 尽量避免在无防毒软件的机器上或公用机器上使用可移动磁盘,以免感染病毒。

(4) 对计算机的使用权限进行严格控制,禁止来历不明的人和软件进入系统。

(5) 采用一套公认最好的病毒查杀软件,以便在对文件和磁盘操作时进行实时监控,及时控制病毒的入侵,并及时可靠地升级反病毒产品。

1.3.6 网络安全模型

网络安全模型是动态网络安全过程的抽象描述。通过对安全模型的研究,了解安全动态过程的构成因素,是构建合理而实用的安全策略体系的前提之一。为了达到安全防范的目标,需要合理的网络安全模型,再指导网络安全工作的部署和管理。目前,在网络安全领域存在较多的网络安全模型,下面介绍常见的 PDRR 安全模型和 PPDR 安全模型。

1. PDRR 安全模型

PDRR 是美国国防部提出的常见安全模型,它概括了网络安全的整个环节,即防护(Protect)、检测(Detect)、响应(React)、恢复(Restore)。这 4 个部分构成了一个动态的信息安全周期,如图 1-1 所示。

2. PPDR 安全模型

PPDR 是美国国际互联网安全系统公司提出的可适应网络安全模型,它包括策略(Pollicy)、保护(Protection)、检测(Detection)、响应(Response)4 个部分。PPDR 模型如图 1-2 所示。

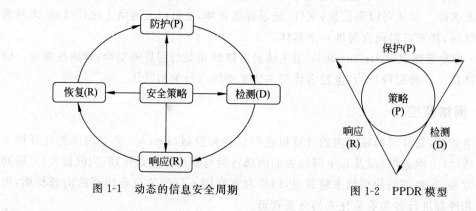

图 1-1　动态的信息安全周期　　　　图 1-2　PPDR 模型

1.3.7　网络安全体系

构建一个健全的网络安全体系,需要对网络安全风险进行全面评估,并制定合理的安全策略,采取有效的安全措施,才能从根本上保证网络的安全。

1.3.8　网络安全标准

1. TCSEC 标准

美国国防部的可信计算机系统评价准则由美国国防科学委员会提出,并于 1985 年 12 月由美国国防部公布。它将安全分为 4 个方面:安全政策、可说明性、安全保障和文档。该标准将以上 4 个方面分为 7 个安全级别,按安全程度从最低到最高依次是 D、C1、C2、B1、B2、B3、A,见表 1-1。

2. 我国的安全标准

我国的安全标准是由公安部主持制定、国家技术标准局发布的国家标准 GB 17895—1999《计算机信息系统安全保护等级划分准则》。该准则将信息系统安全分为以下 5 个等级。

表 1-1 可信计算机系统评价准则

类别	级别	名 称	主 要 特 征
D	D	低级保护	保护措施很少,没有安全功能
C	C1	自主安全保护	自主存储控制
	C2	受控存储控制	单独的可查性,安全标识
B	B1	标识的安全保护	强调存取控制,安全标识
	B2	结构化保护	面向安全的体系结构,有较好的搞渗透能力
	B3	安全区域	存取监控、高抗渗透能力
A	A	验证设计	形式化的最高级描述,验证和隐秘通道分析

（1）用户自主保护级。

（2）系统审计保护级。

（3）安全标记保护级。

（4）结构化保护级。

（5）访问验证保护级。

1.3.9 网络安全目标

目标的合理设置对网络安全意义重大。目标过低,达不到防护目的;目标过高,要求的人力和物力多,可能导致资源的浪费。网络安全的目标主要表现在以下方面。

1. 可靠性

可靠性是网络安全的最基本要求之一。可靠性主要包括硬件可靠性、软件可靠性、人员可靠性、环境可靠性。

2. 可用性

可用性是网络系统面向用户的安全性能,要求网络信息可被授权实体访问并按要求使用,包括对静态信息的可操作性和动态信息的可见性。

3. 保密性

保密性建立在可靠性和可用性基础上,保证网络信息只能由授权的用户读取。常用的信息保密技术有:防侦听、信息加密和物理保密。

4. 完整性

完整性要求网络信息未经授权不能进行修改,网络信息在存储或传输过程中要保持不被偶然或蓄意地删除、修改、伪造等,防止网络信息被破坏和丢失。

1.4 项目实施

任务 1-1 安装和使用 Wireshark

1. 安装 Wireshark

从网络中下载 Wireshark 1.12.0 版本并开始安装,如图 1-3 所示。

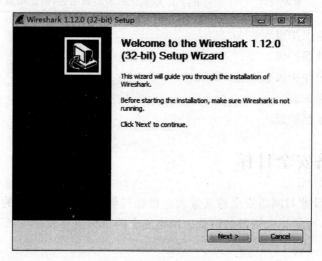

图 1-3 Wireshark 安装界面(1)

单击 Next 按钮之后,出现如图 1-4 所示界面。

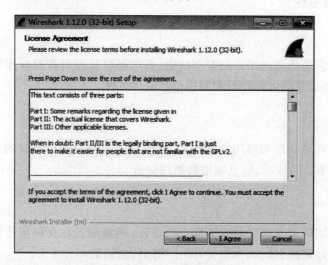

图 1-4 Wireshark 安装界面(2)

单击 I Agree 按钮之后,出现选择安装组件界面,可根据需要选择,这里选择默认值,单击 Next 按钮,之后出现选择附加任务的界面,如图 1-5 所示。

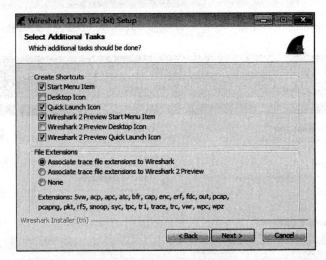

图 1-5 Wireshark 安装界面(3)

单击 Next 按钮之后,出现选择安装路径的画面,可以根据情况自行选择。选择好后,单击 Next 按钮,出现安装界面,单击 Install 按钮,出现如图 1-6 所示界面。

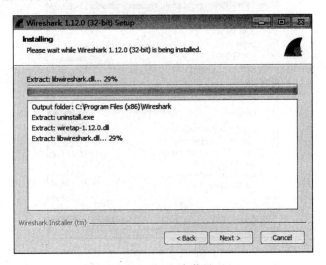

图 1-6 Wireshark 安装界面(4)

软件安装成功,进入 Wireshark 环境,如图 1-7 所示。

2. 使用 Wireshark

(1) Wireshark 菜单项的用法

下面介绍 Wireshark 菜单项的使用方法,主要包括如下内容。

File——包括打开、合并捕捉文件,保存、打印文件,导出捕捉文件的全部或一部分,以及退出 Wireshark，如图 1-8 所示。

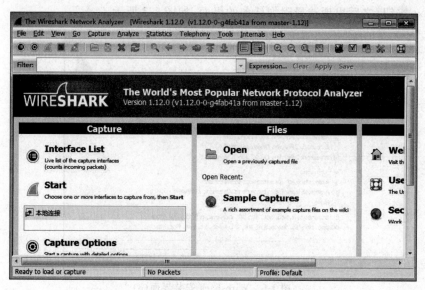

图 1-7　Wireshark 启动界面

图 1-8　File 菜单

File 菜单中部分菜单项作用见表 1-2。

表 1-2　File 菜单中部分菜单项的作用

菜　单　项	快　捷　键	描　　　述
Open...	Ctr＋O	显示"打开文件"对话框，让用户载入捕捉文件用于浏览
Open Recent		弹出一个子菜单，显示最近打开过的文件供选择

续表

菜 单 项	快捷键	描 述
Merge...		显示"合并捕捉文件"的对话框。让用户选择一个文件来与当前打开的文件合并
Close	Ctrl+W	关闭当前捕捉的文件。如果未保存文件,系统将提示用户是否保存(如果预设了禁止提示保存,将不会提示)
Save	Crl+S	保存当前捕捉的文件。如果没有设置默认的保存文件名,Wireshark 会提示用户保存文件
Save As	Shift+Ctrl+S	将当前文件保存为另外一个文件
File Set>List Files		将会弹出一个对话框显示已打开文件的列表
File Set>Next File		如果当前载入的文件是文件集合的一部分;将会跳转到下一个文件;如果不是,将会跳转到最后一个文件,这个文件选项将会是灰色的
File Set>Previous Files		如果当前文件是文件集合的一部分,将会跳到它所在位置的前一个文件;否则跳到文件集合的第一个文件,同时变成灰色
Export>Selected Packet Bytes...		导出当前在 Packet Byte 面板选择的字节为二进制文件
Print	Ctr+P	打印捕捉包的全部或部分,将会弹出"打印"对话框
Quit	Ctrl+Q	退出 Wireshark。如果未保存文件,Wireshark 会提示是否保存

Edit——包括如下项目:查找包,时间参考,标记一个或多个包,设置预设参数(剪切、复制、粘贴不能立即执行),如图 1-9 所示。

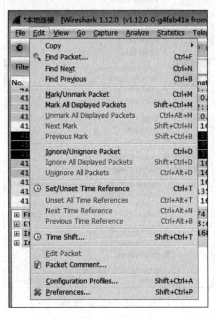

图 1-9   Edit 菜单

Edit 菜单项的介绍见表 1-3。

表 1-3　Edit 菜单项

菜　单　项	快　捷　键	描　　述
Copy>As Filter	Shift＋Ctrl＋C	显示过滤的信息并复制到剪贴板
Find Packet...	Ctr＋F	打开一个对话框来查找包
Find Next	Ctrl＋N	在使用 Find Packet 命令以后,使用该菜单项会查找匹配规则的下一个包
Find Previous	Ctr＋B	查找匹配规则的前一个包
Mark/Unmark Packet	Ctrl＋M	标记/取消标记当前选择的包
Next Mark	Shift＋Ctrl＋N	查找下一个被标记的包
Previous Mark	Ctrl＋Shift＋B	查找前一个被标记的包
Mark All Displayed Packets		标记所有包
Unmark All Displayed Packets		取消标记所有包
Set/Unset Time Reference	Ctrl＋T	设置或取消设置时间参考包
Next Time Reference		找到下一个时间参考包
Previous Time Refrence		找到前一个时间参考包
Preferences...	Shift＋Ctrl＋P	打开首选项对话框,个性化设置 Wireshark 的各项参数,设置后的参数将会在每次打开软件时发挥作用

　　View——控制捕捉数据的显示方式,包括颜色、字体缩放,将包显示在分离的窗口中,展开或收缩详情面板的树状节点,如图 1-10 所示。

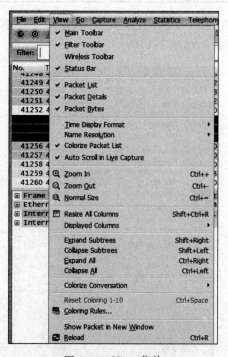

图 1-10　View 菜单

View 菜单项介绍见表 1-4。

表 1-4　View 菜单项

菜　单　项	快捷键	描　　述
Main Toolbar		显示或隐藏 Main Toolbar(主工具栏)
Filter Toolbar		显示或隐藏 Filter Toolbar(过滤工具栏)
Status Bar		显示或隐藏状态栏
Packet List		显示或隐藏 Packet List Pane(包列表面板)
Packet Details		显示或隐藏 Packet Details Pane(包详情面板)
Packet Bytes		显示或隐藏 Packet Bytes Pane(包字节面板)
Time Display Fromat＞Date and Time of Day：1970-01-01 01：02：03.123456		告诉 Wireshark 将时间戳设置为绝对日期和时间格式(年月日,时分秒)
Time Display Format＞Time of Day：01：02：03.123456		将时间设置为绝对时间和日期格式(时分秒格式)
Time Display Format＞Seconds Since Beginning of Capture：123.123456		将时间戳设置为秒格式,从捕捉开始计时
Time Display Format＞Seconds Since Previous Captured Packet：1.123456		将时间戳设置为秒格式,从上次捕捉的包开始计时
Time Display Format＞Seconds Since Previous Displayed Packet：1.123456		将时间戳设置为秒格式,从上次显示的包开始计时
Time Display Format＞——		间隔线
Time Display Format＞Automatic (File Format Precision)		根据指定的精度选择数据包中时间戳的显示方式
Time Display Format＞Seconds：0		设置精度为 1s
Time Display Format＞...Seconds：0...		设置精度为 1s、0.1s、0.01s,百万分之一秒等
Name Resolution＞Resolve Name		仅对当前选定包进行解析
Name Resolution＞Enable for MAC Layer		确定是否解析 Mac 地址
Name Resolution＞Enable for Network Layer		确定是否解析网络层地址(ip 地址)
Name Resolution＞Enable for Transport Layer		确定是否解析传输层地址
Colorize Packet List		确定是否以彩色显示包
Auto Scrooll in Live Capture		控制在实时捕捉时是否自动滚屏,如果选择了该项,在有新数据进入时,面板会向上滚动。用户终能看到最后的数据;反之,无法看到满屏以后的数据,除非手动滚屏
Zoom In	Ctrl＋＋	增大字体
Zoom Out	Ctrl＋－	缩小字体
Normal Size	Ctrl＋＝	恢复正常大小
Resize All Columnus		恢复所有列宽。注意,除非数据包非常大,一般会立刻更改

续表

菜 单 项	快捷键	描　　述
Expend Subtrees		展开子分支
Expand All		展开所有分支。该选项会展开选择包的所有分支
Collapse All		收缩所有包的所有分支
Coloring Rulues...		打开一个对话框,可以通过过滤表达式来用不同的颜色显示包。这项功能对定位特定类型的包非常有用
Show Packet in New Window		在新窗口中显示当前包(新窗口仅包含 View 和 Byte View 两个面板)
Reload	Ctrl＋R	重新加载当前捕捉文件

Go——包含到指定包的功能,如图 1-11 所示。

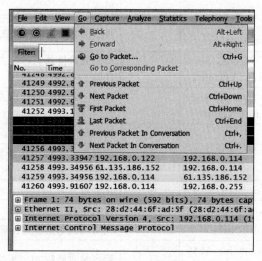

图 1-11　Go 菜单

Go 菜单项介绍见表 1-5。

表 1-5　GO 菜单项

菜 单 项	快捷键	描　　述
Back	Alt＋Left	跳到最近浏览的包,类似于浏览器中的页面历史记录
Forward	Alt＋Right	跳到下一个最近浏览的包,跟浏览器类似
Go to Packet	Ctrl＋G	打开一个对话框,输入指定的包序号,然后跳转到对应的包
Go to Corresponding Packet		跳转到当前包的应答包。如果不存在,该选项为灰色
Previous Packet	Ctrl＋Up	移动到包列表中的前一个包,即使包列表面板不是当前焦点,也是可用的
Next Packet	Ctrl＋Down	移动到包列表中的后一个包
First Packet	Ctrl＋,	移动到列表中的第一个包
Last Packet	Ctrl＋.	移动到列表中的最后一个包

Capture——捕获网络数据,如图 1-12 所示。

图 1-12　Capture 菜单

Capture 菜单项介绍见表 1-6。

表 1-6　Capture 菜单项

菜　单　项	快 捷 键	说　　　　明
Interfaces...	Ctrl＋I	在弹出对话框选择您要进行捕捉的网络接口
Options...	Ctrl＋K	打开设置捕捉选项的对话框并可以在此开始捕捉
Start	Ctrl＋E	立即开始捕捉,设置都是参照最后一次设置
Stop	Ctrl＋E	停止正在进行的捕捉
Restart	Ctrl＋R	正在进行捕捉时,停止捕捉,并按同样的设置重新开始捕捉,仅在您认为有必要时
Capture Filters...		打开对话框,编辑捕捉过滤设置,可以命名过滤器,保存为其他捕捉时使用

Analyze——对已捕获的网络数据进行分析,包含处理显示过滤,允许或禁止分析协议,配置用户指定解码和追踪 TCP 流等功能,如图 1-13 所示。

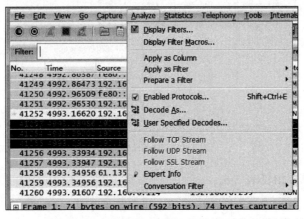

图 1-13　Analyze 菜单

Analyze 菜单项介绍见表 1-7。

Statistics——对已捕获的网络数据进行统计分析,包括的菜单项的功能有用户显示多个统计窗口、关于捕捉包的摘要、协议层次统计等,如图 1-14 所示。

19

表 1-7　Analyze 菜单项

菜　单　项	快捷键	说　　明
Display Filters...		显示过滤器
Apply as Filter		将其应用为过滤器
Prepare a Filter		设计一个过滤器
Enabled Protocols...	Shift＋Ctrl＋E	可以分析的协议列表
Decode As...		将网络数据按一定的协议规则解码
User Specified Decodes...		用户自定义的解码规则
Follow TCP Stream		跟踪 TCP 传输控制协议的通信数据段,将分散传输的数据组装还原
Follow SSL stream		跟踪 SSL 安全套接层协议的通信数据流
Expert Info		专家分析信息

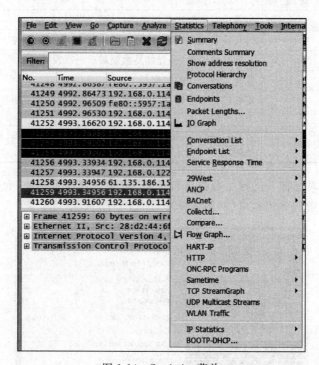

图 1-14　Statistics 菜单

Statistics 菜单介绍见表 1-8。

表 1-8　Statistics 菜单项

菜　单　项	说　　明
Summary	已捕获数据文件的总计概况
Protocol Hierarchy	数据中的协议类型和层次结构
Conversations	会话
Endpoints	定义统计分析的结束点

续表

菜　单　项	说　　　明
IO Graph	输入/输出数据流量图
Conversation List	会话列表
Endpoint List	统计分析结束点的列表
Service Response Time	从客户端发出请求至收到服务器响应的时间间隔
Flow Graph...	网络通信流向图
HTTP	超文本传输协议的数据
TCP StreamGraph	传输控制协议 TCP 数据流波形图

Help——包括帮助相关信息，如图 1-15 所示。

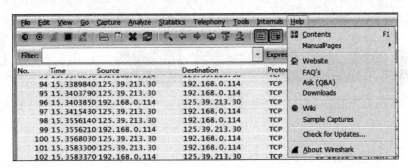

图 1-15 Help 菜单

Help 菜单项介绍见表 1-9。

表 1-9 Help 菜单项

菜　单　项	说　　　明	菜　单　项	说　　　明
Contents	使用手册	About Wireshark	关于 Wireshark
ManualPages	使用手册（HTML 网页）		

（2）抓取报文

为了安全考虑，Wireshark 只能查看封包，而不能修改封包的内容，或者发送封包。

Wireshark 是捕获机器上的某一块网卡的网络包，当机器上有多块网卡的时候，需要选择一个网卡，一般选择有数据传输的那块网卡。

单击 Caputre->Interfaces...命令，出现下面的对话框，选择正确的网卡。然后单击 Start 按钮，即开始抓取包，如图 1-16 所示。

图 1-16 Wireshark：Capture Interfaces 对话框

Wireshark 主窗口,如图 1-17 所示。

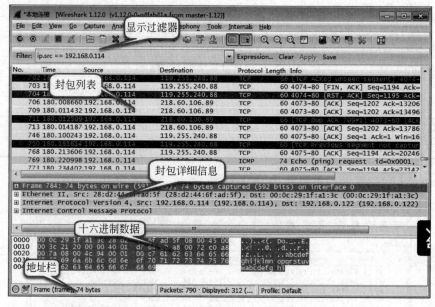

图 1-17 Wireshark 主窗口

WireShark 主要分为以下几部分。

① Display Filter(显示过滤器):用于信息的过滤。

使用过滤功能是非常重要的。初学者使用 Wireshark 时,将会得到大量的冗余信息,在几千甚至几万条记录中,很难找到自己需要的部分。过滤器会帮助我们在大量的数据中迅速找到需要的信息。

过滤器有两种。一种是显示过滤器,就是主界面上那一个,用来在捕获的记录中找到所需要的记录。另一种是捕获过滤器,用来过滤捕获的包,以免捕获太多的记录。

通过 Capture -> Capture Filters 命令设置过滤表达式的规则如下。

协议过滤:比如 TCP,只显示 TCP 协议。

IP 过滤:比如,ip. src==192.168.0.114 显示的源地址为 192.168.0.114。

端口过滤:tcp. port==80 表示端口为 80 的包。tcp. srcport == 80 表示只显示 TCP 协议的源端口为 80 的包。

Http 模式过滤:http. request. method=="GET"表示只显示 HTTP GET 方法对应的包。

② Packet List Pane(封包列表):显示捕获到的封包,有源地址和目标地址、端口号。

封包列表的面板中显示编号、时间戳、源地址、目标地址、协议、长度以及封包信息。不同的协议用不同的颜色显示。比如默认情况下,绿色是 TCP 报文,深蓝色是 DNS,浅蓝是 UDP,粉红是 ICMP,黑色标识出有问题的 TCP 报文——比如乱序报文等。

也可以修改这些显示颜色的规则,可用 View ->Coloring Rules 命令。

③ Packet Details Pane(封包详细信息):显示封包中的字段。

这个面板是最重要的,用来查看协议中的每一个字段。

Frame　物理层的数据帧概况。

Ethernet Ⅱ　数据链路层以太网帧头部信息。

Internet Protocol Version 4　互联网层 IP 包头部信息。

Transmission Control Protocol　传输层 T 的数据段头部信息，此处是 TCP。

Hypertext Transfer Protocol　应用层的信息，此处是 HTTP 协议。

④ Dissector Pane(十六进制数据)：以十六进制方式显示相关信息。

⑤ Miscellanous(地址栏,杂项)：显示一些提示信息。

Wireshark 捕获到的 TCP 包中的每个字段如图 1-18 所示。

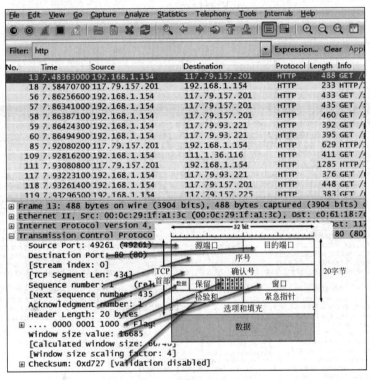

图 1-18　TCP 包中的每个字段

任务 1-2　TCP 协议的三次握手抓包分析

　　TCP(Transmission Control Protocol,传输控制协议)是一种面向连接(连接导向)的、可靠的、基于 IP 的传输层协议,使用三次握手协议可建立连接。三次握手过程如图 1-19 所示。

　　打开 Wireshark,单击 Start a new live capture 按钮开始抓包,之后打开浏览器并输入 http://blog.csdn.net/oacuipeng。

　　在 Wireshark 中选中 GET/oacuipeng HTTP/1.1 记录,右击并选择 Follow TCP Stream 命令,这样做的目的是得到与浏览器打开网站相关的数据包,结果如图 1-20 所示。

23

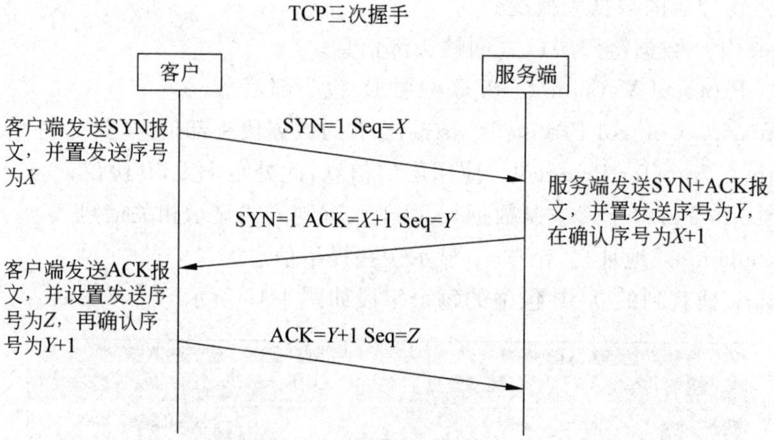

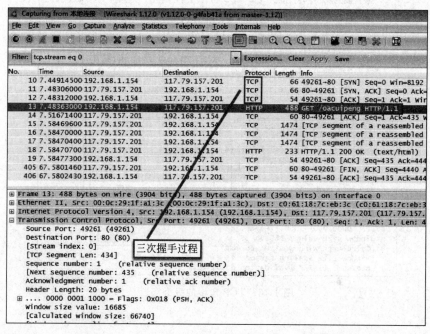

TCP三次握手

客户端发送SYN报文，并置发送序号为X

SYN=1 Seq=X

服务端发送SYN+ACK报文，并置发送序号为Y，在确认序号为X+1

SYN=1 ACK=X+1 Seq=Y

客户端发送ACK报文，并设置发送序号为Z，再确认序号为Y+1

ACK=Y+1 Seq=Z

图 1-19　TCP 三次握手

图 1-20　Wireshark 截获到了三次握手的 3 个数据包

　　第一次握手数据包：客户端发送一个 TCP,标志位为 SYN,序列号为 0,代表客户端请求建立连接,如图 1-21 所示。

　　第二次握手的数据包：服务器发回确认包,标志位为 SYN、ACK。将确认序号(Acknowledgement Number)设置为客户的 ISN 加 1,即 0+1=1,如图 1-22 所示。

　　第三次握手的数据包：客户端再次发送确认包(ACK),SYN 标志位为 0,ACK 标志位为 1。并且把服务器发来 ACK 的序号字段加 1,放在确定字段中发送给对方,并且在数据段中将 ISN 加 1,如图 1-23 所示。

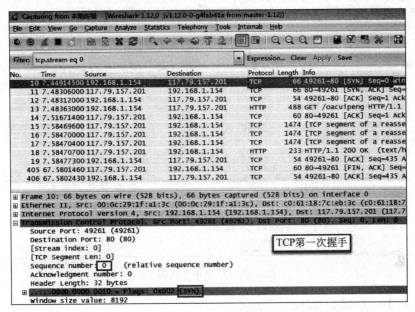

图 1-21　TCP 第一次握手

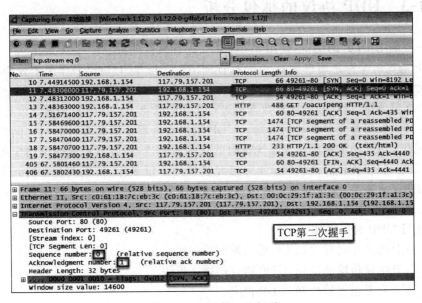

图 1-22　TCP 第二次握手

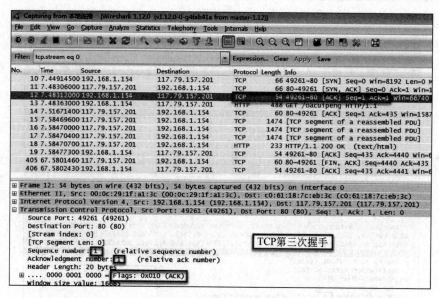

图 1-23　TCP 第三次握手

通过 TCP 三次握手,即建立了连接。

任务 1-3　UDP 协议的抓包分析

找一个使用 UDP 的例子,使用 Wireshark 进行抓包分析。

UDP 协议的全称是用户数据报协议,在网络中它与 TCP 协议一样用于处理数据包,是一种无连接的协议,在 OSI 模型中在第 4 层,即传输层,处于 IP 层的上一层。UDP 又不提供数据包分组、组装和不能对数据包进行排序的缺点,也就是说,当报文发送之后,是无法得知其是否安全完整到达目的地。UDP 用来支持那些需要在计算机之间传输数据的网络应用。包括网络视频会议系统在内的众多的客户/服务器模式的网络应用都需要使用 UDP 协议。UDP 协议从问世至今已经被使用了很多年,虽然其最初的光彩已经被一些类似协议所掩盖,但是即使是在今天 UDP 仍然不失为一项非常实用和可行的网络传输层协议。

TCP 与 UDP 的区别如下。

(1) TCP 协议面向连接,UDP 协议面向非连接。

(2) TCP 协议传输速度慢,UDP 协议传输速度快。

(3) TCP 有丢包重传机制,UDP 没有。

(4) TCP 协议保证数据的正确性,UDP 协议可能丢包。

UDP 头部格式见表 1-10。

表 1-10　UDP 头部格式

16-bit source port	16-bit destination port
16-bit UDP length	16-bit UDP checksum
Data	

下面就以具体的抓包实例来分析 UDP 协议。

登录 QQ,选择一个网友,并和对方视频(因为 QQ 视频所使用的是 UDP 协议,所以抓取的包大部分是采用 UDP 协议的包)。打开 Wireshark 软件,抓包之后,得到的数据如图 1-24 所示。

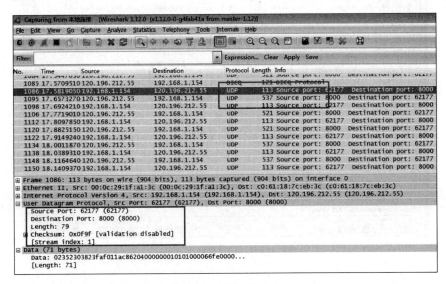

图 1-24 抓取 UDP 包

从图中可以看到,视频聊天过程中用的就是 UDP 协议。

之后右击,选择 From UDP Stream 命令,即追踪该 UDP 流,跟踪整个会话,如图 1-25 所示。

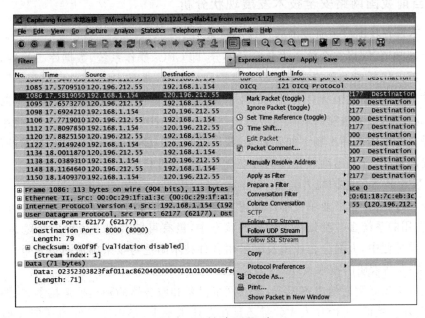

图 1-25 追踪 UDP 流

从 UDP 流中可以证明,如图 1-26 所示,QQ 聊天内容是加密传送的。

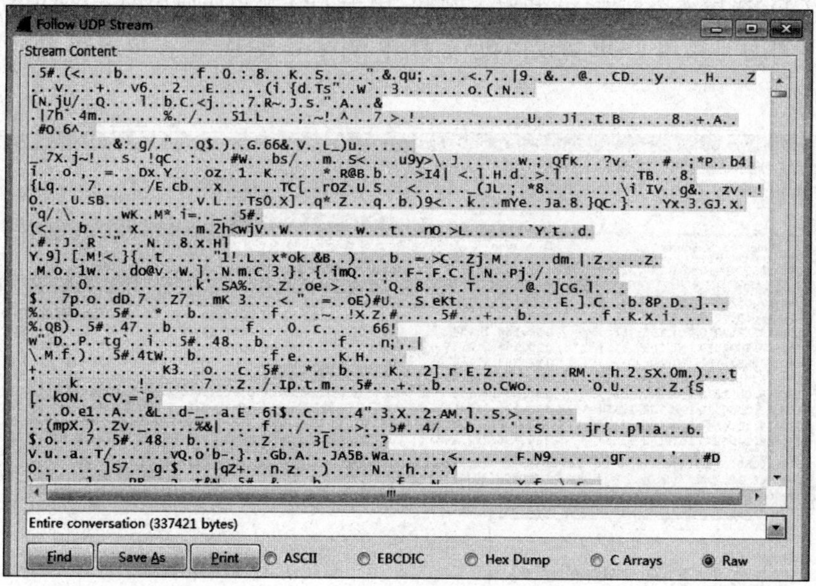

图 1-26　UDP 流

1.5　拓展提升　网络安全的现状和发展趋势

1. 当前我国网络安全技术发展现状分析

（1）不具有我国自主研发的软件核心技术

大家都知道,网络安全核心主要有三部分,即 CPU、操作系统、数据库。当前,尽管大部分企业都已经耗费大量的资金建设与维护网络安全,然而,因大多数网络设备与软件都是进口的,而且不是我国所自主研发的技术,所以导致国内网络安全技术跟不上时代发展步伐,如此一来,极易被窃听或作为被打击对象。此外,国外几大操作系统、杀毒系统的开发商几乎垄断中国软件市场。如此看来,我国必须进一步加快对软件核心技术的研发,结合我国发展情况,开发出确保我国网络安全运行的软件技术。

（2）安全技术的防护能力偏低

如今,国内各个企事业单位都已经建立专属网站,同时电子商务正处在快速发展中。然而,所应用的系统多数都处在未设防的状态中,极有可能会埋下各种安全隐患。此外,在网络假设过程中,大部分企业未及时采用各种技术防范对策来确保网络安全性。

（3）缺少高素质的技术人才

首先由于互联网通信成本偏低,所以网络设备和服务器的种类越来越多,功能更加完善,性能更强。然而,无论在人才数量还是在专业水平上,都不能更好地适应当前网络安全的需求。其次,网络管理人员缺少对安全管理所需的理由导向意识,例如,当网络系统处于崩溃状态时,如何快速提出更有效的解决对策,往往此时他们就束手无策了,此问题并不是只针对网络编程,而是需要积累足够的实践经验。

2. 网络安全发展的趋势

结合当前国内网络安全发展的主要形势分析,我国必须在信息产业研发上作出巨大努力,缩小和发达国家水平的差距,同时,要求网民对网络专业知识有一个全面了解,以便提升网络用户整体素质,使网民对网络安全管理引起足够的重视。

(1)将网络安全产业链转变成生态环境

近年来,随着我国计算机技术与行业的发展,产业价值链也发生了巨大改变,产业价值链变得更加复杂。与此同时,生态环境变化的速度远远超过预期环境变化的速度,这样,在今后网络技术发展过程中,各个参与方对市场要有较强的适应力。

(2)网络安全技术朝着智能化与自动化方向发展

目前,我国在优化网络安全技术方面需要长期过程,始终贯穿在网络发展中,而且网络优化手段逐渐由人工化朝着智能化方向快速发展。此外,又可以建立网络优化知识库,进而针对网络运行中的一些质量问题,为网络管理者提供更多切实、可行的解决对策。因此,在今后的几年内,国内网络安全技术在 IMS 基础上研制出固定的 NGN 技术。据预测,此项技术可以为企事业的发展提供更多业务支持。

(3)朝着网络大容量化发展

近几年,国内互联网业务量逐渐增长,特别是针对 IP 为主的数据业务来说,对路由器和交换机的处理能力提出较高要求。这主要是由于为了更好地满足语音、图像等业务的需求,所以要求 IP 网络必须要有较强的包转发与处理能力,因此,今后网络势必会朝着大容量方向发展。国内网络在发展过程中,要打破以下几个问题的束缚:广泛应用硬件交换、分组转发引擎,切实提升系统的整体性能。

1.6 习 题

一、填空题

1. 网络安全的基本要素有_____、_____、_____、_____、_____。

2. 信息安全的发展历程包括:通信保密阶段、计算机安全阶段、_____、_____。

3. 网络安全的主要威胁有:非授权访问、冒充合法用户、破坏数据完整性、干扰系统正常运行、利用网络传播病毒、线路窃听等。

4. 访问控制包括三个要素为_____、_____和_____。

5. 网络安全的目标主要表现在_____、_____、_____、_____。

二、选择题

1. 计算机网络安全是指(　　)。
   A. 网络中设备设置环境的安全　　　B. 网络使用者的安全
   C. 网络中信息的安全　　　　　　　D. 网络财产的安全

2. 计算机病毒是计算机系统中一类隐藏在(　　)上蓄意破坏的捣乱程序。
   A. 内存　　　　　B. 软盘　　　　　C. 存储介质　　　　D. 网络

3. 在以下网络威胁中,不属于信息泄露的是(　　)。
   A. 数据窃听　　　　　　　　　　　B. 流量分析
   C. 拒绝服务攻击　　　　　　　　　D. 偷窃用户账号

4. 在网络安全中,在未经许可的情况下,对信息进行删除或修改,这是对(　　)的攻击。
   A. 可用性　　　　D. 保密性　　　　C. 完整性　　　　D. 真实性

5. 下列不属于网络技术发展趋势的是(　　)。
   A. 速度越来越高
   B. 从资源共享网到面向中断的网络发展
   C. 各种通信控制规程逐渐符合国际标准
   D. 从单一的数据通信网向综合业务数字通信网发展

三、简答题

1. 网络脆弱的原因是什么?
2. 网络安全的定义是什么?
3. 什么是系统安全?
4. 网络安全威胁的定义是什么?
5. 如何进行病毒防护?

项目 2　网络攻击与防护

2.1　项目导入

　　谈到网络攻击与防御问题,就没法不谈黑客(Hacker)。黑客是指对计算机某一领域有着深入的理解,并且十分热衷于潜入他人计算机窃取非公开信息的人。每一个对互联网知识十分了解的人,都有可能成为黑客。翻开 1998 年日本出版的《新黑客字典》,可以看到上面对黑客的定义是:"喜欢探索软件程序奥秘,并从中增长其个人才干的人。"显然,"黑客"一语原来并没有丝毫的贬义成分,直到后来,少数人怀有不良的企图,利用非法获得系统访问权去闯入运程机器系统来破坏重要数据,或为了自己的私利而具有恶意行为的人慢慢玷污了"黑客"的名声,"黑客"才逐渐演变成入侵者、破坏者的代名词。目前,"黑客"已成为一个特殊的社会群体,在欧美等国有不少合法的黑客组织,黑客们经常召开黑客技术交流会。另外,黑客组织在互联网上利用自己的网站介绍黑客攻击手段,免费提供各种黑客工具软件,出版网上黑客杂志,这使得普通人也容易下载并学会使用一些简单的黑客手段或工具对网络进行某种程序的攻击,从而进一步恶化了网络安全环境。

　　本项目首先阐述目前计算机网络中存在的安全问题及计算机网络安全的重要性;其次分析黑客网络攻击常见方法及攻击的一般过程;最后分析针对这些攻击的特点应采取的防范措施。

2.2　职业能力目标和要求

- 掌握网络安全检测与防范。
- 掌握常见网络攻击的具体过程及防范的方法。
- 掌握 DoS 与 DDoS 攻击原理及其防范方法。
- 掌握 ARP 攻击原理及其防范方法。

2.3 相关知识点

2.3.1 黑客概述

1. 黑客的起源

黑客最早始于 20 世纪 50 年代,最早的计算机于 1946 年在宾夕法尼亚大学出现,而最早的黑客出现于麻省理工学院和贝尔实验室。最初的黑客一般都是一些高级的技术人员,他们热衷于挑战,崇尚自由并主张信息的共享。

1994 年以来,因特网在全球的迅猛发展为人们提供了方便、自由和无限的技术资源,政治、军事、经济、科技、教育、文化等各个方面都越来越网络化,并且逐渐成为人们生活、娱乐的一部分。可以说,信息时代已经到来,信息已成为物质和能量以外维持人类社会的第三资源,它是未来生活中的重要介质。随着计算机的普及和互联网技术的迅速发展,黑客也随之出现。

2. 黑客简介

"黑客"一词由英语 Hacker 音译而来,是指专门研究、发现计算机和网络漏洞的计算机爱好者,他们伴随着计算机和网络的发展而产生并成长。黑客对计算机有着狂热的兴趣和执着的追求,他们不断地研究计算机和网络知识,发现计算机和网络中存在的漏洞,喜欢挑战高难度的网络系统并从中找到漏洞,然后向管理员提出解决和修补漏洞的方法。

黑客不干涉政治,不受政治利用,他们的出现推动了计算机和网络的发展与完善。最初黑客所做的不是恶意破坏,他们是一群纵横驰骋于网络上的大侠,追求共享、免费,提倡自由、平等。黑客的存在是由于计算机技术的不健全,从某种意义上来讲,计算机的安全需要更多黑客去维护。

但是到了今天,黑客一词已被用于泛指那些专门利用计算机搞破坏或恶作剧的家伙,对这些人的正确英文叫法是 Cracker,有人也翻译成"骇客"或是"入侵者",也正是由于入侵者的出现玷污了黑客的声誉,使人们把黑客和入侵者混为一谈,黑客被人们认为是在网上到处搞破坏的人。

2.3.2 常见的网络攻击

1. DoS(拒绝服务)攻击

Internet 最初的设计目标是开放性和灵活性,而不是安全性。目前 Internet 网上各种入侵手段和攻击方式大量出现,成为网络安全的主要威胁。拒绝服务(Denial of Service,DoS)是一种简单但很有效的进攻方式,其基本原理是利用合理的请求占用过多的服务资源,致使服务超载,无法响应其他的请求,从而使合法用户无法得到服务。

　　DoS 的攻击方式有很多种。最基本的 DoS 攻击就是利用合理的服务请求来占用过多的服务资源，致使服务超载，无法响应其他的请求。这些服务资源包括网络带宽，文件系统空间容量，开放的进程或者向内的连接。这种攻击会导致资源的缺乏，无论计算机的处理速度多么快，内存容量多么大，互联网的速度多么快，都无法避免这种攻击带来的后果。因为任何事都有一个极限。所以，总能找到一个方法使请求的值大于该极限值，因此就会使所提供的服务资源缺乏，像是无法满足需求。千万不要自认为自己拥有了足够快的带宽就会有一个高效率的网站，拒绝服务攻击会使所有的资源变得非常匮乏。典型拒绝服务攻击有以下几种。

　　(1) Ping of Death

　　根据 TCP/IP 的规范，一个包的长度最大为 65536 字节。尽管一个包的长度不能超过 65536 字节，但是一个包分成的多个片段的叠加却能做到。当一个主机收到了长度大于 65536 字节的包时，就是受到了 Ping of Death 攻击，该攻击会造成主机的宕机。

　　(2) SYN flood

　　SYN flood 攻击也是一种常用的拒绝服务攻击。它的工作原理是，正常的一个 TCP 连接需要连接双方进行三个动作，即"三次握手"，其过程如下：请求连接的客户机首先将一个带 SYN 标志位的包发给服务器；服务器收到这个包后产生一个自己的 SYN 标志，并把收到包的 SYN＋I 作为 ACK 标志返回给客户机：客户机收到该包后，再发一个 ACK＝SYN＋I 的包给服务器。经过这三次握手，连接才正式建立。在服务器向客户机发返回包时，它会等待客户机的 ACK 确认包，这时这个连接被加到未完成连接的队列中，直到收到 ACK 应答后或超时才从队列中删除。这个队列是有限的，一些 TCP/IP 堆栈的实现只能等待从有限数量的计算机发来的 ACK 消息，因为它们只有有限的内存缓冲区用于创建连接，如果这些缓冲区内充满了虚假连接的初始信息，该服务器就会对接下来的连接停止响应，直到缓冲区里的连接企图超时。如果客户机伪装大量 SYN 包进行连接请求并且不进行第三次握手，则服务器的未完成连接队列就会被塞满，正常的连接请求就会被拒绝，这样就造成了拒绝服务。

　　(3) 缓冲区溢出攻击

　　缓冲区是程序运行时计算机内存中的一个连续块。大多数情况下为了不占用太多的内存，一个有动态变量的程序在运行时才决定给它们分配多少内存。如果程序在动态分配缓冲区放入超长的数据，就会发生缓冲区的溢出。此时，子程序的返回地址就有可能被超出缓冲区的数据覆盖，如果在溢出的缓存区中写入想执行的代码(Shell-Code)，并使返回地址指向其起始地址，CPU 就会转而执行 Shell-Code，达到运行任意指令从而进行攻击的目的。

2. 程序攻击

1) 病毒

　　(1) 病毒的主要特征

　　隐蔽性：病毒的存在、传染和对数据的破坏过程不易被计算机操作人员发现。

　　寄生性：计算机病毒通常是依附于其他文件而存在的。

传染性：计算机病毒在一定条件下可以自我复制，能对其他文件或系统进行一系列非法操作，并使之成为一个新的传染源。

触发性：病毒的发作一般都需要一个激发条件，可以是日期、时间、特定程序的运行或程序的运行次数等。

破坏性：病毒在触发条件满足时，会立即对计算机系统的文件、资源等的运行进行干扰破坏。

不可预见性：病毒相对于防毒软件永远是超前的，理论上讲没有任何杀毒软件能将所有的病毒杀除。

针对性：针对特定的应用程序或操作系统，通过感染数据库服务器进行传播。

（2）病毒采用的触发条件

日期触发：许多病毒采用日期做触发条件。日期触发大体包括：特定日期触发、月份触发、前半年后半年触发等。

时间触发：时间触发包括特定的时间触发、染毒后累计工作时间触发、文件最后写入时间触发等。

键盘触发：有些病毒监视用户的击键动作，当发现病毒预定的键有动作时，病毒被激活，进行某些特定操作。键盘触发包括击键次数触发、组合键触发、热启动触发等。

感染触发：许多病毒的感染需要某些条件触发，而且相当数量的病毒又以与感染有关的信息反过来作为破坏行为的触发条件，称为感染触发。它包括：运行感染文件个数触发、感染序数触发、感染磁盘数触发、感染失败触发等。

启动触发：病毒对机器的启动次数进行计数，并将此值作为触发条件。

访问磁盘次数触发：病毒对磁盘 I/O 访问的次数进行计数，以预定次数做触发条件。

调用中断功能触发：病毒对中断调用次数计数，以预定次数做触发条件。

CPU 型号/主板型号触发：病毒能识别运行环境的 CPU 型号/主板型号，以预定 CPU 型号/主板型号做触发条件，这种病毒的触发方式奇特罕见。被计算机病毒使用的触发条件是多种多样的，而且往往不只是使用上面所述的某一个条件，而是使用由多个条件组合起来的触发条件。大多数病毒的组合触发条件是基于时间的，再辅以读、写盘操作，按键操作以及其他条件等。

2）蠕虫

（1）蠕虫的工作原理

① 蠕虫程序的实体结构。蠕虫程序相对于一般的应用程序，在实体结构方面体现出更多的复杂性，通过对多个蠕虫程序的分析，可以粗略地把蠕虫程序的实体结构分为如下的六大部分，具体的蠕虫可能是由其中的几部分组成。

- 未编译的源代码：由于有的程序参数必须在编译时确定，所以蠕虫程序可能包含一部分未编译的程序源代码。
- 已编译的链接模块：不同的系统（同族）可能需要不同的运行模块，例如不同的硬件厂商和不同的系统厂商采用不同的运行库，这在 UNIX 族的系统中非常常见。
- 可运行代码：整个蠕虫可能是由多个编译好的程序组成的。
- 脚本：利用脚本可以节省大量的代码，充分利用系统 Shell 的功能。

- 受感染系统上的可执行程序：受感染系统上的可执行程序，如文件传输等，可被蠕虫作为自己的组成部分。
- 信息数据：包括已破解的口令、要攻击的地址列表、蠕虫自身的压缩包。

② 蠕虫程序的功能结构。鉴于所有蠕虫都具有相似的功能结构，下面给出了蠕虫程序的统一功能模型。统一功能模型将蠕虫程序分解为基本功能模块和扩展功能模块。实现了基本功能模块的蠕虫程序就能完成复制传播流程；包含扩展功能模块的蠕虫程序则具有更强的生存能力和破坏能力。

基本功能由五个功能模块构成。

- 搜索模块：寻找下一台要传染的机器，为提高搜索效率，可以采用一系列的搜索算法。
- 攻击模块：在被感染的机器上建立传输通道（传染途径），为减少第一次传染数据的传输量，可以采用引导式结构。
- 传输模块：计算机间蠕虫程序的复制。
- 信息搜集模块：搜集和建立被传染机器上的信息。
- 繁殖模块：建立自身的多个副本，在同一台机器上提高传染效率，并避免重复传染。

（2）蠕虫的工作流程

蠕虫程序的工作流程可以分为扫描、攻击、现场处理、复制四部分。当扫描到有漏洞的计算机系统后，进行攻击，攻击部分完成蠕虫主体的迁移工作；进入被感染的系统后，要做现场处理工作，现场处理工作包括隐藏、信息搜集等。蠕虫程序生成多个副本后，重复上述流程。

3）木马攻击

（1）木马的结构

木马程序一般包含两个部分：外壳程序和内核程序。

- 外壳程序：一般是公开的，谁都可以看得到。往往具有足够的吸引力，使人在下载或复制时运行外壳程序。
- 内核程序：隐藏在外壳程序之后，可以做各种对系统造成破坏的事情，如：发动攻击、破坏设备、安装后门等。

（2）木马攻击原理

一般的木马程序都包括客户端和服务端两个程序，其中客户端是用于攻击者远程控制植入木马的机器，服务器端程序即是木马程序，它所做的第一步是要把木马的服务器端程序植入到目标的计算机里面。攻击者要通过木马攻击目标系统。当植入成功以后，攻击者就对目标计算机进行非法操作。

（3）木马具有的特性

由于木马所从事的是"地下工作"，因此它必须隐藏起来，它会想尽一切办法不让用户发现它。它的特性主要体现在以下几个方面。

隐蔽性：当木马植入目标计算机中，不产生任何图标，并以"系统服务"的方式欺骗操作系统。

具有自动运行性：木马为了控制服务端。它必须在系统启动时即跟随启动，所以它必须潜入启动配置文件中，如 win. ini、system. ini、winstart. bat 以及启动组等文件之中，包含具有未公开并且可能产生危险后果的程序。

具备自动恢复功能：木马程序中的功能模块具有多重备份，可以相互恢复。当你删除了其中的一个，随后马上又会出现。木马程序能自动打开特别的端口。当木马程序植入后，攻击者利用该程序，开启系统中别的端口，以便进行下一次非法操作。

通常的木马功能都是十分特殊的，除了普通的文件操作以外，还有些木马具有搜缓存中的口令、设置口令、扫描目标机器人的 IP 地址进行键盘记录、远程控制注册表以及锁定鼠标等功能。

3. 电子欺骗攻击

1）IP 电子欺骗攻击

IP 欺骗有两种基本方式，一种是使用宽松的源路由选择来截取数据包；另一种是利用 UNIX 机器上的信任关系。

使用宽松的源路由选择时，发送端指明了流量或者数据包必须经过的 IP 地址清单，但如果有需要，也可以经过一些其他的地址。由于采用单向的 IP 欺骗时，被盗用的地址会收到返回的信息流，而黑客的机器却不能收到这样的信息流，所以黑客就在使用假冒的地址向目的地发送数据包时指定宽松的源路由选择，并把它的 IP 地址填入地址清单中，最终截取目的机器返回到源机器的流量。

在 UNIX 系统中为了操作方便，通常在主机 A 和主机 B 中建立起两个相互信任的账户。黑客为了进行 IP 欺骗，首先会使被信任的主机丧失工作能力，同时采样目标主机向被信任的主机发出的 TCP 序列号，猜测出它的数据序列号，然后伪装成被信任的主机，同时建立起与目标主机基于地址验证的应用连接，以便进行非授权操作。

2）DNS 电子欺骗攻击

主机域名与 IP 地址的映射关系是由域名系统 DNS 来实现的，现在 Internet 上主要使用 Bind 域名服务器程序。

DNS 协议具有以下特点。

DNS 报文只使用一个序列号来进行有效性鉴别，序列号由客户程序设置并由服务器返回结果，客户程序通过它来确定响应与查询是否匹配，这就引入了序列号攻击的危险；在 DNS 应答报文中可以附加信息，该信息可以和所请求的信息没有直接关系，这样，攻击时就可以在应答中随意添加某些信息，指示某域的权威域名服务器的域名和 IP，导致在被影响的域名服务器上查询该域的请求都会被转向攻击这所指定的域名服务器上，从而对网络的完整性造成威胁。DNS 有高速缓存机制，当一个域名服务器收到有关域名和 IP 的映射信息时，它会将该信息存放在高速缓存中，当再次遇到对此域名的查询请求时就直接使用缓存中的结果而无须重新查询。

针对 DNS 协议存在的安全缺陷，目前可采用的 DNS 欺骗技术有以下几种。

（1）内应攻击。攻击者在非法或合法地控制一台 DNS 服务器后，可以直接操作域名数据库，把指定域名所对应的 IP 修改为自己所控制的主机 IP。于是，当客户发出对指定域名的查询请求后，将得到伪造的 IP 地址。

（2）序列号攻击。DNS 协议格式中定义了序列号 ID，用来匹配请求数据包和响应数据包，客户端首先以特定的 ID 向 DNS 服务器发送域名查询数据包，在 DNS 服务器查询之后，以相同的 ID 号给客户端发送域名响应数据包。这时，客户端将收到的 DNS 响应数据包的 ID 和自己发送出去的查询数据包的 ID 比较，如果匹配，则使用之，否则就丢弃。利用序列号进行 DNS 欺骗的关键是伪装成 DNS 服务器向客户端发送 DNS 响应数据包，而且要在 DNS 服务器发送的真实 DNS 响应数据包之前到达客户端，从而使客户端 DNS 缓存中查询域名所对应的 IP 就是攻击者伪造的 IP。其欺骗的前提条件是攻击者发送的 DNS 响应数据包 ID 必须匹配客户的 DNS 查询数据包 ID。

利用序列号进行 DNS 欺骗有两种情况。

第一，当攻击者与 DNS 服务器、客户端均不在同一个局域网内时，攻击者可以向客户端发送大量的携有随机 ID 序列号的 DNS 响应数据包，其中包内含有攻击者伪造的 IP，但 ID 匹配的概率很低，所以攻击的效率不高。

第二，当攻击者至少与 DNS 服务器或者客户端某一个处在同一个局域网内时，攻击者可以通过网络监听得到 DNS 查询包的序列号 ID，这时，攻击者就可以发送自己伪造好的 DNS 响应包给客户端，这种方式攻击更高效。

4. 对网络协议（TCP/IP）弱点的攻击

1）网络监听

（1）网络监听的原理

网络中传输的每个数据包都包含有目的 MAC 地址，局域网中数据包以广播的形式发送。假设接收端计算机的网卡工作在正常模式下，网卡会比较收到数据包中的目的 MAC 地址是否为本计算机 MAC 地址或为广播地址，如果是需要的地址，数据包将被接收；如果不是，网卡直接将其丢弃。

假设网卡被设置为混杂模式，那么它就可以接收所有经过的数据包。也就是说，只要是发送到局域网内的数据包，都会被设置成混杂模式的网卡所接收。

现在局域网都是交换式局域网，以前广播式局域网中的监听不再有效。但监听者仍然可以通过其他途径来监听交换式局域网中的通信。

（2）攻击手段

网络监听是主机的一种工作模式，在这种模式下，主机可以接收到本网段在同一条物理通道上传输的所有信息，而不管这些信息的发送方和接收方是谁。因为系统在进行密码校验时，用户输入的密码需要从用户端传送到服务器端，而攻击者就能在两端之间进行数据监听。此时若两台主机进行通信的信息没有加密，只要使用某些网络监听工具（如 NetXRay for Windows 95/98/NT、Sniffit for Linux、Solaries 等），就可轻而易举地截取包括口令和账号在内的信息资料。

2）电子邮件攻击

电子邮件是互联网上运用得十分广泛的一种通信方式。攻击者使用一些邮件炸弹软件或 CGI 程序向目的邮箱发送大量内容重复、无用的垃圾邮件，从而使目的邮箱被撑爆而无法使用。攻击者还可以伪装系统管理员,给用户发送邮件要求用户修改口令或在貌似正常的附件中加载病毒或其他木马程序。

2.3.3 社会工程学介绍

社会工程学就是使人们顺从人们的意愿,满足人们的欲望的一门艺术与学问。它并不单纯是一种控制意志的途径。它不能帮助你掌握人们在非正常意识以外的行为,且学习与运用这门学问一点也不容易。

它同样也蕴含了各式各样的灵活的构思与变化着的因素。无论任何时候,在需要套取到所需要的信息之前,社会工程学的实施者都必须掌握大量的相关知识基础,花时间去从事资料的收集与进行必要的如交谈性质的沟通行为。与以往的入侵行为相类似,社会工程学在实施以前都需要完成很多相关的准备工作,这些工作甚至要比其本身还要更为繁重。

社会工程学定位在计算机信息安全工作链路的一个最脆弱的环节上。我们经常讲:最安全的计算机就是已经拔去了插头(注释:网络接口)的那一台(注释:物理隔离)。事实上,你可以去说服某人(注释:使用者)把这台非正常工作状态下的、容易受到攻击的(注释:有漏洞的)机器接上插头(注释:连上网络)并启动(注释:提供日常的服务)。也可以看出,"人"这个环节在整个安全体系中是非常重要的。

这不像地球上的计算机系统,不依赖他人手动干预(注释:人有自己的主观思维)。由此意味着这一点信息安全的脆弱性是普遍存在的,它不会因为系统平台、软件、网络或者设备的使用年限等因素不相同而有所差异。

无论是在物理上还是在虚拟的电子信息上,任何一个可以访问系统某个部分(注释:某种服务)的人都有可能构成潜在的安全风险与威胁。任何细微的信息都可能会被社会工程学使用者运用,使其得到其他的信息。这意味着如果没有把"人"(注释:这里指的是使用者/管理人员等的参与者)这个因素放进企业安全管理策略中去,将会构成一个很大的安全"裂缝"。

2.3.4 网络安全解决方案

1. 局域网安全现状

广域网络已有了相对完善的安全防御体系,比如,防火墙、漏洞扫描、防病毒、IDS 等网关级别、网络边界方面的防御,重要的安全设施大致集中于机房或网络入口处,在这些设备的严密监控下,来自网络外部的安全威胁大大减小。相反,来自网络内部的计算机客户端的安全威胁缺乏必要的安全管理措施,安全威胁较大。未经授权的网络设备或用户就可能通过连接到局域网的网络设备自动进入网络,形成极大的安全隐患。目前,局域网络安全隐患是利用了网络系统本身存在的安全弱点,而系统在使用和管理过程的疏漏增加了安全问题的严重程度。

2. 局域网安全威胁分析

局域网(LAN)是指在小范围内由服务器和多台计算机组成的工作组互联网络。由于通过交换机和服务器连接网内每一台计算机,因此局域网内信息的传输速率比较高。同时局域网采用的技术比较简单,安全措施较少,同样也给病毒传播提供了有效的通道,并为数据信息的安全埋下了隐患。局域网的网络安全威胁通常有以下几类。

(1) 欺骗性的软件使数据安全性降低

由于局域网的主要作用是资源共享,而正是由于共享资源的"数据开放性",导致数据信息容易被篡改和删除,数据安全性较低。例如"网络钓鱼攻击",钓鱼工具是通过大量发送声称来自于一些知名机构的欺骗性垃圾邮件,意图引诱收信人给出敏感信息:如用户名、口令、账号 ID、ATM PIN 码或信用卡详细信息等的一种攻击方式。最常用的手法是冒充一些真正的网站来骗取用户的敏感数据。以往此类攻击多是冒名大型或著名的网站,但由于大型网站反应比较迅速,而且所提供的安全功能不断增强,网络钓鱼已越来越多地把目光对准了较小的网站。同时由于用户缺乏数据备份等数据安全方面的知识和手段,因此会造成经常性的信息丢失等现象发生。

(2) 服务器区域没有进行独立防护

局域网内计算机的数据快速、便捷地传递,造就了病毒感染的直接性和快速性,如果局域网中服务器区域不进行独立保护,其中一台计算机感染病毒,并且通过服务器进行信息传递,就会感染服务器,这样局域网中任何一台通过服务器信息传递的计算机,就有可能感染病毒。虽然在网络出口有防火墙阻断外来的攻击,但无法抵挡来自局域网内部的攻击。

(3) 计算机病毒及恶意代码的威胁

由于网络用户不及时安装防病毒软件和操作系统补丁,或未及时更新防病毒软件的病毒库而造成计算机病毒的入侵。许多网络寄生犯罪软件的攻击正是利用了用户的这个弱点。寄生软件可以修改磁盘上现有的软件,在自己寄生的文件中注入新的代码。最近几年,随着犯罪软件(crime ware)汹涌而至,寄生软件已退居幕后,成为犯罪软件的助手。2007 年,两种软件的结合推动了旧有寄生软件变种增长 3 倍之多。2008 年,预计犯罪软件社区对寄生软件的兴趣将继续增长,寄生软件的总量预计将增长 20%。

3. 局域网用户安全意识不强

许多用户使用移动存储设备来进行数据的传递,经常将外部数据不经过必要的安全检查而通过移动存储设备带入内部局域网,同时将内部数据带出局域网,这给木马、蠕虫等病毒的进入提供了方便,同时增加了数据泄密的可能性。另外一机两用甚至多用情况普遍,笔记本电脑在内外网之间频繁切换使用,许多用户将在 Internet 网上使用过的笔记本电脑在未经许可的情况下擅自接入内部局域网,造成病毒的传入和信息的泄密。

4. IP 地址冲突

局域网用户在同一个网段内经常出现 IP 地址冲突,造成部分计算机无法上网。对于局域网来讲,此类 IP 地址冲突的问题会经常出现,用户规模越大,查找工作就越困难,所以网络管理员必须加以解决。

正是由于局域网内应用上这些独特的特点,造成局域网内的病毒快速传递,数据安全性低,网内计算机相互感染,病毒屡杀不尽,数据经常丢失。

5. 局域网安全控制与病毒防治策略

应加强人员的网络安全培训。

安全是个过程,它是一个汇集了硬件、软件、网络、人员以及它们之间互相关系和接口的系统。从行业和组织的业务角度看,主要涉及管理、技术和应用三个层面。

要确保信息安全工作的顺利进行,必须注重把每个环节落实到每个层次上,而进行这种具体操作的是人,人正是网络安全中最薄弱的环节,然而这个环节的加固又是见效最快的。所以必须加强对使用网络人员的管理,注意管理方式和实现方法,从而加强工作人员的安全培训。增强内部人员的安全防范意识,提高内部管理人员的整体素质。同时要加强法制建设,进一步完善关于网络安全的法律,以便更有利地打击不法分子。对局域网内部人员,应从下面几方面进行培训。

① 加强安全意识培训,让每位工作人员明白数据信息安全的重要性,理解保证数据信息安全是所有计算机使用者共同的责任。

② 加强安全知识培训,使每位计算机使用者掌握一定的安全知识,至少能够掌握如何备份本地的数据,保证本地数据信息的安全可靠。

③ 加强网络知识培训,通过培训掌握一定的网络知识,使员工能够掌握 IP 地址的配置、数据的共享等网络基本知识,树立良好的计算机使用习惯。

6. 局域网安全控制策略

安全管理保护网络用户资源与设备以及网络管理系统本身不被未经授权的用户访问。目前网络管理工作量最大的部分是客户端安全部分,对网络的安全运行威胁最大的也同样是客户端安全管理。只有解决了网络内部的安全问题,才可以排除网络中最大的安全隐患,对于内部网络终端安全管理,主要从终端状态、行为、事件三个方面进行防御。

利用现有的安全管理软件加强对以上三个方面的管理,是当前解决局域网安全的关键所在。

利用桌面管理系统控制用户入网。入网访问控制是保证网络资源不被非法使用的前提,是网络安全防范和保护的主要策略。它为网络访问提供了第一层访问控制。它可以控制哪些用户能够登录到服务器并获取网络资源,控制用户入网的时间和在哪台工作站入网。用户和用户组被赋予一定的权限,网络能够控制用户和用户组可以访问的目录、文件和其他资源,可以指定用户对这些文件、目录、设备能够执行的操作。启用密码策略,强制计算机用户设置符合安全要求的密码,包括设置口令锁定服务器控制台,以防止非法用户修改。设定服务器登录时间限制、检测非法访问；防止非法用户删除重要信息或破坏数据，从而提高系统的安全性。对密码不符合要求的计算机在多次警告后阻断其联网。

采用防火墙技术。防火墙技术通常安装在单独的计算机上，与网络的其余部分隔开，它使内部网络与 Internet 之间或与其他外部网络互相隔离，限制网络互访，用来保护内部网络资源免遭非法使用者的侵入，执行安全管制措施，记录所有可疑事件。它是在两个网络之间实行控制策略的系统，是建立在现代通信网络技术和信息安全技术基础上的应用性安全技术。采用防火墙技术发现及封阻应用攻击所采用的技术有以下几种。

① 深度数据包处理。深度数据包处理在一个数据流当中有多个数据包，在寻找攻击异常行为的同时，保持整个数据流的状态。深度数据包处理要求以极高的速度分析、检测及重新组装应用流量，以避免应用时带来时延。

② IP/URL 过滤。一旦应用流量是明文格式，就必须检测 HTTP 请求的 URL 部分，寻找恶意攻击的迹象，这就需要一种方案不仅能检查 RUL，还能检查请求的其余部分。其实，如果把应用响应考虑进来，可以大大提高检测攻击的准确性。URL 过滤是一项重要的操作，可以阻止通常的脚本类型的攻击。

③ TCP/IP 终止。应用层攻击涉及多种数据包，并且常常涉及不同的数据流。流量分析系统要发挥功效，就必须在用户与应用保持互动的整个会话期间能够检测数据包和请求，以寻找攻击行为。至少，这需要能够终止传输层协议，并且在整个数据流而不是仅仅在单个数据包中寻找恶意模式。系统中存着一些访问网络的木马、病毒等 IP 地址，应经常检查访问的 IP 地址或者端口是否合法，有效的 TCP/IP 是否终止，并能有效地扼杀木马等。

④ 访问网络进程跟踪。访问网络进程跟踪，这是防火墙技术的最基本部分，使用该功能可以判断进程访问网络的合法性，并对木马、病毒程序进行有效拦截。这项功能通常借助于 TDI 层的网络数据拦截，得到操作网络数据报的进程的详细信息并加以实现。

7. 病毒防治

病毒的侵入必将对系统资源构成威胁，影响系统的正常运行。特别是通过网络传播的计算机病毒，能在很短的时间内使整个计算机网络处于瘫痪状态，从而造成巨大的损失。因此，防止病毒的侵入要比发现和消除病毒更重要。防毒的重点是控制病毒的传染。防毒的关键是对病毒行为的判断。如何有效辨别病毒行为与正常程序行为是防毒成功与否的重要因素。防病毒体系是建立在每个局域网的防病毒系统上的，应从以下几个方面制定有针对性的防病毒策略。

① 增加安全意识和安全知识，对工作人员进行定期培训。首先明确病毒的危害，文件共享的时候尽量控制权限和增加密码；其次对来历不明的文件在运行前进行查杀等，都可以很好地防止病毒在网络中的传播。这些措施对杜绝病毒会起到很重要的作用。

② 小心使用移动存储设备。在使用移动存储设备之前一定要进行病毒的扫描和查杀，从而防止了病毒的入侵。

③ 挑选网络版杀毒软件。一般而言，查杀是否彻底，界面是否友好、方便，能否实现远程控制、集中管理，是决定一个网络杀毒软件的三大要素。

通过以上策略的设置，能够及时发现网络运行中存在的问题，快速有效地定位网络中病毒、蠕虫等网络安全威胁的切入点，及时、准确地切断安全事件发生点。

局域网安全控制与病毒防治是一项长期而艰巨的任务，需要不断地探索。随着网络应用的发展，计算机病毒的形式及传播途径日趋多样化，安全问题日益复杂化，网络安全建设已不再像单台计算安全防护那样简单。计算机网络安全需要建立多层次的、立体的防护体系，要具备完善的管理系统来设置和维护对安全的防护策略。

2.4　项目实施

任务 2-1　网络信息搜集

1. 不同环境和应用中的网络安全

从本质上讲，网络安全就是网络上的信息安全，指网络系统的硬件、软件及其系统中的数据受到保护，不因偶然或恶意原因而遭到破坏、更改和泄露、保证系统连续可靠正常地运行，网络服务不中断。不同环境和应用中的网络安全主要包括以下方面。

① 运行系统安全：保证信息处理和传输系统的安全。

② 网络上信息内容的安全：侧重于保护信息的保密性、真实性和完整性，避免攻击者利用系统的安全漏洞进行窃听、冒充、诈骗等有损于合法用户的行为。

③ 网络上系统信息的安全：包括用户口令鉴别、用户存取权限控制、数据存取权限、方式控制、安全审计、安全问题跟踪、计算机病毒防治、数据加密等。

④ 网络上信息传播的安全：指信息传播后的安全，包括信息过滤等。

2. 网络发展和信息安全的现状

随着互联网的发展，网络安全技术在与网络攻击的对抗中不断发展。从总体上看，经历了从静态到动态、从被动防范到主动防范的发展过程。目前我国网络安全仍存在一些问题，包括以下方面。

① 信息和网络的安全防护能力差。

② 基础信息产业严重依靠国外。

③ 信息安全管理机构权威性不够。

④ 全社会的信息安全意识淡薄。

任务 2-2　端口扫描

1. X-Scan 扫描工具

X-Scan 的主要功能：采用多线程方式对指定 IP 地址段（或单机）进行安全漏洞检测，支持插件功能。扫描内容包括远程服务类型、操作系统类型及版本，各种弱口令漏洞、后门、应用服务漏洞、网络设备漏洞、拒绝服务漏洞等二十几个大类。

X-Scan 使用实例如下。

（1）X-Scan 无须安装与注册，只要解压即可使用。X-Scan 的运行界面如图 2-1 所示。

图 2-1　X-Scan 扫描工具运行界面

（2）运行 X-Scan 后，选择"设置"→"扫描参数"命令，就会进入参数设置界面，如图 2-2 所示。

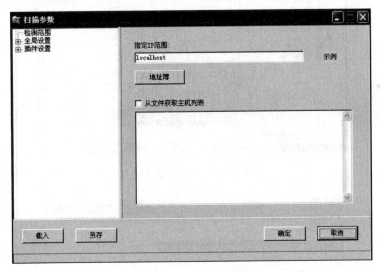

图 2-2　"扫描参数"对话框

（3）在"指定 IP 范围"文本框内添加要扫描的 IP 地址段，在"全局设置"和"插件设置"中可以任意选择扫描参数选项，如图 2-3 所示。

（4）单击"确定"按钮，返回 X-Scan 主界面，选择"文件"→"开始扫描"菜单命令，即可开始对指定 IP 段的主机进行扫描，如图 2-4 所示。

（5）扫描完毕以后，选择"查看"→"检测报告"菜单命令，能够获取扫描结果，即漏洞分析结果，如图 2-5 所示。

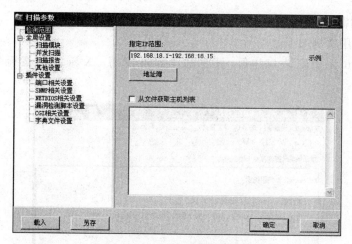

图 2-3　选择扫描参数

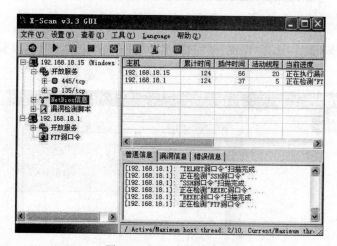

图 2-4　X-Scan 扫描界面

X-Scan 检测报告

本报表列出了被检测主机的详细漏洞信息,请根据提示信息或链接内容进行相应修补.欢迎参加X-Scan脚本翻译项目

扫描时间

2005-7-29 12:04:54 - 2005-7-29 12:17:29

	检测结果
存活主机	2
漏洞数量	1
警告数量	13
提示数量	14

	主机列表
主机	检测结果
192.168.18.15	发现安全漏洞
主机摘要 - OS: Windows XP; PORT/TCP: 135, 445	
192.168.18.1	发现安全警告
主机摘要 - OS: Unknown OS; PORT/TCP: 21, 23, 80	

[返回顶部]

图 2-5　X-Scan 检测报告

（6）"工具"菜单下还有"物理地址查询"、ARP query、Whois、Trace route、Ping 等命令，可以对目标主机进行 MAC 地址查询、路由查询以及 Ping 操作等，如图 2-6 所示。

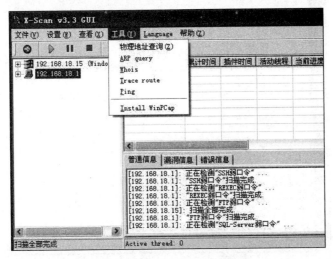

图 2-6　X-Scan 的"工具"菜单命令

2. Superscan

Superscan 是一款老牌的端口扫描工具，其突出特点就是扫描速度快。除端口扫描，它还有许多其他功能，这是黑客进行端口扫描经常用到的工具。

主要功能：检测一定范围内目标主机是否在线和端口的开放情况，检测目标主机提供的各种服务，通过 Ping 命令检验 IP 是否在线，进行 IP 与域名的转换等。

Superscan 应用实例如下。

（1）Superscan 是绿色软件，无须安装，下载并解压后可以直接使用。Superscan 的运行界面如图 2-7 所示。

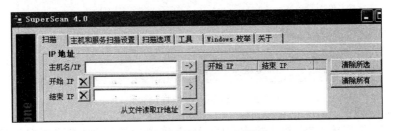

图 2-7　Superscan 运行界面

（2）在"开始 IP"和"结束 IP"文本框中输入需要扫描的目标主机 IP 段，按"开始"图标按钮就能进行 IP 扫描了，如图 2-8 所示。

（3）选择"主机和服务扫描设置"选项卡，可以对目标主机信息反馈方式、TUP 端口以及 UDP 端口进行设置，如图 2-9 所示。

（4）选择"工具"选项卡，在"主机名/IP/URL"文本框中输入目标主机的主机名、IP

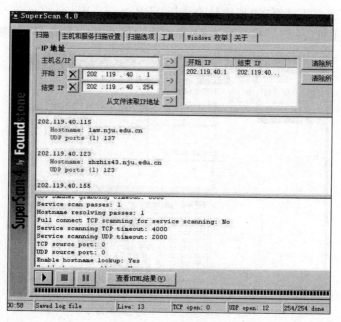

图 2-8　IP 段扫描实例

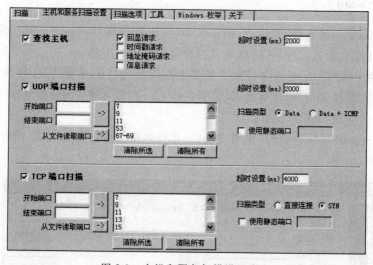

图 2-9　主机和服务扫描设置窗口

地址或者域名,然后单击"查找主机名/IP"、Ping 等图标按钮,即能够获取目标主机的各种信息,如图 2-10 所示。

　　(5) 选择"Windows 枚举"选项卡,在"主机名/IP/URL"文本框中输入目标主机的主机名、IP 地址或者域名,然后选择需要枚举的类型,单击 Enumerate 按钮,能够获取目标主机的各种枚举信息,如图 2-11 所示。

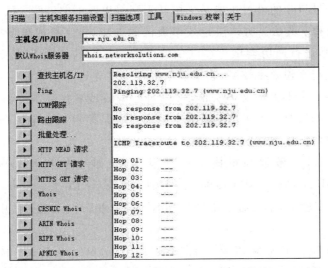

图 2-10　查找主机 IP 或 Ping 目标主机等

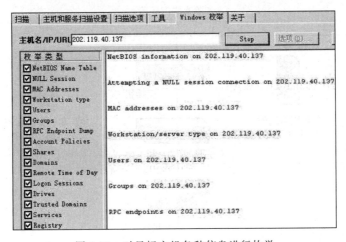

图 2-11　对目标主机各种信息进行枚举

任务 2-3　口令破解演示实验

本实验旨在掌握账号口令破解技术的基本原理、常用方法及相关工具,并在此基础上掌握如何有效防范类似攻击的方法和措施。

口令也称通行字(password),应该说是保护计算机和域系统的第一道防护门,如果口令被破解了,那么用户的操作权和信息将很容易被窃取。所以口令安全是尤其需要关注的内容。本实验介绍了口令破解的原理和工具的使用方法,可以用这些工具来测试用户口令的强度和安全性,以使用户选择更为安全的口令。

一般入侵者常常采用下面几种方法获取用户的口令,包括弱口令扫描,Sniffer 密码嗅探,暴力破解,打探、套取或合成口令等手段。

系统用户账号口令的破解主要是采用基于字符串匹配的破解方法。最基本的方法有两个：穷举法和字典法。穷举法是效率最低的办法，将字符或数字按照穷举的规则生成口令字符串，进行遍历尝试。在口令组合稍微复杂的情况下，穷举法的破解速度很低。字典法相对来说效率较高，它用口令字典中事先定义的常用字符去尝试匹配口令。口令字典是一个很大的文本文件，可以自己编辑或者由字典工具生成，里面包含了单词或者数字的组合。如果口令是一个单词或者是简单的数字组合，那么破解者就可以很轻易地破解。

目前常见的口令破解和审核工具有很多种，如：破解 Windows 平台口令的 LophtCrack、WMICracker、SMBCracker 等工具，用于 UNIX 平台的有 John the Ripper 等工具。下面的实验中，主要通过介绍 LophtCrack5 和 Cain 工具的使用方法，了解用户口令的安全性。

实验运行环境：本实验需要一台安装了 Windows 2000/XP 的 PC，并安装了 LophtCrack 5.02 和 Cain 密码破解工具。实验环境见图 2-12。

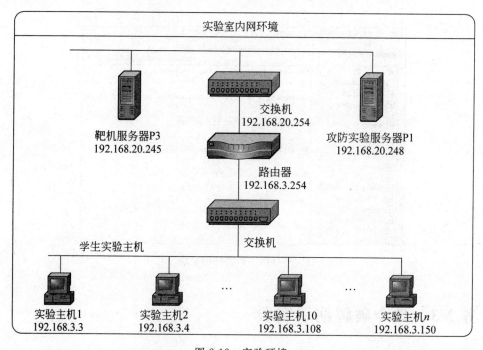

图 2-12　实验环境

准备工作：下载、解压缩并安装 LC5。首先运行 lc5setup.exe，界面如图 2-13 所示，接下来一直单击 Next，再单击 Accept 接受协议。接下来进入的界面如图 2-14 所示，选择安装路径，单击 Next 按钮，即选择默认的安装路径。一直单击 Next 按钮，之后安装完成的界面如图 2-15 所示，单击 Finish 按钮，完成安装。

图 2-13 LC5 安装向导界面

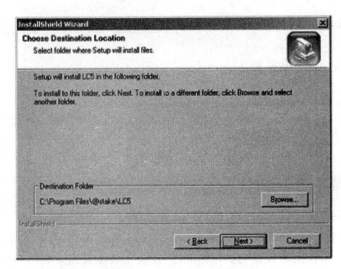

图 2-14 选择 LC5 安装路径

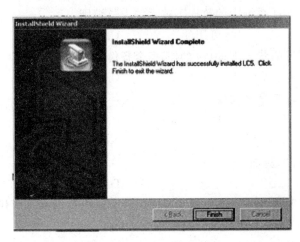

图 2-15 安装完成的界面

2.5 习　　题

一、填空题

1. 网络安全的特征有_____、_____、_____、_____。

2. 网络安全的结构层次包括_____、_____、_____、_____。

3. 网络安全面临的主要威胁有_____、_____、_____、_____。

4. 计算机安全的主要目标是保护计算机资源免遭_____、_____、_____、_____。

5. 就计算机安全级别而言,能够达到 C2 级的常见操作系统有_____、_____、_____、_____。

6. 一个用户的账号文件主要包括_____、_____、_____、_____。

7. 数据库系统安全特性包括_____、_____、_____、_____、_____。

8. 数据库安全的威胁主要有_____、_____、_____。

9. 数据库中采用的安全技术有_____、_____、_____。

10. 计算机病毒可分为_____、_____、_____、_____、_____、_____等几类。

二、选择题

1. 对网络系统中的信息进行更改、插入、删除属于(　　)。

    A. 系统缺陷　　　　B. 主动攻击　　　　C. 漏洞威胁　　　　D. 被动攻击

2. (　　)是指在保证数据完整性的同时,还要使其能被正常利用和操作。

    A. 可靠性　　　　B. 可用性　　　　C. 完整性　　　　D. 保密性

3. (　　)是指保证系统中的数据不被无关人员识别。

    A. 可靠性　　　　B. 可用性　　　　C. 完整性　　　　D. 保密性

4. 在关闭数据库的状态下进行数据库完全备份叫作(　　)。

    A. 热备份　　　　B. 冷备份　　　　C. 逻辑备份　　　　D. 差分备份

5. 下面(　　)攻击是被动攻击。

    A. 假冒　　　　B. 搭线窃听　　　　C. 篡改信息　　　　D. 重放信息

6. AES 是(　　)。

    A. 不对称加密算法　　　　　　　　B. 消息摘要算法

    C. 对称加密算法　　　　　　　　D. 流密码算法

7. 在加密时将明文的每个或每组字符由另一个或另一组字符所代替,这种密码叫作(　　)。

    A. 移位密码　　　　B. 替代密码　　　　C. 分组密码　　　　D. 序列密码

8. DES 算法一次可用 56 位密钥把（　　　）位明文加密。

    A. 32　　　　　　　　B. 48　　　　　　　　C. 64　　　　　　　　D. 128

9. （　　　）是典型的公钥密码算法。

    A. DES　　　　　　　B. IDEA　　　　　　　C. MD5　　　　　　　D. RSA

10. （　　　）是消息认证算法。

    A. DES　　　　　　　B. IDEA　　　　　　　C. MD5　　　　　　　D. RSA

三、简答题

1. 简述 ARP 欺骗的实现原理及主要防范方法。

2. 简述 L2TP 协议操作过程。

3. 网络安全主要有哪些关键技术？

4. 访问控制的含义是什么？

项目 3 网络数据库安全

3.1 项 目 导 入

社交网络和 Web 2.0 应用程序逐渐在企业内部普及,这是因为基于 Web 的工具在组群间建立连接并消除物理障碍,使用户和企业能够进行实时通信。虽然即时通信、网络会议、点对点文件共享和社交网站能够为企业提供便利,但它们也成为互联网威胁、违反合规和数据丢失的最新切入点。

随着 Web 2.0、社交网络、微博等一系列新型的互联网产品的诞生,基于 Web 环境的互联网应用越来越广泛,企业信息化的过程中各种基于网络数据库应用都架设在 Web 平台上,Web 业务的迅速发展也引起黑客们的强烈关注,接踵而至的就是网络数据库安全威胁的凸显,黑客利用网站操作系统的漏洞和 Web 服务程序的 SQL 注入漏洞等得到Web 服务器的控制权限,轻则篡改网页内容,重则窃取重要内部数据,更为严重的则是在网页中植入恶意代码,使得网站访问者受到侵害。数据库系统的安全特性主要是针对数据而言的,包括数据独立性、数据安全性、数据完整性、并发控制、故障恢复、攻击防护等几个方面。

3.2 项 目 分 析

2011 年,在政府相关部门、互联网服务机构、网络安全企业和网民的共同努力下,我国互联网网络安全状况继续保持平稳状态,未发生造成大范围影响的重大网络安全事件,基础信息网络防护水平明显提升,政府网站安全事件显著减少,网络安全事件处理速度明显加快,但以用户信息泄露为代表的与网民利益密切相关的事件,引起了公众对网络安全的广泛关注。

据 CNCERT 监测,2011 年中国内地被篡改的政府网站为 2807 个,比 2010 年大幅下降 39.4%;从 CNCERT 专门面向国务院部门门户网站的安全监测结果来看,国务院部门门户网站存在低级别安全风险的比例从 2010 年的 60% 进一步降低为 50%。但从整体来看,2011 年网站安全情况有一定恶化趋势。在 CNCERT 接收的网络安全事件(不含漏洞)中,网站安全类事件占到 61.7%;境内被篡改网站数量为 36612 个,比 2010 年增加5.1%;4～12 月被植入网站后门的境内网站为 12513 个。CNVD 接收的漏洞中,涉及网站相关的漏洞占 22.7%,较 2010 年大幅上升,排名由第三位上升至第二位。网站安全问题进一步引发网站用户信息和数据的安全问题。

2011 年底,CSDN、天涯等网站发生用户信息泄露事件引起社会广泛关注,被公开的疑似泄露数据库 26 个,涉及账号、密码信息 2.78 亿条,严重威胁了互联网用户的合法权益和互联网安全。根据调查和研判发现,我国部分网站的用户信息仍采用明文的方式存储,相关漏洞修补不及时,安全防护水平较低。

2011 年,CNCERT 抽样监测发现,境外有近 4.7 万个 IP 地址作为木马或僵尸网络控制服务器参与控制我国境内主机,虽然其数量比 2010 年的 22.1 万大幅降低,但其控制的境内主机数量却由 2010 年的近 500 万增加至近 890 万,呈现大规模化趋势。在网站安全方面,境外黑客对境内 1116 个网站实施了网页篡改;境外 1185 个 IP 通过植入后门对境内 10593 个网站实施远程控制;仿冒境内银行网站的服务器 IP 有 95.8% 位于境外,其中美国仍然排名首位——共有 48 个 IP(占 72.1%)仿冒了境内 2943 个银行网站的站点,中国香港(占 17.8%)和韩国(占 2.7%)分列第二、三位。总体来看,2011 年位于美国、日本和韩国的恶意 IP 地址对我国的威胁最为严重。

3.3　相关知识点

3.3.1　数据库安全概述

Web 数据库是数据库技术与 Web 技术的结合,这种结合集中了数据库技术与网络技术的优点,既充分利用了大量已有的数据库信息,用户又可以很方便地在 Web 浏览器上检索和浏览数据库的内容。但是 Web 数据库置于网络环境下,存在很大的安全隐患,如何才能保证和加强数据库的安全性已成为目前必须要解决的问题。因此对 Web 数据库安全模式的研究,在 Web 的数据库管理系统的理论和实践中都具有重要的意义。

目前很多业务都依赖于互联网,例如网上银行、网络购物、网游等,很多恶意攻击者出于不良的目的对 Web 服务器进行攻击,想方设法通过各种手段获取他人的个人账户信息来谋取利益。正是因为这样,Web 业务平台最容易遭受攻击。同时,对 Web 服务器的攻击也可以说是形形色色、种类繁多,常见的有挂马、SQL 注入、缓冲区溢出、嗅探、利用 IIS 等针对 Webserver 漏洞进行攻击。

一方面,由于 TCP/IP 的设计没有考虑安全问题,这使得在网络上传输的数据是没有任何安全防护的。攻击者可以利用系统漏洞造成系统进程缓冲区溢出,攻击者可能获得或者提升自己在有漏洞的系统上的用户权限来运行任意程序,甚至安装和运行恶意代码,窃取机密数据。而应用层面的软件在开发过程中也没有过多考虑到安全的问题,这使得程序本身存在很多漏洞,诸如缓冲区溢出、SQL 注入等流行的应用层攻击,这些均属于在软件研发过程中疏忽了对安全的考虑所致。

另一方面,用户对某些隐秘的东西带有强烈的好奇心,一些利用木马或病毒程序进行攻击的攻击者,往往就利用了用户的这种好奇心理,将木马或病毒程序捆绑在一些艳丽的图片、音视频及免费软件等文件中,然后把这些文件置于某些网站当中,再引诱用户去单击或下载运行。或者通过电子邮件附件和 QQ、MSN 等即时聊天软件，将这些捆绑了木马或病毒的文件发送给用户，利用用户的好奇心理引诱用户打开或运行这些文件。

下面是常见的几种攻击方式。

（1）SQL 注入：即通过把 SQL 命令插入到 Web 表单递交或输入域名或页面请求的查询字符串，最终达到欺骗服务器并执行恶意的 SQL 命令，比如以前的很多影视网站泄露 VIP 会员密码大多就是通过 Web 表单递交查询字符泄出的，这类表单特别容易受到 SQL 注入式攻击。

（2）跨站脚本攻击（也称为 XSS）：指利用网站漏洞从用户那里恶意盗取信息。用户在浏览网站、使用即时通信软件、甚至在阅读电子邮件时，通常会单击其中的链接。攻击者通过在链接中插入恶意代码，就能够盗取用户信息。

（3）网页挂马：把一个木马程序上传到一个网站里面，然后用木马生成器生成一个网页挂马，上传到空间里面，再加代码使得木马在打开的网页里运行。

3.3.2 数据库的数据安全

数据库在各种信息系统中得到广泛的应用，数据在信息系统中的价值越来越重要，数据库系统的安全与保护成为一个越来越值得重点关注的方面。

数据库系统中的数据由 DBMS 统一管理与控制，为了保证数据库中数据的安全、完整和正确有效，要求对数据库实施保护，使其免受某些因素对其中数据造成的破坏。

1. 数据库安全问题的产生

数据库的安全性是指在信息系统的不同层次保护数据库，防止未授权的数据访问，避免数据的泄露、不合法的修改或对数据的破坏。安全性问题不是数据库系统所独有的，它来自各个方面，其中既有数据库本身的安全机制，如用户认证、存取权限、视图隔离、跟踪与审查、数据加密、数据完整性控制、数据访问的并发控制、数据库的备份和恢复等方面，也涉及计算机硬件系统、计算机网络系统、操作系统、组件、Web 服务、客户端应用程序、网络浏览器等。只是在数据库系统中大量数据集中存放，而且为许多最终用户直接共享，从而使安全性问题更为突出，每一个方面产生的安全问题都可能导致数据库数据的泄露、意外修改、丢失等后果。

例如，操作系统漏洞导致数据库数据泄露。微软公司发布的安全公告声明了一个缓冲区溢出漏洞（http://www.microsoft.com/china/security），Windows NT、Windows 2000、Windows 2003 等操作系统都受到影响。有人针对该漏洞开发出了溢出程序，通过计算机网络可以对存在该漏洞的计算机进行攻击，并得到操作系统管理员权限。如果该计算机运行了数据库系统，则可轻易获取数据库系统数据。特别是 Microsoft SQL Server 的用户认证是和 Windows 集成的，更容易导致数据泄漏或更严重的问题。

又如，没有进行有效的用户权限控制引起的数据泄露。Browser/Server 结构的网络环境下数据库或其他的两层或三层结构的数据库应用系统中，一些客户端应用程序总是使用数据库管理员权限与数据库服务器进行连接（如 Microsoft SQL Server 的管理员

SA),在客户端功能控制不合理的情况下,可能使操作人员访问到超出其访问权限的数据。

一般来说,对数据库的破坏来自以下 4 个方面。

(1) 非法用户

非法用户是指那些未经授权而恶意访问、修改甚至破坏数据库的用户,包括那些超越权限来访问数据库的用户。一般来说,非法用户对数据库的危害是相当严重的。

(2) 非法数据

非法数据是指那些不符合规定或语义要求的数据,一般由用户的误操作引起。

(3) 各种故障

各种故障指的是各种硬件故障(如磁盘介质)、系统软件与应用软件的错误、用户的失误等。

(4) 多用户的并发访问

数据库是共享资源,允许多个用户并发访问(Concurrent Access),由此会出现多个用户同时存取同一个数据的情况。如果对这种并发访问不加控制,各个用户就可能存取到不正确的数据,从而破坏数据库的一致性。

2. 数据库安全防范

为了保护数据库,防止恶意的滥用,可以在从低到高的五个级别上设置各种安全措施。

(1) 环境级:计算机系统的机房和设备应加以保护,防止有人进行物理破坏。

(2) 职员级:工作人员应清正廉洁,正确授予用户访问数据库的权限。

(3) OS 级:应防止未经授权的用户从 OS 处着手访问数据库。

(4) 网络级:由于大多数 DBS 都允许用户通过网络进行远程访问,因此网络软件内部的安全性至关重要。

(5) DBS 级:DBS 的职责是检查用户的身份是否合法及使用数据库的权限是否正确。在安全问题上,DBMS 应与操作系统达到某种意向,厘清关系,分工协作,以加强 DBMS 的安全性。数据库系统安全保护措施是否有效是数据库系统的主要指标之一。

针对数据库破坏的可能情况,数据库管理系统(DBMS)核心已采取相应措施对数据库实施保护,具体如下:数据独立性、数据安全性、数据完整性、并发控制、故障恢复、攻击防护。

(1) 利用权限机制,只允许有合法权限的用户存取所允许的数据。

(2) 利用完整性约束,防止非法数据进入数据库。

(3) 提供故障恢复能力,以保证各种故障发生后,能将数据库中的数据从错误状态恢复到一致状态。

(4) 提供并发控制机制,控制多个用户对同一数据的并发操作,以保证多个用户并发访问的顺利进行。

3. 数据库的安全标准

目前,国际上及我国均颁布了有关数据库安全的等级标准。最早的标准是美国国防部(DOD)1985 年颁布的《可信计算机系统评估标准》(*Computer System Evaluation Criteria*,TCSEC)。1991 年美国国家计算机安全中心(NCSC)颁布了《可信计算机系统评估标准关于可信数据库系统的解释》(*Trusted Database Interpretation*,TDI),将 TCSEC 扩展到数据库管理系统。1996 年国际标准化组织 ISO 又颁布了《信息技术安全技术——信息技术安全性评估准则》(*Information Technology Security Techniques——Evaluation Criteria For It Security*)。我国政府于 1999 年颁布了《计算机信息系统评估准则》。目前国际上广泛采用的是美国标准 TCSEC(TDI),在此标准中将数据库安全划分为 4 大类,由低到高依次为 D、C、B、A。其中 C 级由低到高分为 C1 和 C2,B 级由低到高分为 B1、B2 和 B3。每级都包括其下级的所有特性,各级指标如下。

(1) D 级标准:为无安全保护的系统。

(2) C1 级标准:只提供非常初级的自主安全保护。能实现对用户和数据的分离,进行自主存取控制(DAC),保护或限制用户权限的传播。

(3) C2 级标准:提供受控的存取保护,即将 C1 级的 DAC 进一步细化,以个人身份注册负责,并实施审计和资源隔离。很多商业产品已得到该级别的认证。

(4) B1 级标准:标记安全保护。对系统的数据加以标记,并对标记的主体和客体实施强制存取控制(MAC)以及审计等安全机制。

一个数据库系统凡符合 B1 级标准者称为安全数据库系统或可信数据库系统。

(5) B2 级标准:结构化保护。建立形式化的安全策略模型并对系统内的所有主体和客体实施 DAC 和 MAC。

(6) B3 级标准:安全域。满足访问监控器的要求,审计跟踪能力更强,并提供系统恢复过程。

(7) A 级标准:验证设计,即提供 B3 级保护的同时给出系统的形式化设计说明和验证,以确信各安全保护真正实现。

我国的国家标准的基本结构与 TCSEC 相似。我国标准分为 5 级,从第 1 级到第 5 级依次与 TCSEC 标准的 C 级(C1、C2)及 B 级(B1、B2、B3)一致。

3.4 项目实施

任务 3-1 数据库备份与恢复实训

备份是指将数据库复制到一个专门的备份服务器、活动磁盘或者其他能足够长期存储数据的介质上作为副本。一旦数据库因意外而遭损坏,这些备份可用来还原数据库。

第 1 步:数据备份

(1) 打开企业管理器,展开服务器,选中指定的数据库。

（2）打开企业管理器，展开"SQL Server 组"→（LOCAL）→"数据库"，右击指定备份的数据库，单击"所有任务"、"备份数据库"命令，则弹出"SQL Server 备份 -教学成绩管理数据库"对话框，如图 3-1 所示。

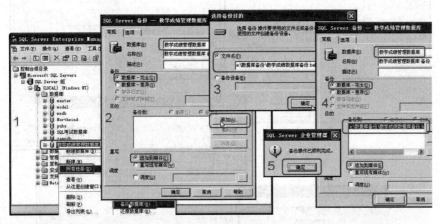

图 3-1　数据备份

（3）单击"添加"按钮，弹出"选择备份目的"对话框，在"文件名"文本框中输入备份路径，单击"确定"按钮完成添加。

（4）在"备份"选项组中选择"数据库-完全"单选按钮，在"重写"选项组中选择"追加到媒体"单选按钮，将新的备份添加到备份设备中，也可以选择"重写现有媒体"单选按钮用新的备份来覆盖原来的备份。

（5）单击"确定"按钮开始备份，完成数据库备份后弹出提示对话框。

数据库备份后，一旦数据库发生故障，就可以将数据库备份加载到系统，使数据库还原到备份时的状态。还原是与备份相对应的数据库管理工作，系统进行数据库还原的过程中自动执行安全性检查，然后根据数据库备份自动创建数据库结构，并且还原数据库中的数据。

第 2 步：恢复备份

（1）打开企业管理器，展开"SQL Server 组"→（LOCAL），右击"数据库"，单击"所有任务"→"还原数据库"命令，弹出"还原数据库"对话框，如图 3-2 所示，在"还原为数据库"列表框中选择指定还原数据库（若数据库名称要用新名称，在"还原为数据库"列表框中可输入新数据库名称），然后选中"从设备"单选按钮，单击"选择设备"按钮，弹出"选择还原设备"对话框，选中"磁盘"单选按钮并单击"添加"按钮，弹出"编辑还原目的"对话框，选中"文件名"单选按钮并在文本框中输入备份路径和文件名，单击"确定"按钮完成还原设置。

（2）在"选择还原设备"对话框中单击"确定"按钮，返回"还原数据库"对话框，选择"还原备份集"→"数据库—完全"单选按钮，选择"选项"选项卡，可选择"在现有数据库上强制还原"等内容，还可设置"将数据库文件还原为"的逻辑文件名和物理文件名，单击"确定"按钮开始还原，还原完成后弹出完成提示框。

图 3-2　数据恢复

任务 3-2　SQL Server 攻击的防护

第 1 步：启动 Microsoft SQL Server Management Studio，如图 3-2 所示，在"对象资源管理器"窗口中选择 ZTG2003→"安全性"→"登录名"选项。在右侧窗口里双击 sa，弹出"登录属性-sa"对话框，如图 3-3 所示。

图 3-3　Microsoft SQL Server Management Studio

第 2 步：在图 3-4 中，选择"强制实施密码策略"复选框，对 sa 用户进行最强的保护，另外，密码的设置也要足够复杂。

第 3 步：在 SQL Server 2005 中有 Windows 身份认证和混合身份认证。如果不希望

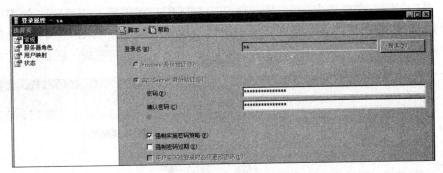

图 3-4　"登录属性-sa"对话框

系统管理员登录数据库，可以把系统账号 BUILTIN\Administrators 删除或禁止。在图 3-3 中，右击 BUILTIN\Administrators 账号，选择"属性"命令，弹出"登录属性-BUILTIN\Administrators"对话框，如图 3-5 所示，单击左侧窗格中的"状态"，在右侧窗格中，把"是否允许连接到数据库引擎"改为"拒绝"，"登录"改为"禁用"即可。

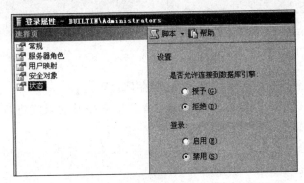

图 3-5　"登录属性-BUILTIN\Administrators"对话框

第 4 步：使用 IPSec 策略阻止所有访问本机的 TCP1433，也可以对 TCP1433 端口进行修改，不过在 SQL Server 2005 中，可以使用 TCP 动态端口启动 SQL Server Configuration Manager，如图 3-6 所示，右击 TCP/IP，选择"属性"命令，弹出"TCP/IP 属性"对话框，如图 3-5 所示。

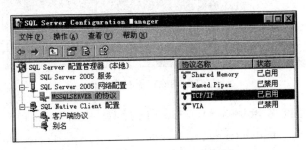

图 3-6　SQL Server Configuration Manager

在图 3-7 中，在 IPALL 选项区中的"TCP 动态端口"右侧输入 0。配置为监听动态端口，在启动时会检查操作系统中的可用端口并且从中选择一个。

如图 3-8 所示,可以指定 SQL Server 是否监听所有绑定到计算机网卡的 IP 地址。如果设置为"是",则图 3-7 中 IPALL 选项区的设置将应用于所有 IP 地址;如果设置为"否",则使用每个 IP 地址各自的属性对话框对各个 IP 地址进行配置。默认值为"是"。

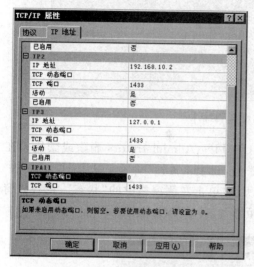

图 3-7 "TCP/IP 属性"对话框   图 3-8 监听设置

第 5 步:删除不必要的扩展存储过程(或存储过程)。

因为有些存储过程能够很容易地被入侵者利用来提升权限或进行破坏,所以需要将必要的存储过程或扩展存储过程删除。

xp_cmdshell 是一个很危险的扩展存储过程,如果不需要 xp_cmdshell,那么最好将它删除。删除的方法如图 3-9 所示。

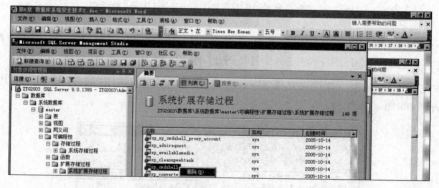

图 3-9 删除扩展存储过程

下面给出了可以考虑删除的扩展存储过程(或存储过程),仅供参考:xp_regaddmultistring、xp_regdeletekey、xp_regdetetevalue、xp_regenumkeys、xp_cmdshell、xp_dirtree、xp_fileexist、xp_getnetname、xp_terminate_process、xp_regenumvalues、xp_regread、xp_regwrite、xp_readwebtask、xp_makewebtask、xp_regremovemultistring。

OLE 自动存储过程:sp_OACreate、sp_OADestroy、sp_OAGetErrorInfo、sp_

OAGetProperty、sp_OAMethod sp_OASetProperty、sp_OAStop。

访问注册表的存储过程：xp ＿ regaddmultistring、xp ＿ regdeletekey、xp ＿ regdeletevalue、xp_regenumvalues、xp_regread、xp_regremovemultistring、xp_regwrite。

sp_makewebtask、sp_add_job、sp_addtask、sp_addextendedproc 等。

第 6 步：在图 3-9 中，右击 ZTG2003（位于图的左上角），选择"属性"命令，弹出"服务器属性-ZTG2003"对话框，如图 3-10 中，单击左侧窗格中的"安全性"，在右侧窗格中选择"登录审核"中的"失败和成功的登录"，再选择"启用 C2 审核跟踪"复选框。C2 是一个政府安全等级，它确保系统能够保护资源并且具有足够的审核能力。C2 允许监视对所有数据库实体的所有访问企图。

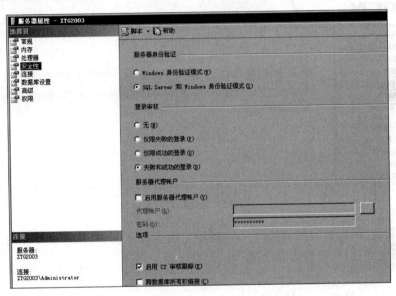

图 3-10　"服务器属性-ZTG2003"对话框

任务 3-3　数据库安全检测工具的使用

企业用户一般采用防火墙作为安全保障体系的第一道防线，但是现实中存在这样那样的问题，由此产生了 WAF（Web 应用防护系统）。Web 应用防护系统（Web Application Firewall）代表了一类新兴的信息安全技术，用以解决诸如防火墙一类传统设备束手无策的 Web 应用安全问题。与传统防火墙不同，WAF 工作在应用层，因此对 Web 应用防护具有先天的技术优势。基于对 Web 应用业务和逻辑的深刻理解，WAF 对来自 Web 应用程序客户端的各类请求进行内容检测和验证，确保其安全性与合法性，对非法的请求予以实时阻断，从而对各类网站站点进行有效防护。

第 1 步：构建如图 3-11 网络架构，在 PC2 上搭建 Web 网站，在 PC1 上使用浏览器访问 PC2 上的网站，可以正常访问。

第 2 步：登录 WAF，左侧功能树中选择"检测"→"漏洞扫描"→"扫描管理"，右侧窗格中选择"新建",如图 3-12 所示。

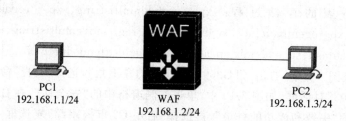

图 3-11　WAF 透明部署模式

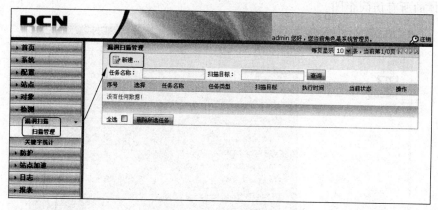

图 3-12　新建扫描管理

单击"新建"图标后的显示如图 3-13 所示。输入任务名称、扫描目标即网站地址,执行方式选择立即执行,扫描内容全选。

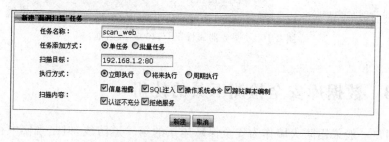

图 3-13　新建扫描任务

再次单击"新建"后,完成一条网站漏洞扫描任务的添加,如图 3-14 所示。

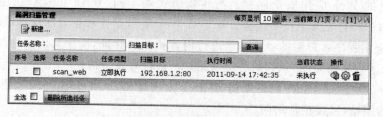

图 3-14　添加扫描任务

第 3 步：一段时间后，显示如图 3-15 所示状态，表示扫描完成。

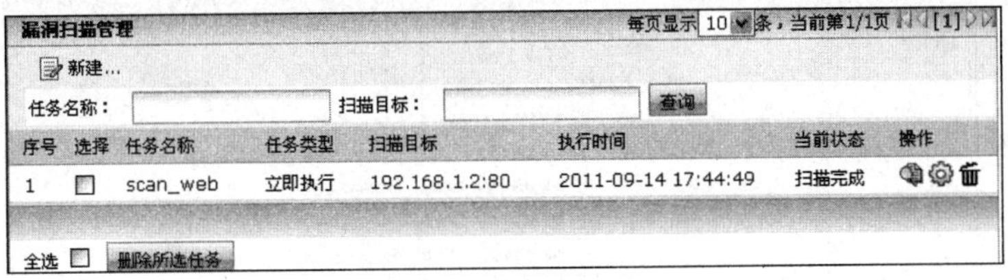

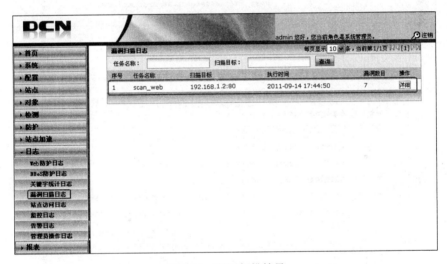

图 3-15　完成扫描任务

此次扫描完成后，网站若是更新了，只要地址没有变化，就可以再次进行漏洞扫描。单击操作列中的"齿轮"按钮，可再次进行漏洞扫描。

第 4 步：扫描完成后，选择"日志"→"漏洞扫描日志"，查看漏洞扫描结果，如图 3-16 所示。我们看到有 7 个漏洞，单击操作列中的"详细"按钮，可以查看详细信息，如图 3-17 所示。

图 3-16　漏洞扫描结果

第 5 步：查看漏洞详细信息并进行相应的网站配置修正。现查看第二条，漏洞级别为"低"，"漏洞类型"为"信息泄露"，"漏洞 URL"为"/phpmyadmin/"，单击后面的"详细"，如图 3-18 所示。漏洞的详细描述会显示出来。再看一下网站下的/phpmyadmin/目录，我们就可以这样理解：/phpmyadmin/目录是网站数据库 Web 管理的主目录，而这个目录是允许互联网上的用户访问的，那么这样就有可能泄露网站架构等关键信息，并有可能造成严重的 Web 攻击。

任务 3-4　SQL 注入攻击

SQL 注入攻击中，需要用到 wed.exe 和 wis.exe 两个工具，其中 wis.exe 是用来扫描某个站点中是否存在 SQL 注入漏洞的；wed.exe 是用来破解 SQL 注入用户名和密码的。

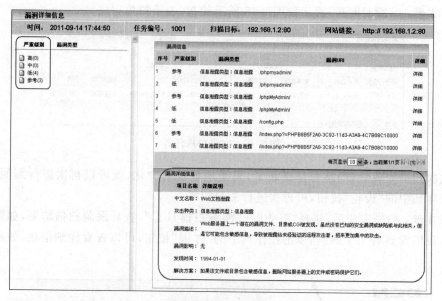

图 3-17　漏洞详细信息

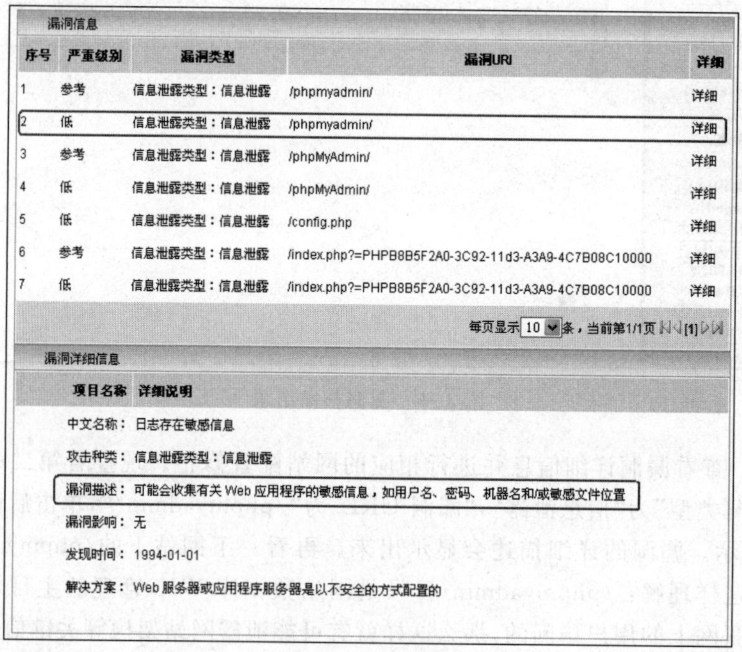

图 3-18　漏洞描述

两个工具结合起来，就可以完成从寻找注入点到实施注入攻击完成的整个过程。

第 1 步：寻找注入点

使用 wis.exe 寻找注入漏洞，其使用格式如下："wis 网址"。

这里以检测某个站点为例进行说明：首先打开命令提示窗口，输入如下命令："wis http://www.xxx.com.cn/"，如图 3-19 所示。

命令输入结束后，按 Enter 键，即可开始扫描。

注意：在输入网址时，前面的 http:// 和最后面的 / 是必不可少的，否则将会提示无法进行扫描。

扫描结束后，可以看到网站上存在 SQL 注入攻击漏洞，如图 3-20 所示，选择/xygk.asp? typeid＝34＆bigclassid＝98 来做下面的破解用户名和密码实验。此时，可以打开 IE 浏览器，在地址栏中输入 http://www. xxx. com. cn/xygk. asp? typeid＝34＆bigclassid＝98，打开网站页面，查看网页的信息，该页为学院简介页。

图 3-19　扫描漏洞　　　　　　　　　　　　　图 3-20　扫描结果

第 2 步：SQL 注入破解管理员账号

使用 wed. exe 破解管理员账号，其使用格式如下："wed 网址"。

打开命令提示窗口，输入如下命令："wedhttp://www. xxx. com. cn/xygk. asp? typeid＝34＆bigclassid＝98asp?"，按 Enter 键，查看运行情况，如图 3-21 所示。

图 3-21　破解管理员账号

65

从运行结果可以看到，程序自动打开了工具包中的几个文件，即"C：\wed \ TableName. dic"、"C：\wed \UserField. dic"和"C：\wed\PassField. dic"，它们分别是用来破解用户数据库中的字表名、用户名和用户密码所需的字典文件。

在破解过程中还可以看到"SQL Injection Detected. "的字符串，表示程序还会对需要注入破解的网站进行一次检测，看看是否存在 SQL 注入漏洞，成功后才开始猜测用户名。

如果检测成功，很快就获得了数据库表名 admin，然后得到用户表名和字长为 username 和 6；再检测到密码表名和字长为 password 和 8。系统继续执行，"wed. exe"程序此时开始了用户名和密码的破解。很快就得到了用户名和密码——admina、"pbk& 7 * 8r"。

第 3 步：搜索隐藏的管理登录页面

重新回到第一步最后打开的学院简介网站页面中，准备用已经检测到的管理员的账号和密码进入管理登录页面，但当前的页面中没有管理员的入口链接。

再次使用"wis. exe"程序，这个程序除了可以扫描出网站中存在的所有 SQL 注入点外，还可以找到隐藏的管理员登录页面。在命令窗口中输入"wis http：//www. xxx. com. cn/xygk. asp？ typeid＝34& bigclassid＝98/a"。

注意：这里输入了一个隐藏的参数"/a"。

如果出现扫描不成功的情况，我们就认为管理员登录页面可能隐藏在整个网站的某个路径下。于是输入"wis http：//www. xxx. com. cn /a"对整个网站进行扫描。应注意扫描语句中网址的格式。程序开始对网站中的登录页面进行扫描，在扫描过程中，找到的隐藏登录页面会在屏幕上以红色进行显示。

查找完毕后，在最后以列表显示在命令窗口中。可以看到列表中有多个以"/rsc/"开头的管理员登录页面网址，包括"/rsc/gl/manage. asp"、"/rsc/gl/login. asp"、"/rsc/gl/ admin1. asp"等。任意选择一个网址，比如在浏览器中输入网址"http：//www. xxx. com. cn/ rsc/gl/admin1. asp"，就会出现本来隐藏着的管理员登录页面。输入用户名和密码，就可以进入后台管理系统，从而完成一些小小的"非法"操作。

3.5 拓展提升 数据库安全解决方案

3.5.1 SQL Server 数据库的安全保护

微软的 SQL Server 是一个高性能、多用户的关系型数据库管理系统，也是一种广泛使用的数据库，很多企业内部信息化平台等都是基于 SQL Server 的，SQL Server 提供了三种安全管理模式，即标准模式、集成模式和混合模式，数据库设计者和数据库管理员可以根据实际情况进行选择。数据库系统中存在的安全漏洞和不当的配置通常会造成严重的后果，而且都难以发现。下面介绍 SQL Server 采用的特定安全措施。

1. 使用安全的密码策略

很多数据库账号的密码过于简单,这跟系统密码过于简单是一个道理。对于数据库更应该注意,同时不要让数据库账号的密码写于应用程序或者脚本中。在安装 SQL Server 2000 时,使用混合模式输入数据库的密码。

2. 加强数据库日志的记录

审核数据库登录事件的"失败和成功",在实例属性中选择"安全性",将其中的审核级别选定为"全部",这样在数据库系统和操作系统日志里面就详细记录了所有账号的登录事件。

3. 改默认端口

在默认情况下,SQL Server 使用 1433 端口监听,1433 端口的被扫描率是非常高的,将 TCP/IP 使用的默认端口变为其他端口,并拒绝数据库端口的 UDP 通信。

4. 对数据库的网络连接进行 IP 限制

使用 Windows SQL Server 2003 提供的 IPSEC 可以实现 IP 数据包的安全性,对 IP 连接进行限制,只保证授权的 IP 能够访问,同时拒绝其他 IP 的端口连接,并对安全威胁进行有效的控制。

5. 程序补丁

经常访问微软的安全网站,一旦发现 SQL Server 的安全补丁,应立即下载并安装。

3.5.2　Oracle 数据库的安全性策略

1. 数据库数据的安全

当数据库系统关闭时,以及当数据库数据存储媒体被破坏时或当数据库用户误操作时,它应能确保数据库数据信息不至于丢失。

2. 数据库系统不被非法用户入侵

- 组合安全性;
- Oracle 服务器实用例程的安全性;
- DBA 命令的安全性;
- 数据库文件的安全性;
- 网络安全性。

3. 建立安全性策略

- 系统安全性策略;
- 数据的安全性策略;

- 用户安全性策略；
- 数据库管理者安全性策略；
- 应用程序开发者的安全性策略。

3.6 习 题

一、填空题

1. 数据库常见的攻击方式为_____、_____、_____。

2. 数据库的破坏来自_____、_____、_____、_____几个方面。

3. 为了保护数据库，防止被恶意地滥用，可以从_____、_____、_____、_____、_____由低到高的五个级别上设置各种安全措施。

4. 与传统防火墙不同，WAF 工作在_____，因此对_____应用防护具有先天的技术优势。

5. SQL 注入即通过把_____插入 Web 表单进行提交（或输入域名；或页面请求）的查询字符串，最终达到_____。

二、选择题

1. 对网络系统中的信息进行更改、插入、删除属于（　　）。
   A. 系统缺陷　　　　B. 主动攻击　　　　C. 漏洞威胁　　　　D. 被动攻击

2. （　　）是指在保证数据完整性的同时，还要使其能被正常利用和操作。
   A. 可靠性　　　　B. 可用性　　　　C. 完整性　　　　D. 保密性

3. Web 中使用的安全协议有（　　）。
   A. PEM SSL　　　　　　　　　　B. S-HTTP S/MIME
   C. SSL S-HTTP　　　　　　　　　D. S/MIME SSL

4. 网络安全最终是一个折中的方案，即安全强度和安全操作代价的折中除增加安全设施投资外，还应考虑（　　）。
   A. 用户的方便性
   B. 管理的复杂性
   C. 对现有系统的影响及对不同平台的支持
   D. 上面三项都是

三、简答题

1. 针对数据库破坏的可能情况，数据库管理系统（DBMS）的核心中已采取哪些相应措施对数据库实施保护？

2. 简述多用户的并发访问。

3. 简述备份和还原。

4. SQL Server 安全防护应该考虑哪些方面？

项目 4　计算机病毒与木马防护

4.1　项　目　导　入

随着各种新的网络技术的不断应用和迅速发展，计算机网络的应用范围变得越来越广泛，所起的作用越来越重要。而随着计算机技术的不断发展，病毒也变得越来越复杂和高级，新一代的计算机病毒充分利用某些常用操作系统与应用软件的低防护性的弱点不断肆虐，最近几年随着互联网在全球的普及，通过网络传播病毒，使得病毒的扩散速度也快速提高，受感染的范围越来越广。因此，计算机网络的安全保护将会变得越来越重要。

计算机病毒与木马防护是保证网络安全运行的重要保障。

4.2　职业能力目标和要求

- 掌握计算机病毒的类别、结构与特点。
- 掌握计算机病毒的检测与防范。
- 掌握杀毒软件的使用方法。
- 掌握综合检测与清除病毒的方法。

4.3　相关知识点

4.3.1　计算机病毒的起源

关于计算机病毒的起源，目前有很多种说法，一般认为，计算机病毒来源于早期的特洛伊木马程序。这种程序借用古希腊传说中特洛伊战役中木马计的故事：特洛伊王子在访问希腊时，诱走希腊王后，因此希腊人远征特洛伊，9 年围攻不下。第 10 年，希腊将领献计，将一批精兵藏在一个巨大的木马腹中，放在城外，然后伴作撤兵，特洛伊人以为敌人已退，将木马作为战利品推进城去，当夜希腊伏兵出来，打开城门里应外合攻占了特洛伊城。一些程序开发者利用这一思想开发出一种外表上显得很可靠的程序，但是这些程序在被用户使用一段时间或者执行一定次数后，便会产生故障，出现各种问题。

计算机病毒起源的另一种说法可追溯到科幻小说。1975 年,美国一位名叫约翰·布勒尔(John Brunei)的科普作家写了一本名为 *Shock Wave Rider* 的科学幻想小说,作者在该书中第一次描写了在未来的信息社会中,计算机作为正义与邪恶双方斗争工具的故事。1977 年,另一位美国作家托马斯·J. 雷恩出版了一本轰动一时的 *Adolescence of Pl*。雷恩在这本书中构思了一种神秘的、能够自我复制的、可利用信息通道进行传播的计算机程序,并称为"计算机病毒"。这些计算机病毒漂泊于计算机中,流荡在集成电路芯片之间,控制了几千台计算机系统,引起社会巨大的混乱和不安。计算机病毒从科学幻想小说到现实社会的大规模泛滥仅仅只有短短 10 年的时间。1987 年 5 月,美国《普罗威斯顿日报》编辑部发现,他们存储在计算机中的文件中出现了"欢迎进入土牢,请小心病毒……"的内容。当专家们进一步调查时,发现这个病毒程序早已在该报社的计算机网络中广为传播。事后发现,这是某计算机公司为防止他们的软件被非法复制而采取的一种自卫性的手段。

1987 年 12 月,一份发给 IBM 公司的电子邮件传送了一种能自我复制的圣诞程序;1988 年 3 月 2 日,苹果公司的苹果计算机在屏幕上显示出"向所有苹果计算机的用户宣布世界和平的信息"后停机,以庆祝苹果计算机的生日。一些有较丰富的计算机系统知识和编程经验的恶作剧者、计算机狂及一些对社会、对工作心怀不满的人,为了进行蓄意报复,往往有意在计算机系统中加入一些计算机病毒程序。一些计算机公司为了保护他们的软件不被非法复制,在发行的软件中也加入病毒,以便打击非法复制者。这类病毒虽然尚未发现恶性病毒,但在一定程度上加速了计算机病毒的传播,且其变种可能成为严重的灾难。

4.3.2　计算机病毒的定义

一般来讲,凡是能够引起计算机故障,能够破坏计算机中的资源(包括硬件和软件)的代码,统称为计算机病毒。美国国家计算机安全局出版的《计算机安全术语汇编》对计算机病毒的定义是:"计算机病毒是一种自我繁殖的特洛伊木马,它由任务部分、接触部分和自我繁殖部分组成。"而在我国也通过条例的形式给计算机病毒下了一个具有法律性、权威性的定义,《中华人民共和国计算机信息系统安全保护条例》明确定义:"计算机病毒(Computer Virus)是指编制或者在计算机程序中插入的破坏计算机功能或者数据,影响计算机使用并且能够自我复制的一组计算机指令或者程序代码。"

4.3.3　计算机病毒的分类

计算机病毒技术的发展,病毒特征的不断变化,给计算机病毒的分类带来了一定的困难。根据多年来对计算机病毒的研究,按照不同的体系可对计算机病毒进行如下分类。

1. 按病毒存在的媒体分类

根据病毒存在的媒体,病毒可以划分为网络病毒、文件病毒、引导型病毒和混合型病毒。

网络病毒：通过计算机网络传播感染网络中的可执行文件。

文件病毒：感染计算机中的文件(如：COM、EXE、DOC 等)。

引导型病毒：感染启动扇区(Boot)和硬盘的系统引导扇区(MBR)。

混合型病毒：是上述三种情况的混合。例如：多型病毒(文件和引导型)感染文件和引导扇区两种目标,这样的病毒通常都具有复杂的算法,它们使用非常规的办法侵入系统,同时使用了加密和变形算法。

2. 按病毒传染的方法分类

根据病毒的传染方法,可将计算机病毒分为引导扇区传染病毒、执行文件传染病毒和网络传染病毒。

引导扇区传染病毒：主要使用病毒的全部或部分代码取代正常的引导记录,而将正常的引导记录隐藏在其他地方。

执行文件传染病毒：寄生在可执行程序中,一旦程序执行,病毒就被激活,进行预定活动。

网络传染病毒：这类病毒是当前病毒的主流,其特点是通过互联网络进行传播。例如,蠕虫病毒就是通过主机的漏洞在网上传播的。

3. 按病毒破坏的能力分类

根据病毒破坏的能力,计算机病毒可划分为无害型病毒、无危险病毒、危险型病毒和非常危险型病毒。

无害型：除了传染时减少磁盘的可用空间外,对系统没有其他影响。

无危险型：仅仅是减少内存、显示图像、发出声音及同类音响。

危险型：在计算机系统操作中造成严重的错误。

非常危险型：删除程序、破坏数据、清除系统内存和操作系统中重要的信息。

4. 按病毒算法分类

根据病毒特有的算法,病毒可以分为伴随型病毒、蠕虫型病毒、寄生型病毒、练习型病毒、诡秘型病毒和幽灵病毒。

伴随型病毒：这一类病毒并不改变文件本身,它们根据算法产生 EXE 文件的伴随体,具有同样的名字和不同的扩展名(COM)。

蠕虫型病毒：通过计算机网络传播,不改变文件和资料信息,利用网络从一台机器的内存传播到其他机器的内存,将自身的病毒通过网络发送。有时它们在系统中存在时,一般除了内存不占用其他资源。

寄生型病毒：依附在系统的引导扇区或文件中,通过系统的功能进行传播。

练习型病毒：病毒自身包含错误,不能进行很好的传播,例如一些在调试阶段的病毒。

诡秘型病毒：它们一般不直接修改 DOS 中断和扇区数据,而是通过设备技术和文件缓冲区等对 DOS 内部进行修改,不易看到资源,通常使用比较高级的技术。利用 DOS 空闲的数据区进行工作。

幽灵病毒:这一类病毒使用一个复杂的算法,使自己每传播一次都具有不同的内容和长度。它们一般由一段混有无关指令的解码算法和经过变化的病毒体组成。

5. 按病毒的攻击目标分类

根据病毒的攻击目标,计算机病毒可以分为 DOS 病毒、Windows 病毒和其他系统病毒。

DOS 病毒:指针对 DOS 操作系统开发的病毒。

Windows 病毒:主要指针对 Windows 9x 操作系统的病毒。

其他系统病毒:主要攻击 Linux、UNIX 和 OS2 及嵌入式系统的病毒。由于系统本身的复杂性,这类病毒数量不是很多。

6. 按计算机病毒的链接方式分类

由于计算机病毒本身必须有一个攻击对象才能实现对计算机系统的攻击,并且计算机病毒所攻击的对象是计算机系统可执行的部分。因此,根据链接方式计算机病毒可分为:源码型病毒、嵌入型病毒、外壳型病毒、操作系统型病毒。

源码型病毒:该病毒攻击高级语言编写的程序,在高级语言所编写的程序编译前插入源程序中,经编译成为合法程序的一部分。

嵌入型病毒:这种病毒是将自身嵌入现有程序中,把计算机病毒的主体程序与其攻击的对象以插入的方式链接。这种计算机病毒是难以编写的,一旦侵入程序体后也较难消除。如果同时采用多态性病毒技术、超级病毒技术和隐蔽性病毒技术,将给当前的反病毒技术带来严峻的挑战。

外壳型病毒:外壳型病毒将其自身包围在主程序的四周,对原来的程序不做修改。这种病毒最为常见,易于编写,也易于发现,一般测试文件的大小即可察觉。

操作系统型病毒:这种病毒用自身的程序加入或取代部分操作系统进行工作,具有很强的破坏力,可以导致整个系统的瘫痪。圆点病毒和大麻病毒就是典型的操作系统型病毒。

这种病毒在运行时,用自己的逻辑部分取代操作系统的合法程序模块,根据病毒自身的特点和被替代的合法程序模块在操作系统中运行的地位与作用,以及病毒取代操作系统的取代方式等,对操作系统进行破坏。

4.3.4 计算机病毒的结构

计算机病毒一般由引导模块、感染模块、破坏模块、触发模块四大部分组成。根据是否被加载到内存,计算机病毒又分为静态和动态。处于静态的病毒存于存储器介质中,一般不执行感染和破坏,其传播只能借助第三方活动(如复制、下载、邮件传输等)实现。当病毒经过引导进入内存后,便处于活动状态,满足一定的触发条件后就开始进行传染和破坏,从而构成对计算机系统和资源的威胁和毁坏。

1. 引导模块

计算机病毒为了进行自身的主动传播,必须寄生在可以获取执行权的寄生对象上。就目前出现的各种计算机病毒来看,其寄生对象有两种:寄生在磁盘引导扇区和寄生在特定文件中(如 EXE、COM、可执行文件、DOC、HTML 等)。寄生在它们上面的病毒程序可以在一定条件下获得执行权,从而得以进入计算机系统,并处于激活状态,然后进行动态传播和破坏活动。计算机病毒的寄生方式有两种:采用替代方式和采用链接方式。所谓替代就是指病毒程序用自己的部分或全部指令代码,替代磁盘引导扇区或文件中的全部或部分内容。链接则是指病毒程序将自身代码作为正常程序的一部分与原有正常程序链接在一起。寄生在磁盘引导扇区的病毒一般采取替代,而寄生在可执行文件中的病毒一般采用链接。对于寄生在磁盘引导扇区的病毒来说,病毒引导程序占有了原系统引导程序的位置,并把原系统引导程序搬移到一个特定的地方。这样系统一启动,病毒引导模块就会自动地装入内存并获得执行权,然后该引导程序负责将病毒程序的传染模块和发作模块装入内存的适当位置,并采取常驻内存技术以保证这两个模块不会被覆盖,接着对这两个模块设定某种激活方式,使之在适当的时候获得执行权。完成这些工作后,病毒引导模块将系统引导模块装入内存,使系统在带毒状态下依然可以继续进行。对于寄生在文件中的病毒来说,病毒程序一般可以通过修改原有文件,使对该文件的操作转入病毒程序引导模块,引导模块也完成把病毒程序的其他两个模块驻留内存及初始化的工作,然后把执行权交给原文件,使系统及文件在带毒状态下继续运行。

2. 感染模块

感染是指计算机病毒由一个载体传播到另一个载体。这种载体一般为磁盘,它是计算机病毒赖以生存和进行传染的媒介。但是,只有载体还不足以使病毒得到传播。促成病毒的传染还有一个先决条件,可分为两种情况。一种情况是用户在复制磁盘或文件时,把一个病毒由一个载体复制到另一个载体上,或者是通过网络上的信息传递,把一个病毒程序从一方传递到另一方;另一种情况是在病毒处于激活状态下,只要传染条件满足,病毒程序能主动地把病毒自身传染给另一个载体。计算机病毒的传染方式基本可以分为两大类,一类是立即传染,即病毒在被执行的瞬间,抢在宿主程序开始执行前,立即感染磁盘上的其他程序,然后再执行宿主程序。另一类是驻留内存并伺机传染,内存中的病毒检查当前系统环境,在执行一个程序、浏览一个网页时传染磁盘上的程序。驻留在系统内存中的病毒程序在宿主程序运行结束后,仍可活动,直至关闭计算机。

3. 触发模块

计算机病毒在传染和发作之前,往往要判断某些特定条件是否满足,满足则传染和发作,否则不传染或不发作,这个条件就是计算机病毒的触发条件。计算机病毒频繁的破坏行为可能给用户以重创。目前病毒采用的触发条件主要有以下几种。

① 日期触发。许多病毒采用日期作为触发条件。日期触发大体包括特定日期触发、

月份触发和前半年触发、后半年触发等。

② 时间触发。时间触发包括特定的时间触发、染毒后累计工作时间触发和文件最后写入时间触发等。

③ 键盘触发。有些病毒监视用户的击键动作,当发现病毒预定的击键时,病毒被激活,进行某些特定操作。键盘触发包括击键次数触发、组合键触发和热启动触发等。

④ 感染触发。许多病毒的感染需要某些条件触发,而且相当数量的病毒以与感染有关的信息反过来作为破坏行为的触发条件,称为感染触发。它包括运行感染文件个数触发、感染序数触发、感染磁盘数触发和感染失败触发等。

⑤ 启动触发。病毒对计算机的启动次数计数,并将此值作为触发条件。

⑥ 访问磁盘次数触发。病毒对磁盘 I/O 访问次数进行计数,以预定次数作为触发条件。

⑦ CPU 型号,主板型号触发。病毒能识别运行环境的 CPU 型号/主板型号,以预定 CPU 型号/主板型号作为触发条件,这种病毒的触发方式奇特罕见。

4. 破坏模块

破坏模块在触发条件满足的情况下,病毒对系统或磁盘上的文件进行破坏。这种破坏活动不一定都是删除磁盘上的文件,有的可能是显示一串无用的提示信息。有的病毒在发作时,会干扰系统或用户的正常工作。而有的病毒,一旦发作,则会造成系统死机或删除磁盘文件。新型的病毒发作还会造成网络的拥塞甚至瘫痪。计算机病毒破坏行为的激烈程度取决于病毒创作者的主观愿望和他所具有的技术能量。数以万计、不断发展扩张的病毒,其破坏行为千奇百怪。病毒破坏目标和攻击部位主要有:系统数据区、文件、内存、系统运行速度、磁盘、CMOS、主板和网络等。

4.3.5 计算机病毒的危害

1. 病毒对计算机数据信息的直接破坏作用

大部分病毒在激发的时候直接破坏计算机的重要信息数据,所利用的手段有格式化磁盘、改写文件分配表和目录区、删除重要文件或者用无意义的“垃圾”数据改写文件、破坏 CMOS 设置等。

2. 占用磁盘空间和对信息的破坏

寄生在磁盘上的病毒总要非法占用一部分磁盘空间。引导型病毒的一般侵占方式是由病毒本身占据磁盘引导扇区,而把原来的引导区转移到其他扇区,也就是引导型病毒要覆盖一个磁盘扇区。被覆盖的扇区数据永久性丢失,无法恢复。

3. 抢占系统资源

大多数病毒在动态下都是常驻内存的,这就必然抢占一部分系统资源。病毒所占用的基本内存长度大致与病毒本身长度相当。病毒抢占内存,导致内存减少,一部分软件不能运行。除占用内存外,病毒还抢占中断,干扰系统运行。

4. 影响计算机运行速度

病毒进驻内存后不但干扰系统运行,还影响计算机速度,主要表现在以下方面。

(1) 病毒为了判断传染激发条件,总要对计算机的工作状态进行监视,这相对于计算机的正常运行状态既多余又有害。

(2) 有些病毒为了保护自己,不但对磁盘上的静态病毒加密,而且进驻内存后的动态病毒也处在加密状态,CPU 每次寻址到病毒处时要运行一段解密程序把加密的病毒解密成合法的 CPU 指令再执行;而病毒运行结束时再用一段程序对病毒重新加密。这样CPU 额外执行数千条以至上万条指令。

5. 计算机病毒会导致用户的数据不安全

病毒技术的发展可以使计算机内部数据造成损坏和失窃。对于重要的数据,计算机病毒应该是影响计算机安全的重要因素。

4.3.6　常见的计算机病毒

1. 蠕虫病毒

蠕虫(Worm)病毒是一种通过网络传播的恶意病毒。它的出现相对于文件病毒、宏病毒等传统病毒较晚,但是无论是传播的速度、传播范围还是破坏程度上都要比以往传统的病毒严重得多。

蠕虫病毒一般由两部分组成:一个主程序和一个引导程序。主程序的功能是搜索和扫描。它可以读取系统的公共配置文件,获得网络中的联网用户的信息,从而通过系统漏洞,将引导程序建立到远程计算机上。引导程序实际是蠕虫病毒主程序的一个副本,主程序和引导程序都具有自动重新定位的能力。

2. CIH 病毒

CIH 病毒又名"切尔诺贝利",是一种可怕的计算机病毒。它是由中国台湾大学生陈盈豪编制的,1998 年 5 月,陈盈豪还在大同工学院就读时,完成了以他的英文名字缩写CIH 名的计算机病毒,起初据称只是为了"想纪念一下 1986 年的灾难"或"使反病毒软件公司难堪"。

CIH 病毒很多人会闻之色变,因为 CIH 病毒是有史以来影响最大的病毒之一。

3. 宏病毒

宏是微软公司为其 Office 软件包设计的一个特殊功能,软件设计者为了让人们在使用软件进行工作时避免一再地重复相同的动作而设计出来的一种工具,它利用简单的语法,把常用的动作写成宏,当在工作时,就可以直接利用事先编好的宏自动运行,去完成某项特定的任务,而不必再重复相同的动作,目的是让用户文档中的一些任务自动化。宏病毒由此而来。

4. Word 文档杀手病毒

Word 文档杀手病毒通过网络进行传播,大小为 53248 字节。该病毒运行后会搜索软盘、U 盘等移动存储磁盘和网络映射驱动器上的 Word 文档,并试图用自身覆盖找到的 Word 文档,达到传播的目的。

病毒将破坏原来文档的数据,而且会在计算机管理员修改用户密码时进行键盘记录,记录结果也会随病毒传播一起被发送。

4.3.7 木马

木马一词,来源于古希腊传说(荷马史诗中木马计的故事,Trojan 一词的本意是特洛伊的,即代指特洛伊木马,也就是木马计的故事)。

"木马"与计算机网络中常常要用到的远程控制软件有些相似,但由于远程控制软件是"善意"的控制,因此通常不具有隐蔽性;"木马"则完全相反,木马要达到的是"偷窃"性的远程控制,如果没有很强的隐蔽性,那就是"毫无价值"的。

它是指通过一段特定的程序(木马程序)来控制另一台计算机。木马通常有两个可执行程序:一个是客户端,即控制端;另一个是服务端,即被控制端。将"木马"植入计算机后充当"服务器"部分,而所谓的"黑客"正是利用"控制器"进入运行了"服务器"的计算机。运行了木马程序的"服务器"以后,被感染的计算机就会有一个或几个端口被打开,使黑客可以利用这些打开的端口进入计算机系统。木马的设计者为了防止木马被发现而采用多种手段隐藏木马。木马的服务一旦运行并被控制端连接,其控制端将享有服务端的大部分操作权限,例如给计算机增加口令,浏览、移动、复制、删除文件,修改注册表,更改计算机配置等。

随着病毒编写技术的发展,木马程序对用户的威胁越来越大,尤其是一些木马程序采用了极其狡猾的手段来隐蔽自己,使普通用户很难在中毒后发觉。

4.3.8 计算机病毒的检测与防范

1. 计算机病毒的检测技术

计算机病毒的检测技术是指通过一定的技术手段判定计算机病毒的一门技术。现在判定计算机病毒的手段主要有两种:一种是根据计算机病毒特征来进行判断;另一种是对文件或数据段进行校验和计算,定期和不定时地根据保存结果对该文件或数据段进行校验来判定。

（1）特征判定技术

根据病毒程序的特征，如感染标记、特征程序段内容、文件长度变化、文件校验和变化等，对病毒进行分类处理。而后凡是有类似特征点出现，则认为是病毒。

① 比较法：将可能的感染对象与其原始备份进行比较。

② 扫描法：用每一种病毒代码中含有的特定字符或字符串对被检测的对象进行扫描。

③ 分析法：针对未知新病毒采用的技术。

（2）校验和判定技术

计算正常文件内容的校验和，将校验和保存。检测时，检查文件当前内容的校验和与原来保存的校验和是否一致。

（3）行为判定技术

以病毒机理为基础，对病毒的行为进行判断。不仅识别现有病毒，而且还会识别出属于已知病毒机理的变种病毒和未知病毒。

2. 计算机病毒的防范

（1）病毒防治技术的几个阶段

第一代反病毒技术采取单纯的病毒特征诊断，但是对加密、变形的新一代病毒无能为力。

第二代反病毒技术采用静态广谱特征扫描技术，可以检测变形病毒，但是误报率高，杀毒风险大。

第三代反病毒技术静态扫描技术将静态扫描技术和动态仿真跟踪技术相结合。

第四代反病毒技术基于多位 CRC 校验和扫描机理、启发式智能代码分析模块、动态数据还原模块（能查出隐蔽性极强的压缩加密文件中的病毒）、内存解毒模块、自身免疫模块等先进解毒技术，能够较好地完成查解毒的任务。

第五代反病毒技术主要体现在反蠕虫病毒、恶意代码、邮件病毒等技术。这一代反病毒技术作为一种整体解决方案出现，形成了包括漏洞扫描、病毒查杀、实时监控、数据备份、个人防火墙等技术的立体病毒防治体系。

（2）目前流行的技术

① 虚拟机技术

接近于人工分析的过程。用程序代码虚拟出一个 CPU 来，同样也虚拟 CPU 的各个寄存器，甚至将硬件端口也虚拟出来，用调试程序调入"病毒样本"并将每一个语句放到虚拟环境中执行，这样我们就可以通过内存和寄存器以及端口的变化来了解程序的执行，从而判断是否中毒。

② 宏指纹识别技术

宏指纹识别技术（Macro Finger）是基于 Office 复合文档 BIFF 格式精确查杀各类宏病毒的技术。

③ 驱动程序技术

• DOS 设备驱动程序。

- VxD(虚拟设备驱动)是微软专门为 Windows 制定的设备驱动程序接口规范。
- WDM(Windows Driver Model)是 Windows 驱动程序模型的简称。
- Windows NT 核心驱动程序。
④ 计算机监控技术(实时监控技术)
- 注册表监控。
- 脚本监控。
- 内存监控。
- 邮件监控。
- 文件监控。
⑤ 监控病毒源技术
- 邮件跟踪体系,如消息跟踪查询协议(MTQP-Messge Trcking Query Protocol)。
- 网络入口监控防病毒体系,如 TVCS-Tirus Control System。
⑥ 主动内核技术
在操作系统和网络的内核中加入反病毒功能,使反病毒成为系统本身的底层模块,而不会将一个系统外部的应用软件作为主动内核技术。

4.4　项 目 实 施

任务 4-1　360 杀毒软件的使用

360 杀毒是完全免费的杀毒软件,它创新性地整合了四大领先防杀引擎,包括国际知名的 BitDefender 病毒查杀引擎、360 云查杀引擎、360 主动防御引擎、360QVM 人工智能引擎。四个引擎智能调度,为用户提供全时全面的病毒防护,不但查杀能力出色,而且能第一时间防御新出现的病毒木马。此外,360 杀毒轻巧快速不卡机,误杀率远远低于其他杀毒软件,荣获多项国际权威认证,已有超过 2 亿用户选择 360 杀毒保护计算机安全。

360 杀毒软件具有以下特点。

① 全面防御 U 盘病毒:彻底剿灭各种借助 U 盘传播的病毒,第一时间阻止病毒从 U 盘运行,切断病毒传播链。

② 领先四引擎,全时防杀病毒:独有四大核心引擎,包含领先的人工智能引擎,全面全时保护安全。

③ 坚固网盾,拦截钓鱼挂马网页:360 杀毒包含上网防护模块,拦截钓鱼挂马等恶意网页。

④ 独有可信程序数据库,防止误杀:依托 360 安全中心的可信程序数据库,实时校验,360 杀毒的误杀率极低。

⑤ 快速升级及时获得最新防护能力:每日多次升级,及时获得最新病毒防护能力。

360 杀毒软件的工作界面如图 4-1~图 4-4 所示。

图 4-1　360 杀毒软件工作界面

图 4-2　360 杀毒软件全盘扫描界面

图 4-3　360 杀毒软件快速扫描界面

图 4-4　360 杀毒软件专业功能界面

任务 4-2　360 安全卫士软件的使用

　　360 安全卫士是当前功能更强、效果更好、更受用户欢迎的上网必备安全软件。由于使用方便,用户口碑好,目前,首选安装 360 的用户已超过 4 亿。360 安全卫士拥有查杀木马、清理插件、修复漏洞、计算机体检等多种功能,并独创了"木马防火墙"功能,依靠抢先侦测和云端鉴别，可全面、智能地拦截各类木马，保护用户的账号、隐私等重要信息。

目前木马威胁之大已远超病毒，360 安全卫士运用云安全技术，在拦截和查杀木马的效果、速度以及专业性上表现出色，能有效防止个人数据和隐私被木马窃取，被誉为"防范木马的第一选择"。360 安全卫士自身非常轻巧，同时还具备开机加速、垃圾清理等多种系统优化功能，可大大加快计算机运行速度，内含的 360 软件管家还可帮助用户轻松下载、升级和强力卸载各种应用软件。

1. 查杀流行木马

定期进行木马查杀可以有效保护各种系统账户安全。在这里可以进行系统区域位置快速扫描、全盘完整扫描、自定义区域扫描。

选择自己需要的扫描方式，单击"开始扫描"，将马上按照选择的扫描方式进行木马扫描，如图 4-5 所示。

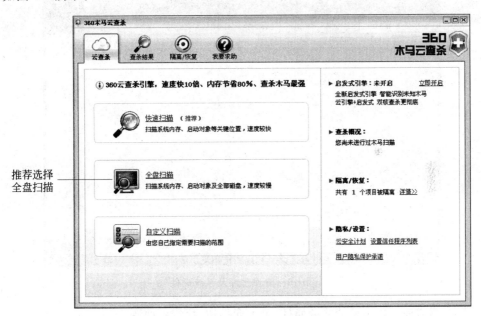

图 4-5　安全卫士进行全盘扫描

2. 清理恶评及系统插件

作用：清理恶评及系统插件（一般需要清除恶评插件）。

（1）恶意软件的定义

恶意软件是对破坏系统正常运行的软件的统称，一般来说有如下表现形式：强行安装，无法卸载；安装以后修改主页且锁定；安装以后随时自动弹出恶意广告；自我复制代码，类似病毒一样，拖慢系统速度。

（2）插件的定义

插件是指会随着 IE 浏览器的启动自动执行的程序,根据插件在浏览器中的加载位置,可以分为工具条(Toolbar)、浏览器辅助(BHO)、搜索挂接(URL SEARCHHOOK)、下载 ActiveX(ACTIVEX)。

有些插件程序能够帮助用户更方便浏览互联网或调用上网辅助功能,也有部分程序被人称为广告软件(Adware)或间谍软件(Spyware)。此类恶意插件程序监视用户的上网行为,并把所记录的数据报告给插件程序的创建者,以达到投放广告、盗取游戏或银行账号密码等非法目的。

因为插件程序由不同的发行商发行,其技术水平也良莠不齐,插件程序很可能与其他运行中的程序发生冲突,从而导致诸如各种页面错误,运行时间错误等现象,阻塞了正常浏览。图 4-6 为清理恶评及系统插件的界面。部分功能介绍如下。

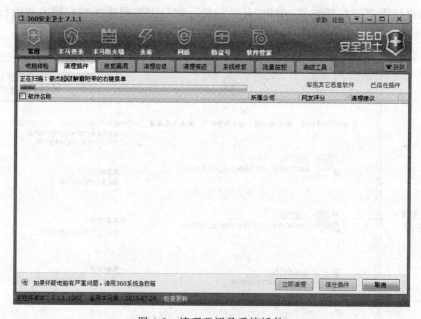

图 4-6　清理恶评及系统插件

① 立即清理。选中要清除的插件,单击此按钮,执行立即清除。

② 信任插件。选中自己信任的插件,单击此按钮,添加"信任插件"中。

3. 管理应用软件(主要是软件卸载)

如图 4-7 所示,在这里可以卸载计算机中不常用的软件,节省磁盘空间,提高系统运行速度。

- 软件卸载:选中要卸载的不常用软件,单击此按钮,软件被立即卸载。
- 重新扫描:单击此按钮,将重新扫描计算机,检查软件情况。

4. 修复系统漏洞

360 安全卫士为用户提供的漏洞补丁均由微软官方获取。如果系统漏洞较多则容易招致病毒,请及时修复漏洞,保证系统安全,如图 4-8 所示。

图 4-7 管理应用软件

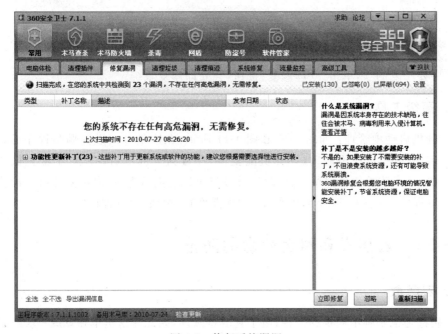

图 4-8 修复系统漏洞

单击"重新扫描"按钮,将重新扫描系统,检查漏洞情况。

5. 系统修复

如图 4-9 所示，在这里可以一键修复系统的诸多问题，使系统迅速恢复到"健康状态"。

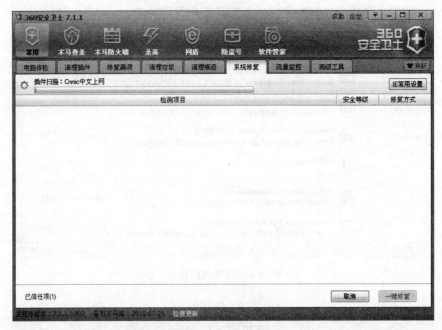

图 4-9　系统修复

选中要修复的项，单击"立即修复"按钮，会立即修复系统。

6. 高级工具

- 开机启动项管理：如图 4-10 和图 4-11 所示，在这里可以设置哪些程序可以开机启动，哪些程序不启动（计算机配置低，设置为全部不启动。对于配置低的计算机，杀毒防护软件保留一种即可，计算机可以定期杀毒，平时不要开启杀毒软件）。
- 立即修复：选中要修复的项，单击"立即修复"按钮，将立即修复。

任务 4-3　宏病毒和网页病毒的防范

1. 宏病毒

宏病毒是也是脚本病毒的一种，由于它的特殊性，因此在这里单独算成一类。宏病毒的前缀是 Macro，第二前缀是 Word、Excel（也许还有别的）之一。凡是只感染 Word 文档的病毒格式是：Macro. Word；凡是感染 Excel 文档的病毒格式是：该类病毒的公有特性是能感染 Office 系列文档，然后通过 Office 通用模板进行传播，如：著名的美丽莎（Macro. Melissa）。

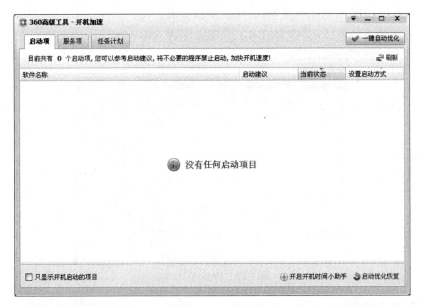

图 4-10　开机加速

图 4-11　开机加速修复操作

一个宏的运行,特别是有恶意的宏程序的运行,受宏的安全性的影响是最大的,如果宏的安全性高,那么没有签署的宏就不能运行,甚至还能使部分 Excel 的功能失效。所以宏病毒在感染 Excel 之前,会自行对 Excel 的宏的安全性进行修改,把宏的安全性设为"低"。

下面通过一个实例来对宏病毒的原理与运行机制进行分析。

(1) 启动 Word,创建一个新文档。

（2）在新文档中打开工具菜单，选择宏并查看宏。

（3）为宏起一个名字，自动宏的名字规定必须为 autoexec。

（4）单击"创建"按钮，如图 4-12 所示。

图 4-12　创建宏对话框

（5）在宏代码编辑窗口中输入 Visual Basic 代码，调用 Windows 自带的音量控制程序，如图 4-13 所示。

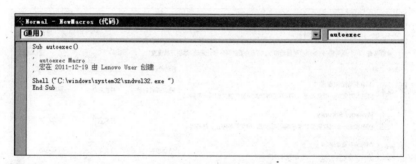

图 4-13　宏代码编辑窗口

（6）关闭宏代码编辑窗口，将文档存盘并关闭程序。

（7）再次启动刚保存的文档，可以看到音量控制程序被自动启动，如图 4-14 所示。

由此可见，宏病毒主要针对 Office 通用模板进行传播，在使用此类软件的时候应该防止该病毒。

2. 网页病毒

所谓网页病毒，就是网页中含有病毒脚本文件或 Java 小程序，当打开网页时，这些恶意程序就会自动下载到硬盘中，修改注册表，嵌入系统进程；当系统重启后，病毒体又会自我更名、复制、再伪装，进行各种破坏活动。

当用户登录某些含有网页病毒的网站时，网页病毒便被悄悄激活，这些病毒一旦激活，可以利用系统的一些资源进行破坏。轻则修改用户的注册表，使用户的首页、浏览器标题改变，重则可以关闭系统的很多功能，装上木马，染上病毒，使用户无法正常使用计算机系统，严重者则可以将用户的系统进行格式化。而这种网页病毒容易编写和修改，使用

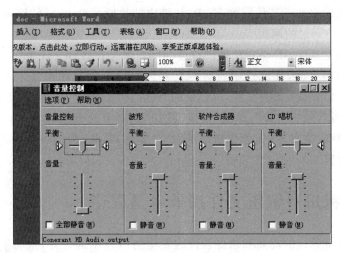

图 4-14　音量控制程序被自动启动

户防不胜防。

为了避免被查杀,网页病毒一般都经过了压壳处理,所以常用的杀毒软件是无法识别它们的,因而也无法将其清除。如果想清除网页病毒,只能使用以下方法。

（1）管理 Cookie

在 IE 中,选择"工具"→"Internet 选项",打开"隐私"对话框,这里设定了"阻止所有 Cookie"、"高"、"中高"、"中"、"低"、"接受所有 Cookie"六个级别（默认为"中"）,只要拖动滑块就可以方便地进行设定,而单击下方的"编辑"按钮,在"网站地址"中输入特定的网址,就可以将其设定为允许或拒绝它们使用 Cookie。

（2）禁用或限制使用 Java 程序及 ActiveX 控件

在网页中经常使用 Java、Java Applet、ActiveX 编写的脚本,它们可能会获取用户标识、IP 地址以至口令,甚至会在机器上安装某些程序或进行其他操作,因此应对 Java、Java 小程序脚本、ActiveX 控件和插件的使用进行限制。打开"Internet 选项"→"安全"→"自定义级别",就可以设置"ActiveX 控件和插件"、Java、"脚本"、"下载"、"用户验证"以及其他安全选项。对于一些不太安全的控件或插件以及下载操作,应该予以禁止、限制,至少要进行提示。

（3）防止泄露自己的信息

默认条件下,用户在第一次使用 Web 地址、表单、表单的用户名和密码后,同意保存密码,在下一次再进入同样的 Web 页及输入密码时,只需输入开头部分,后面的就会自动完成,给用户带来了方便,但同时也留下了安全隐患,不过可以通过调整"自动完成"功能的设置来解决。设置方法如下：依次单击"Internet 选项"→"内容"→"自动完成",打开"自动完成设置"对话框,选中要使用的"自动完成"复选项。

（4）清除已浏览过的网址

在"Internet 选项"对话框中的"常规"标签下单击历史记录区域的"清除历史记录"按钮即可。若只想清除部分记录,单击 IE 工具栏上的"历史"按钮,在左侧的地址历史记录中找到希望清除的地址或其他网页,右击,从弹出的快捷菜单中选择"删除"命令。

(5) 清除已访问过的网页

为了加快浏览速度,IE 会自动把浏览过的网页保存在缓存文件夹下。当确认不再需要已经浏览过的网页时,在此选中所有网页并删除即可。或者在"Internet 选项"的"常规"标签下单击"Internet 临时文件"项目中的"删除文件"按钮,在打开的"删除文件"对话框中选中"删除所有脱机内容",单击"确定"按钮,这种方法会遗留少许 Cookie 在文件夹内,为此 IE 在"删除文件"按钮旁边增加了一个"删除 Cookie"的按钮,通过它可以很方便地删除遗留的内容。

任务 4-4 利用自解压文件携带木马程序

随着人们安全意识的提高和杀毒软件的安全防范技术的提升,木马很难在计算机系统中出现,木马开始进行伪装隐藏自己的行为,利用 WinRAR 捆绑木马就是其中的手段之一。自解压文件图标如图 4-15 所示。

图 4-15 自解压文件

攻击者把木马和其他可执行文件,比方说 Flash 动画放在同一个文件夹下,然后将这两个文件添加到档案文件中,并将文件制作为 exe 格式的自释放文件,这样,当双击这个自释放文件时,就会在启动 Flash 动画等文件的同时悄悄地运行木马文件,就达到了木马种植者的目的,即运行木马服务端程序。而这一技术令用户很难察觉到,因为并没有明显的征兆存在,所以目前使用这种方法来运行木马非常普遍。

通过一个实例来了解这种捆绑木马的方法。目标是将一个 Flash 动画(1. swf)和木马服务端文件(1. exe)捆绑在一起,做成自释放文件,如果你运行该文件,在显示 Flash 动画的同时就会中木马。

具体方法如下。

(1) 把这两个文件放在同一个目录下,按住 Ctrl 键的同时用鼠标选中 1. swf 和 1. exe,然后右击,在弹出菜单中选择"添加到压缩文件"命令,会出现一个标题为"压缩文件名和参数"的对话框(见图 4-16),在该对话框的"压缩文件名"栏中输入任意一个文件名,比方说智力游戏. exe(只要容易吸引别人单击就可以)。注意,文件扩展名一定得是. exe(也就是将"创建自释放格式档案文件"选择上),而默认情况下为. rar,要改过来才行,否则无法进行下一步的工作。

(2) 单击"高级"选项卡,然后单击"自解压选项"按钮,会出现一个选项对话框,在该对话框的"解压路径"文本框中可以随便填写,即使设定的文件夹不存在也没有关系,因为在自解压时会自动创建目录。再打开"设置"选项卡,在"解压后运行"文本框中输入 1. exe,也就是填入攻击者打算隐蔽运行的木马文件的名字,如图 4-17 所示。

(3) 单击"模式"选项卡,在该选项卡中把"全部隐藏"选项选中,这样不仅安全,而且

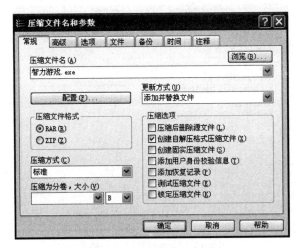

图 4-16　制作自解压文件

隐蔽，不易被人所发现。可以改变这个自释放文件的窗口标题和图标，单击"文字和图标"选项卡，在该选项卡的"自解压文件窗口标题"和"自解压文件窗口中显示的文本"中输入你想显示的内容，这样更具备欺骗性，如图 4-18 所示。

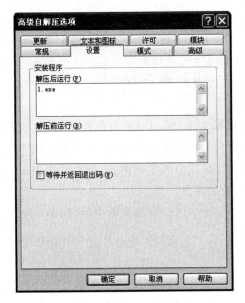

图 4-17　加入木马程序

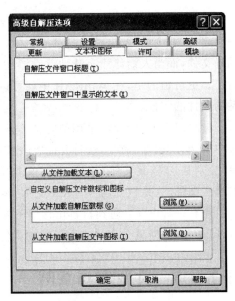

图 4-18　设置显示的文本

（4）最后，单击"确定"按钮，返回到"压缩文件名和参数"对话框。单击"注释"选项卡，会看到如图 4-19 所示的内容，这是 WinRAR 根据你前面的设定自动加入的内容，其实就是自解压脚本命令。Setup=1.exe 表示释放后运行 1.exe 文件即木马服务端文件。而 Silent 代表是否隐藏文件，赋值为 1 则代表将文件"全部隐藏"。

　　一般说来，黑客为了隐蔽文件，会修改上面的自释放脚本命令，比如他们会把脚本改为如下内容：

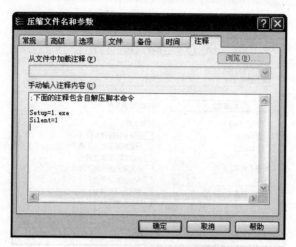

图 4-19 完成释放后运行操作

```
Setup=1.exe
Setup=explorer.exe 1.swf
Silent=1
Overwrite=1
```

其实就是加上了 Setup＝explorer.exe 1.swf 这一行,单击"确定"按钮后,就会生成一个名为"智力游戏.exe"的自解压文件,现在只要有人双击该文件,就会打开 1.swf 这个动画文件,而当人们津津有味地欣赏漂亮的 Flash 动画时,木马程序 1.exe 已经悄悄地运行了。更可怕的是,在 WinRAR 中就可以把自解压文件的默认图标换掉,可以换成你熟悉的软件的图标。

针对以上安全威胁,采用的防范方法是:用鼠标右击 WinRAR 自解压文件,在弹出菜单中选择"属性"命令,在打开的"属性"对话框中会发现比普通的 EXE 文件多出两个标签,分别是:"档案文件"和"注释",单击"注释"标签,看其中的注释内容,就会发现里面含有哪些文件,这是识别用 WinRAR 捆绑木马文件的最好方法。

还有一种办法:遇到自解压程序不要直接运行,而是选择右键菜单中的"用 WinRAR 打开"命令,这样就会直接查看压缩的具体文件了。

任务 4-5　典型木马案例

木马的全称为特洛伊木马,源自古希腊神话。木马是隐藏在正常程序中的具有特殊功能的恶意代码,是具备破坏、删除和修改文件、发送密码、记录键盘、实施 DOS 攻击甚至完全控制计算机等特殊功能的后门程序。它隐藏在目标计算机里,可以随计算机自动启动并在某一端口监听来自控制端的控制信息。

(1) 木马的特性:木马程序为了实现其特殊功能,一般应该具有以下性质:伪装性、隐藏性、破坏性、窃密性。

(2) 木马的入侵途径:木马入侵的主要途径是通过一定的欺骗方法,如更改图标、把木马文件与普通文件合并,欺骗被攻击者下载并执行做了手脚的木马程序,就会把木马安装到被攻击者的计算机中。木马也可以通过 Script、ActiveX 及 ASP、CGI 交互脚本的方式入侵,攻击者可以利用浏览器的漏洞诱导上网者单击网页,这样浏览器就会自动执行脚本,实现木马的下载和安装。木马还可以利用系统的一些漏洞,获得控制权限,然后在被攻击的服务器上安装并运行木马。

(3) 木马的种类。

① 按照木马的发展历程,可以分为 4 个阶段:第 1 代木马是伪装型病毒;第 2 代木马是网络传播型木马;第 3 代木马在连接方式上有了改进,利用了端口反弹技术,例如灰鸽子木马;第 4 代木马在进程隐藏方面做了较大改动,让木马服务器端运行时没有进程,网络操作插入到系统进程或者应用进程中完成,例如广外男生木马。

② 按照功能分类,木马又可以分为:破坏型木马、密码发送型木马、服务型木马、DOS 攻击型木马、代理型木马、远程控制型木马。

(4) 木马的工作原理。

下面简单介绍一下木马的传统连接技术、反弹端口技术和线程插入技术。

① 木马的传统连接技术:C/S 木马原理如图 4-20 所示。第 1 代和第 2 代木马采用的都是 C/S 连接方式,这都属于客户端主动连接方式。服务器端的远程主机开放监听端等待外部的连接,当入侵者需要与远程主机连接时,便主动发出连接请求,从而建立连接。

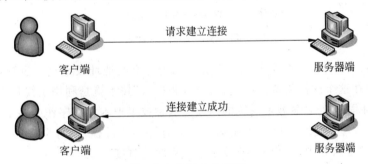

图 4-20　C/S 木马原理

② 木马的反弹端口技术:随着防火墙技术的发展,它可以有效拦截采用传统连接的方式。但防火墙对内部发起的连接请求则认为是正常连接。第 3 代和第 4 代"反弹式"木马就是利用这个缺点,其服务器端程序主动发起对外连接请求,再通过某些方式连接到木马的客户端,如图 4-21 和图 4-22 所示。

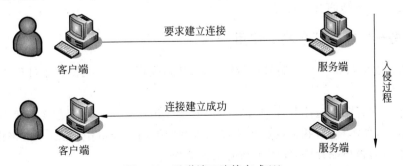

图 4-21　反弹端口连接方式(1)

91

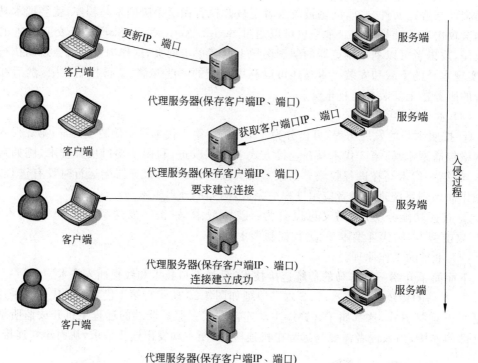

图 4-22 反弹端口连接方式(2)

③ 线程插入技术：系统会分配一个虚拟的内存空间地址段给这个进程，一切相关的程序操作都会在这个虚拟的空间中进行。"线程插入"技术就是利用了线程之间运行的相对独立性，使木马完全地融进了系统的内核。这种技术把木马程序作为一个线程，把自身插入其他应用程序的地址空间。系统运行时会有许多的进程，而每个进程又有许多的线程，这就导致了查杀利用"线程插入"技术木马程序的难度。

综上所述，由于采用技术的差异，造成木马的攻击性和隐蔽性有所不同。第2代木马，如"冰河"，因为采用的是主动连接方式，在系统进程中非常容易被发现，所以从攻击性和隐蔽性来说都不是很强。第3代木马，如"灰鸽子"，则采用了反弹端口连接方式，这对于绕过防火墙是非常有效的。第4代木马，如"广外男生"，在采用反弹端口连接技术的同时，还采用了"线程插入"技术，这样木马的攻击性和隐蔽性就大大增强了，可以说第4代木马代表了当今木马的发展趋势。

子任务一 "冰河"木马的使用

双击"冰河木马.rar"文件，将其进行解压，解压路径可以自定义。解压过程如图 4-23～图 4-25 所示。

冰河木马共有两个应用程序，见图 4-26，其中 win32.exe 一个是服务器程序，属于木马受控端程序，种木马时，我们需将该程序放入受控端的计算机中，然后双击该程序即可；另一个是木马的客户端程序，属于木马的主控端程序。

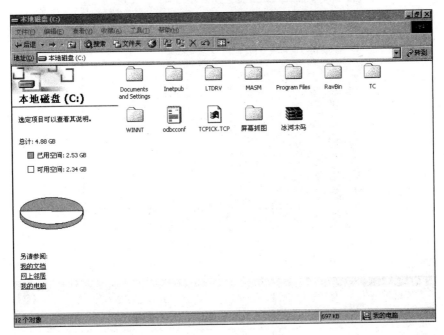

图 4-23　选中欲解压的文件

图 4-24　查看解压文件中包含的文件

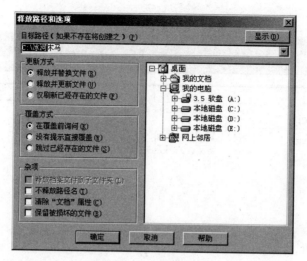

图 4-25　确定解压路径

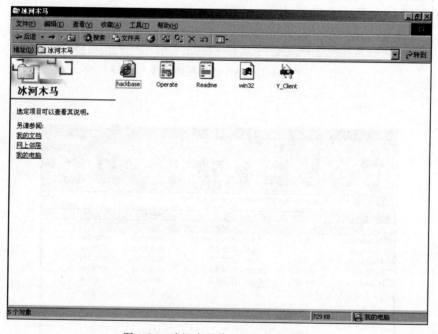

图 4-26　冰河木马共有两个应用程序

在种木马之前,我们在受控端计算机中打开注册表,查看打开 txtfile 的应用程序注册项:HKEY_CLASSES_ROOT\txtfile\shell\open\command,可以看到打开的. txt 文件默认值是%SystemRoot%system32\NOTEPAD. EXE%1,见图 4-27。

再打开受控端计算机的 C:\winnt\system32 文件夹(XP 系统为 C:\windows\system32),我们无法找到 sysexplr. exe 文件,如图 4-28 所示。

现在可以在受控端计算机中双击 win32. exe 图标,将木马种入受控端计算机中,表面上好像没有任何事情发生。我们再打开受控端计算机的注册表,查看打开. txt 文件的应

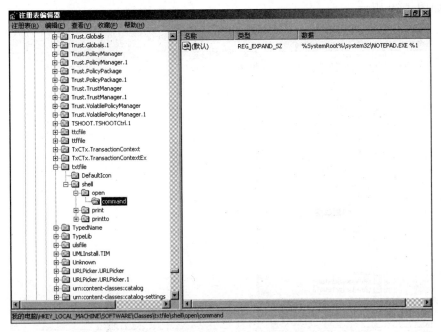

图 4-27   查看应用程序注册项

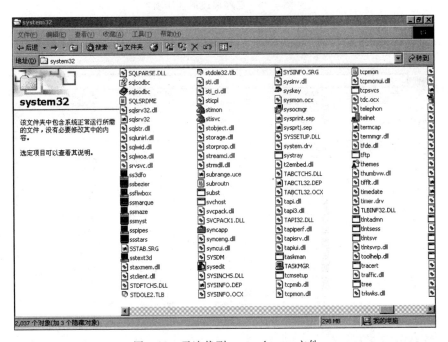

图 4-28   无法找到 sysexplr.exe 文件

用程序注册项：HKEY_CLASSES_ROOT\txtfile\shell\open\command，可以发现，这时它的值为 C:\WINNT\system32\SYSEXPLR.EXE％1，见图 4-29。

再打开受控端计算机的 C:\WINNT\System32 文件夹，这时可以找到 sysexplr.exe

文件，如图 4-30 所示。

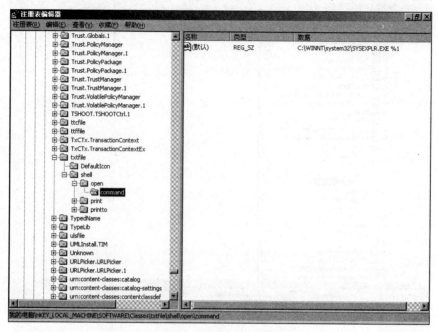

图 4-29 已经修改的注册项

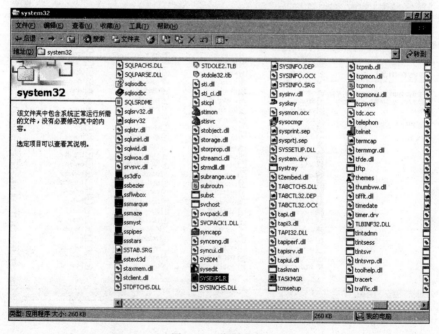

图 4-30 找到文件

在主控端计算机中双击 Y_Client.exe 图标，打开木马的客户端程序（主控程序）。可以看到如图 4-31 所示界面。

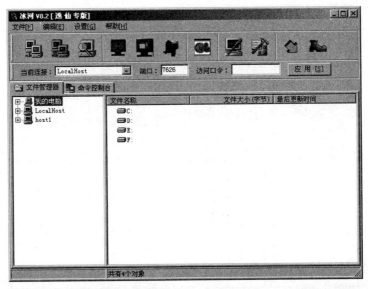

图 4-31　打开木马的客户端程序

　　在该界面的"访问口令"编辑框中输入访问密码 12211987，然后单击"应用"按钮，见图 4-32。

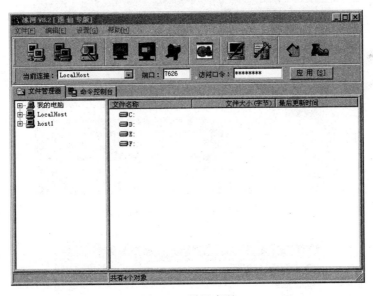

图 4-32　设置密码

　　单击"设置"→"配置服务器程序"菜单项对服务器进行配置，见图 4-33，弹出服务器配置对话框。

　　在"服务器配置"对话框中的"待配置文件"选项中进行设置，如图 4-34 所示，单击"…"按钮，在打开对话框中找到服务器程序文件 win32. exe，打开该文件，如图 4-35 所示；再在访问口令框中输入 12211987，然后单击"确定"按钮（见图 4-36），就对服务器配置完毕,然后关闭对话框。

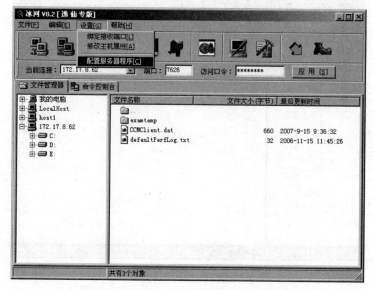

图 4-33　选择菜单

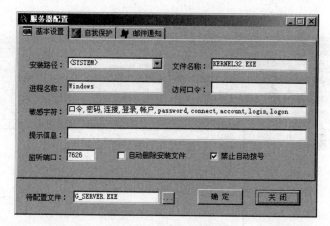

图 4-34　单击"…"按钮

图 4-35　选择 win32.exe 文件

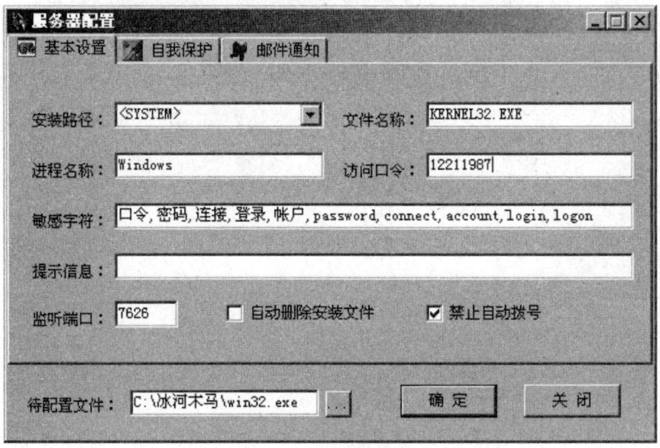

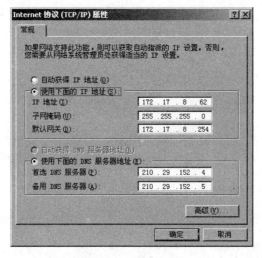

图 4-36　输入"访问口令"

　　现在在主控端程序中添加需要控制的受控端计算机,先在受控端计算机中查看其 IP 地址,如图 4-37 所示(本例中为 172.17.8.62)。

图 4-37　查看 IP 地址

　　这时可以在主控端计算机程序中添加受控端计算机,详细过程如图 4-38 和图 4-39 所示。

　　当受控端计算机添加成功之后,可以看到如图 4-40 所示界面。

　　也可以采用自动搜索的方式添加受控端计算机,方法是单击"文件"→"自动搜索"命令,打开"搜索计算机"对话框(见图 4-41)。

　　搜索结束时,可以发现在搜索结果栏中 IP 地址为 172.17.8.62 的 IP 地址左侧的状态为 OK,表示搜索到 IP 地址为 172.17.8.62 的计算机已经中了冰河木马,且系统自动将该计算机添加到主控程序中,见图 4-42。

　　将受控端计算机添加后,可以浏览受控端计算机中的文件系统,见图 4-43～图 4-45。

　　还可以对受控端计算机中的文件进行复制与粘贴操作,见图 4-46 和图 4-47。

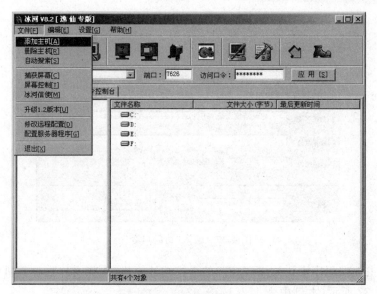

图 4-38　添加主机

图 4-39　"添加计算机"对话框

图 4-40　受控端计算机添加成功

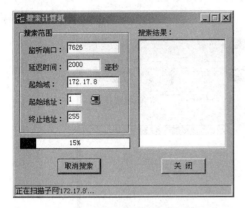

图 4-41　"搜索计算机"对话框

图 4-42　显示中了冰河木马的计算机

图 4-43　受控计算机中文件(1)

图 4-44　受控计算机中文件(2)

图 4-45　受控计算机中文件(3)

图 4-46　复制文件

图 4-47　粘贴文件

　　在受控端计算机中进行查看,可以发现在相应的文件夹中确实多了一个刚复制的文件,见图 4-48,该图为受控端计算机中文件夹。

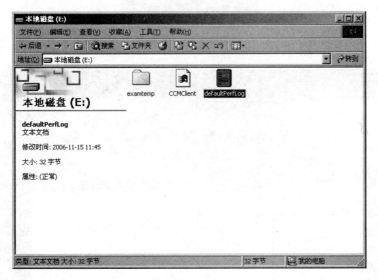

图 4-48　刚复制的文件

　　可以在主控端计算机上观看受控端计算机的屏幕,方法见图 4-49 和图 4-50。

　　这时在屏幕的左上角有一个窗口,该窗口中的图像即为受控端计算机的屏幕,见图 4-51。

　　如果将左上角的窗口全屏显示,可得如图 4-52 所示效果(屏幕的具体状态应视具体实验而定)。

图 4-49 "捕获屏幕"命令

图 4-50 "图像参数设定"对话框

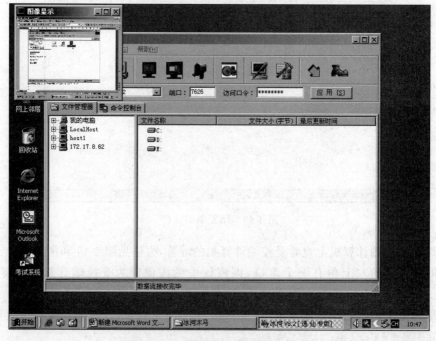

图 4-51 显示受控端计算机的屏幕

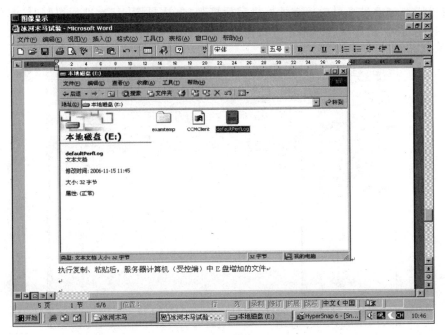

图 4-52　全屏显示

在受控端计算机上进行验证后发现：主控端捕获的屏幕和受控端上的屏幕非常吻合，见图 4-53。

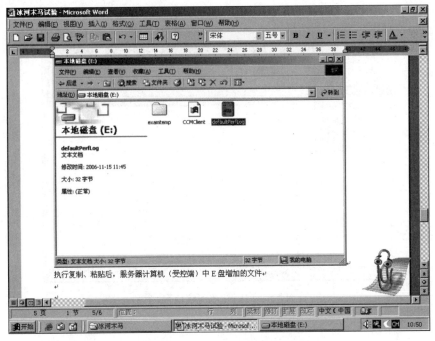

图 4-53　主、受控端屏幕一致

也可以通过屏幕来对受控端计算机进行控制，方法见图 4-54，进行控制时，我们会发现操作远程主机，就好像在本地机进行操作一样。

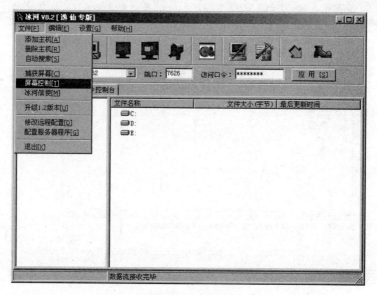

图 4-54　屏幕控制

还可以通过冰河信使功能和服务器方进行聊天，具体见图 4-55～图 4-57，当主控端发起信使通信之后，受控端也可以向主控端发送消息。

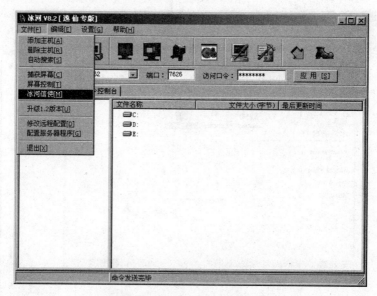

图 4-55　选择"冰河信使"命令

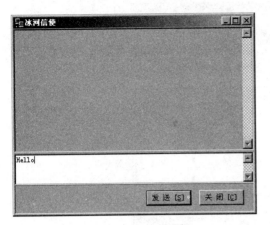

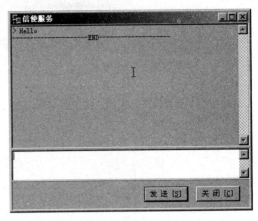

图 4-56　"冰河信使"对话框　　　　　　　图 4-57　"信使服务"对话框

子任务二　灰鸽子木马

（1）打开虚拟机，开启 Windows Server 2003(A)与 Windows Server 2003(B)，将其网络设备器设置在同一局域网内，例如 VMnet2，如图 4-58 所示。

图 4-58　"虚拟机设置"对话框

（2）打开"灰鸽子"，并查看本机 IP 地址，如图 4-59 所示。

（3）单击配置服务程序，新建一个木马病毒，如图 4-60 所示。

可设置密码也可不设置。

（4）将生产的木马病毒设法放入目标主机并使其运行，如图 4-61 所示。

（5）目标主机运行后，本机灰鸽子显示其已经登录，如图 4-62 所示。

（6）我们可对目标及进行下载及上传等基本操作。还可以进行更深层次的控制，例如屏幕捕捉与控制，广播，关机、开机，注册表的编辑等，如图 4-63 所示（看方框标识处）。

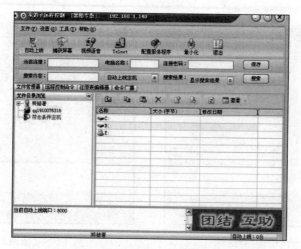

图 4-59　打开"灰鸽子"并查看 IP 地址

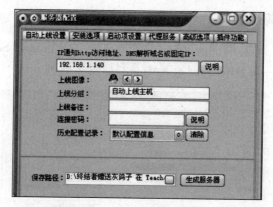

图 4-60　"服务器配置"对话框

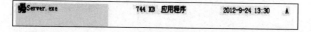

图 4-61　将木马病毒放入目标主机

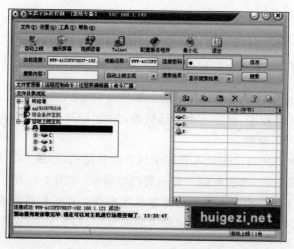

图 4-62　显示木马病毒已登录

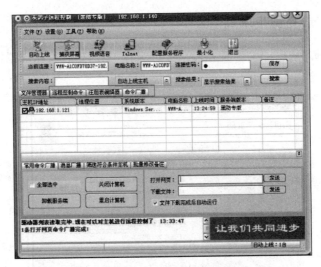

图 4-63　对目标进行深层控制

（7）灰鸽子木马的伪装——木马捆绑器。现今社会杀毒软件的辨识度已然很高，而人们的警惕度也越来越高，木马要想成功地在目标主机上运行，必然要做一定的伪装，如图 4-64 所示。

图 4-64　伪装木马

生成一个可执行文件，虽然风险也很高，但不失为一种伪装木马的方法。

如图 4-65 显示的是木马分离器。

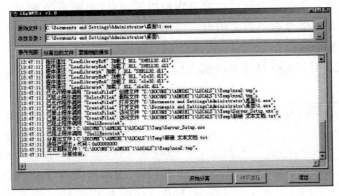

图 4-65　木马分离器

子任务三　广外男生木马

（1）在计算机上生成一个扩展名为.exe 的文件，然后把它放在虚拟机里面，如图 4-66 和图 4-67 所示。

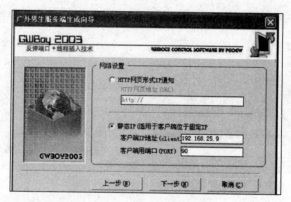

图 4-66　生成.exe 文件(1)

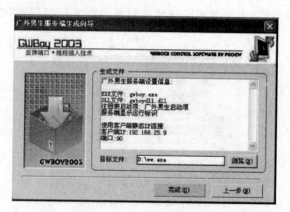

图 4-67　生成.exe 文件(2)

（2）运行程序，在广外男生客户端软件中会出现虚拟机的 IP 地址，如图 4-68 所示。要运行文件或命令，可以打开如图 4-69 所示对话框。

（3）在远程登录注册表中也可以看到虚拟机的信息，如图 4-70 所示。

（4）在进程与服务里面可以关闭或写信息到对方的计算机上，如图 4-71 所示。

（5）在虚拟机中运行命令，如图 4-72 所示。

由此即完成了对目标计算机系统的入侵。

任务 4-6　第四代木马的防范

通过任务 4-5 的学习，我们认识到了木马的危害性，所以木马的防范是非常重要的。木马程序相关技术发展至今，已经经历了 4 代：第一代，即是简单的密码窃取、发送等。第二代木马，在技术上有了很大的进步，通过修改注册表，让系统自动加载并实施远程控

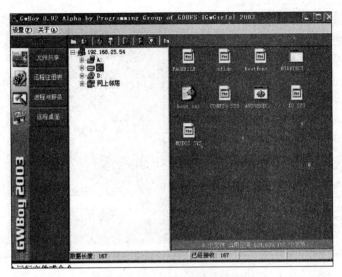

图 4-68 显示 IP 地址

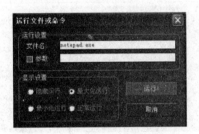

图 4-69 运行文件或命令

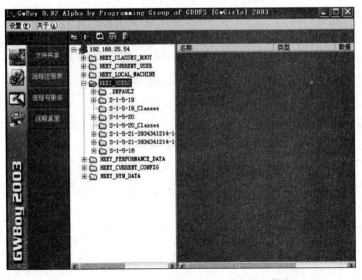

图 4-70 选择登录注册表中查看虚拟机信息

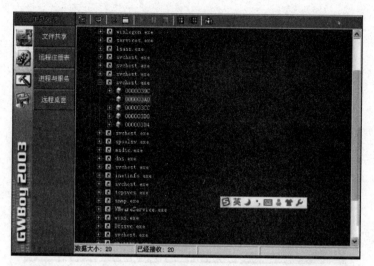

图 4-71　在对方计算机上写信息

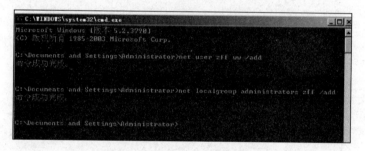

图 4-72　在虚拟机上运行命令

制。冰河可以说是国内木马的典型代表之一。第三代本马在数据传递技术上又做了较多的改进,出现了 ICMP 等类型的木马,利用畸形报文传递数据,增加了查杀的难度。第四代木马在进程隐藏方面做了较大的改动,采用了内核插入式的嵌入方式,利用远程插入线程技术,嵌入 DLL 线程,实现了对木马程序的隐藏;并达到了良好的隐藏效果。

　　常见木马的危害显而易见,防范的主要方法有以下方面。

　　① 提高防范意识,不要打开陌生人传来的可疑邮件和附件。确认来信的源地址是否合法。

　　② 如果网速变慢,往往是因为入侵者使用的木马抢占带宽。双击任务栏右下角连接图标,仔细观察发送"已发送字节"项,如果数字比较大,可以确认有人在下载你硬盘的文件,除非你正使用 FTP 等协议进行文件传输。

　　③ 察看本机的连接,在本机上通过 netstat-an(或第三方程序)查看所有的 TCP/UDP 连接,当有些 IP 地址的连接使用不常见的端口与主机通信时,这个连接就需要进一步分析。

　　④ 木马会通过注册表启动,所以可以通过检查注册表来发现木马在注册表里留下的痕迹。

⑤ 使用杀毒软件和防火墙。

第四代木马在进程隐藏方面做了较大的改动,不再采用独立的 EXE 可执行文件形式,而是改为内核嵌入方式、远程线程插入技术、挂接 PSAPI 等,这些木马也是目前最难对付的。针对第四代木马有以下的防范方法。

1. 通过自动运行机制查木马

(1) 注册表启动项

单击"开始"→"运行"命令,在打开的"运行"对话框中输入 regedit. exe,打开注册表编辑器,依次展开 HKEY_CURRENT_USER/Software/Microsoft/Windows/CurrentVersion、HKEY_LOCAL_MACHINE/Software/Microsoft/Windows/CurrentVersion,查看所有以 Run 开头的项下面是否有新增的和可疑的键值。也可以通过键值所指向的文件路径来判断是新安装的软件还是木马程序。

另外,HKEY_LOCAL_MACHINE/Software/classes/exefile/shell/open/command 键值也可能用来加载木马,比如把键值修改为 X:windowssystemABC. exe "%1"%。

(2) 系统服务

有些木马是通过添加服务项来实现自启动的,可以打开注册表编辑器,在 HKEY_LOCAL_MACHINE/Software/Microsoft/Windows/CurrentVersion/Run 下查找可疑键值,并在 HKEY_LOCAL_MACHINE/SYSTEM/CurrentControlSet/Services 下查看可疑主键。

然后禁用或删除木马添加的服务项:在"运行"对话框中输入 Services. msc,打开服务设置窗口,里面显示了系统中所有的服务项及其状态、启动类型和登录性质等信息。找到木马所启动的服务,双击打开它,把启动类型改为"已禁用",确认后退出。也可以通过注册表进行修改,依次展开 HKEY_LOCAL_MACHINE/SYSTEM/CurrentControlSet/Services 键,在右边窗格中找到二进制值 Start,修改它的数值数,2 表示自动;3 表示手动;而 4 表示已禁用。当然最好直接删除整个主键,平时可以通过注册表导出功能来备份这些键值以便随时对照。

(3) "开始"菜单启动组

第四代木马不再通过"开始"菜单启动组进行随机启动,但是也不可掉以轻心。如果发现在"开始"→"程序"→"启动"中有新增的项,可以右击它并选择"查找目标"命令,再到文件的目录下查看一下,注册表位置为 HKEY_CURRENT_USER/Software/Microsoft/Windows/CurrentVersion/Explorer/Shell Folders,键名为 Common Startup。

(4) 系统 ini 文件 Win. ini 和 System. ini

系统 ini 文件 Win. ini 和 System. ini 里也是木马喜欢隐蔽的场所。选择"开始"→"运行"命令,在打开的对话框中输入 msconfig,调出系统配置实用程序,检查 Win. ini 的 [Windows]小节下的 load 和 run 字段后面有没有什么可疑程序,一般情况下"="后面是空白的;对 System. ini 的[boot]小节中的 Shell=Explorer. exe 后面也要进行检查。

2. 通过文件对比查木马

有的木马的主程序成功加载后，会将自身作为线程插入系统进程 SPOOLSV
.EXE 中，然后删除系统目录中的病毒文件和病毒在注册表中的启动项，以使反病毒软件和用户难以察觉，然后它会监视用户是否在进行关机和重启等操作，如果有，它就在系统关闭之前重新创建病毒文件和注册表启动项。下面均以 Windows XP 系统为例说明。

（1）对照备份的常用进程

平时可以先备份一份进程列表，以便随时对比查找可疑进程。方法如下：开机后在进行其他操作之前即开始备份，这样可以防止其他程序加载进程。在运行中输入 cmd，然后输入 tasklist /svc ＞X：processlist．txt（提示：不包括引号，参数前要留空格，后面为文件保存路径）并按 Enter 键。这个命令可以显示应用程序和本地或远程系统上运行的相关任务/进程的列表。输入"tasklist /？"可以显示该命令的其他参数。

（2）对照备份的系统 DLL 文件列表

可以从 DLL 文件下手，一般系统 DLL 文件都保存在 system32 文件夹下，我们可以对该目录下的 DLL 文件名等信息作一个列表，打开命令行窗口，利用 cd 命令进入 system32 目录，然后输入 dir ＊.dll＞X：listdll．txt 并按 Enter 键，这样所有的 DLL 文件名都被记录到 listdll．txt 文件中。如果怀疑有木马侵入，可以再利用上面的方法备份一份文件列表 listdll2．txt，然后利用 UltraEdit 等文本编辑工具进行对比；或者在命令行窗口进入文件保存目录，输入 fc listdll．txt listdll2．txt，这样就可以轻松发现那些发生更改和新增的 DLL 文件，进而判断是否为木马文件。

（3）对照已加载模块

频繁安装软件会使 system32 目录中的文件发生较大变化，这时可以利用对照已加载模块的方法来缩小查找范围。在"开始/运行"中输入 msinfo32．exe 打开"系统信息"，展开"软件环境/加载的模块"，然后选择"文件"→"导出"命令把它备份成文本文件，需要时再备份一个进行对比即可。

（4）查看可疑端口

所有的木马只要进行连接，接收/发送数据则必然会打开端口，DLL 木马也不例外，这里我们使用 netstat 命令查看开启的端口。我们在命令行窗口中输入 netstat -an，显示出所有的连接和侦听端口。Proto 是指连接使用的协议名称，Local Address 是本地计算机的 IP 地址和连接正在使用的端口号，Foreign Address 是连接该端口的远程计算机的 IP 地址和端口号，State 则是表明 TCP 连接的状态。Windows XP 所带的 netstat 命令比以前的版本多了一个"-O"参数，使用这个参数就可以把端口与进程对应起来。输入 netstat /？ 可以显示该命令的其他参数。

4.5　拓展提升　手机病毒

1. 定义

手机病毒是一种具有传染性、破坏性的手机程序。其可利用发送短信或彩信,发送电子邮件、浏览网站、下载铃声、蓝牙传输等方式进行传播,会导致用户手机死机、关机、个人资料被删、向外发送垃圾邮件泄露个人信息、自动拨打电话、发短(彩)信等进行恶意扣费,甚至会损毁 SIM 卡、芯片等硬件,导致使用者无法正常使用手机。

2. 手机病毒的传播途径

手机病毒的传播方式有着自身的特点,同时也和计算机的病毒传染有相似的地方。下面是手机病毒传播途径。

第一,通过手机蓝牙、无线数据传播。

第二,通过手机 SIM 卡或者 Wi-Fi 网络,在网络上进行传播。

第三,在把手机和计算机连接的时候,被计算机感染病毒,并进行传播。

第四,单击短信、彩信中的未知链接后,进行病毒的传播。

3. 手机病毒的危害

手机病毒可以导致用户信息被窃,破坏手机软硬件,造成通信网络局部瘫痪,给手机用户带来经济上的损失,通过手机远程控制目标计算机等个人设备。手机病毒对用户和运营商将产生巨大危害。

(1)设备:手机病毒对手机电量的影响很大,导致死机、重启,甚至可以烧毁芯片。

(2)信用:由于传播病毒和发送恶意的文字给朋友,因此造成在朋友中的信用度下降。

(3)可用性:手机病毒导致用户终端被黑客控制,大量发送短/彩信或直接发起对网络的攻击时,对网络运行安全造成威胁。

(4)经济:手机病毒引发短/彩信发送和病毒体传播,还可能给用户恶意订购业务,导致用户话费损失。

(5)信息:手机病毒可能造成用户信息的丢失和应用程序损毁。

4. 手机病毒防御措施

要避免手机感染病毒,用户在使用手机时要采取适当的措施。

(1)关闭乱码电话。当对方的电话拨入时,屏幕上显示的应该是来电电话号码,结果却显示别的字样或奇异符号。如果遇到上述情形,用户应不回答或立即把电话关闭。如接听来电,则会感染上病毒,同时机内所有设定将被破坏。

(2)尽量少从网上直接下载信息。病毒要想侵入且在流动网络上传送,要先破坏掉手机短信息保护系统,这本非容易的事情。但随着 3G 时代的来临,手机更加趋向于一台小型计算机,有计算机病毒就会有手机病毒,因此从网上下载信息时要当心感染病毒。最保险的措施就是把要下载的任何文件先下到计算机,然后用计算机上的杀毒软件查一次毒,确认无毒后再传到手机。

(3) 注意短信息中可能存在的病毒。短信息的收发作为移动通信的一个重要方式,也是感染手机病毒的一个重要途径。如今手机病毒的发展已经从潜伏期过渡到了破坏期,短信息已成为染毒的常用工具。手机用户一旦接到带有病毒的短信息,阅读后便会出现手机键盘被锁的情况,严重的病毒会导致破坏手机 IC 卡,或每秒钟自动地向电话本中的每个号码分别发送垃圾短信等严重后果。

(4) 在公共场所不要打开蓝牙。作为近距离无线传输的蓝牙,虽然传输速度有点慢,但是传染病毒时它并不落后。

(5) 对手机进行查杀病毒。目前查杀手机病毒的主要技术措施有两种:一种是通过无线网站对手机进行杀毒;另一种是通过手机的 IC 接入口或红外传输或蓝牙传输进行杀毒。现在的智能手机,为了禁止非法利用该功能,可采取以下的安全性措施:①将执行 Java 小程序的内存和存储电话簿等功能的内存分割开来,从而禁止小程序访问。②已经下载的 Java 小程序只能访问保存该小程序的服务器。③当小程序试图利用手机的硬件功能(如使用拨号功能打电话或发送短信等)便会发出警。

手机病毒因手机网络联系密切、影响面广、破坏力强,故不可掉以轻心。只要采取足够的防范措施,便可安全使用。

4.6 习 题

一、填空题

1. 计算机病毒按传染程序的特点分类,可以分为_____。

2. 计算机病毒是指_____。

3. 计算机单机使用时,传染计算机病毒的主要渠道是通过_____。

4. 计算机病毒是指能够侵入计算机系统并在计算机系统中潜伏、传播、破坏系统正常工作的一种具有繁殖能力的_____。

5. 特洛伊木马危险很大,但程序本身无法自我_____,故严格地说不能算是病毒。

二、选择题

1. 下面是关于计算机病毒的两种论断,经判断( )。

①计算机病毒也是一种程序,它在某些条件下激活,起干扰破坏作用,并能传染到其他程序中去。②计算机病毒只会破坏磁盘上的数据。

    A. 只有①正确   B. 只有②正确

    C. ①和②都正确   D. ①和②都不正确

2. 通常所说的"计算机病毒"是指(　　)。

  A. 细菌感染　　　　　　　　　　　B. 生物病毒感染

  C. 被损坏的程序　　　　　　　　　D. 特制的具有破坏性的程序

3. 对于已感染了病毒的 U 盘,最彻底的清除病毒的方法是(　　)。

  A. 用酒精将 U 盘消毒　　　　　　B. 放在高压锅里煮

  C. 将感染病毒的程序删除　　　　　D. 对 U 盘进行格式化

4. 计算机病毒造成的危害是(　　)。

  A. 使磁盘发霉　　　　　　　　　　B. 破坏计算机系统

  C. 使计算机内存芯片损坏　　　　　D. 使计算机系统突然掉电

5. 计算机病毒的危害性表现在(　　)。

  A. 能造成计算机器件永久性失效

  B. 影响程序的执行,破坏用户数据与程序

  C. 不影响计算机的运行速度

  D. 不影响计算机的运算结果,不必采取措施

6. 计算机病毒对于操作计算机的人(　　)。

  A. 只会感染,不会致病　　　　　　B. 会感染并致病

  C. 不会感染　　　　　　　　　　　D. 会有厄运

7. 以下措施不能防止计算机病毒的是(　　)。

  A. 保持计算机清洁

  B. 先用杀病毒软件将从别人机器上复制来的文件清查病毒

  C. 不用来历不明的 U 盘

  D. 经常关注防病毒软件的版本升级情况,并尽量取得最高版本的防毒软件

8. 下列 4 项中,不属于计算机病毒特征的是(　　)。

  A. 潜伏性　　　　　B. 传染性　　　　　C. 激发性　　　　　D. 免疫性

9. 宏病毒可感染下列的(　　)文件。

  A. .exe　　　　　　B. .doc　　　　　　C. .bat　　　　　　D. .txt

三、简答题

1. IE 清理使用痕迹功能都可以清除哪些使用痕迹?

2. 计算机病毒的定义是什么?

3. 什么是木马?

4. 木马有哪些危害?

5. 如何预防木马?

项目 5　使用 Sniffer Pro 防护网络

5.1　项 目 导 入

网络攻击与网络安全是紧密结合在一起的，研究网络的安全性就得研究网络攻击手段。在网络这个不断更新换代的世界里，网络中的安全漏洞无处不在，即便旧的安全漏洞补上了，新的安全漏洞又将不断涌现。网络攻击正是利用这些存在的漏洞和安全缺陷对系统和资源进行攻击。在这样的环境中，我们每一个人都有可能面临着安全威胁，都有必要对网络安全有所了解，并能够处理一些安全方面的问题。

5.2　职 业 能 力 目 标 和 要 求

- 熟悉的 Sniffer Pro 安装过程
- 掌握使用 Sniffer 来分析网络信息的方法
- 掌握 Sniffer 在网络维护中的应用
- 了解蜜罐系统
- 学会使用蜜罐系统的部署
- 了解拒绝服务攻击的原理
- 掌握利用 Sniffer 捕获拒绝服务攻击中的数据包

5.3　相 关 知 识 点

5.3.1　网 络 嗅 探

1. Sniffer Pro 概述

Sniffer 就是网络嗅探行为，或者叫网络窃听器。它工作在网络底层，通过对局域网上传输的各种信息进行嗅探窃听，从而获取重要信息。Sniffer Pro 是 Network Associates 公司开发的一个可视化网络分析软件，它主要通过 Sniffer 这种网络嗅探行为，监控检测网络传输以及网络的数据信息，具体用来被动监听、捕捉、解析网络上的数据包并作出各种相应的参考数据分析,由于其强大的网络分析功能和全面的协议支持性,被广泛应用在网络状态监控及故障诊断等方面。当然,Sniffer 也可能被黑客或不良用心的人用来窃听并窃取某些重要信息和以此进行网络攻击等。

2. Sniffer Pro 的工作原理

在采用以太网技术的局域网中,所有的通信都是按广播方式进行,通常在同一个网段的所有网络接口都可以访问在物理媒体上传输的所有数据,但一般说来,一个网络接口并不响应所有的数据报文,因为数据的收发是由网卡来完成的,网卡解析数据帧中的目的 MAC 地址,并根据网卡驱动程序设置的接收模式判断该不该接收。在正常的情况下,它只响应目的 MAC 地址为本机硬件地址的数据帧或本 VLAN 内的广播数据报文。但如果把网卡的接收模式设置为混杂模式,网卡将接受所有传递给它的数据包。即在这种模式下,不管该数据是否是传给它的,它都能接收,在这样的基础上,Sniffer Pro 采集并分析通过网卡的所有数据包,就达到了嗅探检测的目的,这就是 Sniffer Pro 工作的基本原理。

3. Sniffer Pro 在网络维护中的应用

Sniffer Pro 在网络维护中主要是利用其流量分析和查看功能,解决局域网中出现的网络传输质量问题。

(1) 广播风暴

广播风暴是局域网最常见的一个网络故障。网络广播风暴的产生,一般是由于客户机被病毒攻击、网络设备损坏等故障引起的。可以使用 Sniffer 中的主机列表功能,查看网络中哪些机器的流量最大,从而,可以在最短的时间内判断网络的具体故障点。

(2) 网络攻击

随着网络的不断发展,黑客技术吸引了不少网络爱好者。在大学校园里,一些初级黑客们,开始拿校园网来做实验,DDoS 攻击成为一些黑客炫耀自己技术的一种手段,由于校园网本身的数据流量比较大,加上外部 DDoS 攻击,校园网可能会出现短时间的中断现象。对于类似的攻击,使用 Sniffer 软件,可以有效判断网络是受广播风暴影响,还是来自外部的攻击。

(3) 检测网络硬件故障

在网络中工作的硬件设备,只要有所损坏,数据流量就会异常,使用 Sniffer 可以轻松判断出物理损坏的网络硬件设备。

5.3.2　蜜罐技术

1. 蜜罐概述

蜜罐好比是情报收集系统,是故意让人攻击的目标,引诱黑客前来攻击。所以攻击者入侵后,你就可以知道他是如何得逞的,随时了解针对服务器发动的最新的攻击和漏洞。还可以通过窃听黑客之间的联系,收集黑客所用的种种工具,并且掌握他们的社交网络。

设计蜜罐的初衷就是让黑客入侵,借此收集证据,同时隐藏真实的服务器地址,因此我们要求一台合格的蜜罐拥有发现攻击、产生警告、强大的记录能力、欺骗、协助调查等功能。

2. 蜜罐应用

(1) 迷惑入侵者,保护服务器

一般的客户/服务器模式里,浏览者是直接与网站服务器连接的,整个网站服务器都暴露在入侵者面前,如果服务器安全措施不够,那么整个网站数据都有可能被入侵者轻易毁灭。但是如果在客户/服务器模式里嵌入蜜罐,让蜜罐作为服务器角色,真正的网站服务器作为一个内部网络在蜜罐上做网络端口映射,这样可以把网站的安全系数提高,入侵者即使渗透了位于外部的"服务器",他也得不到任何有价值的资料,因为他入侵的是蜜罐而已。虽然入侵者可以在蜜罐的基础上跳进内部网络,但那要比直接攻下一台外部服务器复杂得多,许多水平不足的入侵者只能望而却步。蜜罐也许会被破坏,可是不要忘记了,蜜罐本来就是被破坏的角色。

在这种用途上,蜜罐不能再设计得漏洞百出了。蜜罐既然成了内部服务器的保护层,就必须要求它自身足够坚固,否则,整个网站都要拱手送人了。

(2) 抵御入侵者,加固服务器

入侵与防范一直都是热点问题,而在其间插入一个蜜罐环节将会使防范变得有趣,这台蜜罐被设置得与内部网络服务器一样,当一个入侵者费尽力气入侵了这台蜜罐的时候,管理员已经收集到足够的攻击数据来加固真实的服务器。

(3) 诱捕网络罪犯

这是一个相当有趣的应用,当管理员发现一个普通的客户/服务器模式网站服务器已经牺牲成肉鸡的时候,如果技术能力允许,管理员会迅速修复服务器。如果是企业的管理员,会设置一个蜜罐模拟出已经被入侵的状态,让入侵者在不起疑心的情况下乖乖被记录下一切行动证据,并可以轻易揪出 IP 源头的那双黑手。

5.3.3 拒绝服务攻击

1. 拒绝服务攻击概述

拒绝服务攻击即攻击者想办法让目标机器停止提供服务或资源访问,是黑客常用的攻击手段之一。这些资源包括磁盘空间、内存、进程甚至网络带宽,从而阻止正常用户的访问。其实对网络带宽进行的消耗性攻击只是拒绝服务攻击的一小部分,只要能够对目标造成麻烦,使某些服务被暂停甚至主机死机,都属于拒绝服务攻击。拒绝服务攻击问题也一直得不到合理的解决,究其原因是因为这是由于网络协议本身的安全缺陷造成的,从而拒绝服务攻击也成为攻击者的终极手法。

2. SYN Flood 拒绝服务攻击的原理

SYN Flood 是当前最流行的拒绝服务攻击之一,这是一种利用 TCP 协议缺陷,发送大量的伪造的 TCP 连接请求,从而使得被攻击方资源耗尽(CPU 满负荷或内存不足)的攻击方式。

SYN Flood 拒绝服务攻击是通过 TCP 协议三次握手而实现的。

首先,攻击者向被攻击服务器发送一个包含 SYN 标志的 TCP 报文,SYN (Synchronize)即同步报文。同步报文会指明客户端使用的端口以及 TCP 连接的初始序号。这时同被攻击服务器建立了第一次握手。

其次,受害服务器在收到攻击者的 SYN 报文后,将返回一个 SYN+ACK 的报文,表示攻击者的请求被接受,同时 TCP 序号被加一,ACK(Acknowledgment)即确认,这样就同被攻击服务器建立了第二次握手。

最后,攻击者也返回一个确认报文 ACK 给受害服务器,同样 TCP 序列号被加一,到此一个 TCP 连接完成,三次握手完成。

拒绝服务攻击中,问题就出在 TCP 连接的三次握手中,假设一个用户向服务器发送了 SYN 报文后突然死机或掉线,那么服务器在发出 SYN+ACK 应答报文后是无法收到客户端的 ACK 报文的(第三次握手无法完成),这种情况下服务器端一般会重试(再次发送 SYN+ACK 给客户端)并等待一段时间后丢弃这个未完成的连接,这段时间的长度我们称为 SYN 超时,一般来说这个时间是 min 的数量级(为 30s～2min);一个用户出现异常导致服务器的一个线程等待 1min 并不是什么很大的问题,但如果有一个恶意的攻击者大量模拟这种情况,服务器端将为了维护一个非常大的半连接列表而消耗非常多的资源。实际上如果服务器的 TCP/IP 栈不够强大,最后的结果往往是堆栈溢出崩溃——即使服务器端的系统足够强大,服务器端也将忙于处理攻击者伪造的 TCP 连接请求而无暇理睬客户的正常请求,此时从正常客户的角度看来,服务器失去响应,使服务器端受到了 SYN Flood 攻击(SYN 洪水攻击)。

5.4　项目实施

任务 5-1　Sniffer Pro 安装

Sniffer Pro 是 NAI 公司推出的功能强大的协议分析软件。接下来针对用 Sniffer Pro 安装、功能及界面进行介绍。

在网上下载 Sniffer Pro 软件后,直接运行安装程序,系统会提示输入个人信息和软件注册码,安装结束后,重新启动,之后再安装 Sniffer 汉化补丁。运行 Sniffer 程序后,系统会自动搜索机器中的网络适配器,单击"确定"按钮,进入 Sniffer 主界面。下面详细介绍安装过程。

(1) 打开 Sniffer Pro 安装包,如图 5-1 所示。双击运行 Sniffer Pro 安装程序,进入欢迎界面,如图 5-2 所示。

图 5-1　Sniffer Pro 安装包

图 5-2　Sniffer Pro 欢迎界面

(2) 单击"下一步"按钮,开始安装加载,如图 5-3 和图 5-4 所示。

(3) 接下来几步均按照默认的安装选项进入下一步,运行安装过程中出现注册信息窗口,如图 5-5 所示。图 5-6 是该注册窗口的解释。

(4) 输入信息如图 5-7 所示,输入英文名字, * 号为必填内容。

(5) 单击"下一步"按钮,进入第二个注册信息窗口(图 5-8),接下来输入地址、城市、电话等信息,按要求输入,如图 5-9 所示。

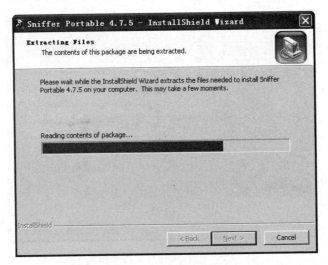

图 5-3　Sniffer Pro 安装中

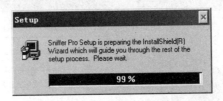

图 5-4　Sniffer Pro 安装加载中

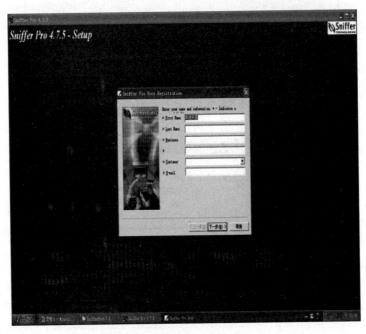

图 5-5　Sniffer Pro 注册窗口(1)

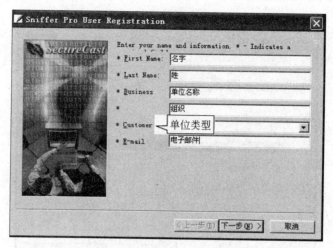

图 5-6　注册窗口 1 的解释

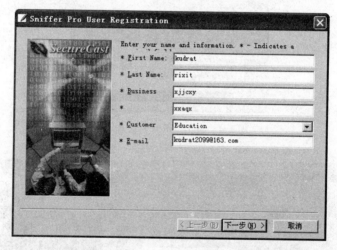

图 5-7　输入信息

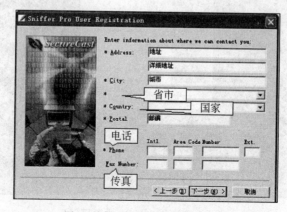

图 5-8　Sniffer Pro 注册窗口(2)

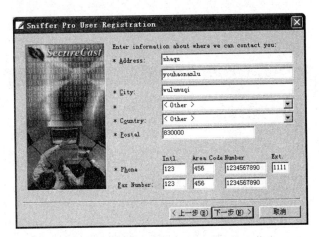

图 5-9 在 Sniffer Pro 注册窗口 2 中输入信息

(6) 单击"下一步"按钮,进入第三个注册信息窗口(图 5-10),按要求输入 Sniffer 的序列号及其他信息,如图 5-11 所示。

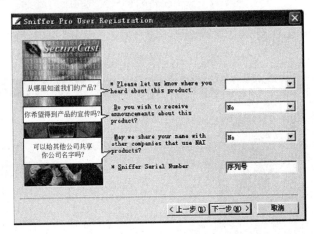

图 5-10 Sniffer Pro 注册窗口 3

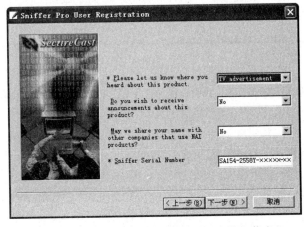

图 5-11 在 Sniffer Pro 注册窗口 3 中输入信息

125

(7) 单击"下一步"按钮,进入选择连接网络选项窗口(图 5-12),选择不连接网络,单击"下一步"按钮。

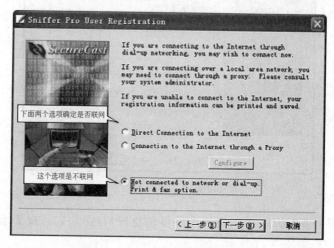

图 5-12　Sniffer Pro 网络连接选项

(8) 下面出现的是注册信息窗口(图 5-13),单击"完成"按钮,完成安装。重启计算机,使 Sniffer 生效。

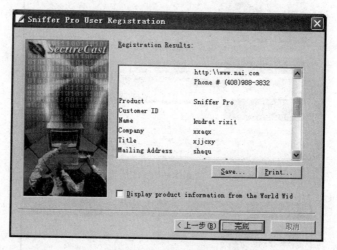

图 5-13　注册信息窗口

(9) 计算机重启后,如图 5-14 所示,进入"开始"菜单的"程序"选项里的 Sniffer 子项,运行 Sniffer 程序。进入 Sniffer 主界面。

任务 5-2　Sniffer 功能界面

1. 主界面

进入 Sniffer 的主界面,可以看到 Sniffer 菜单、捕获面板、网络性能快捷键及仪表盘面板,如图 5-15 所示。

图 5-14　运行 Sniffer Pro

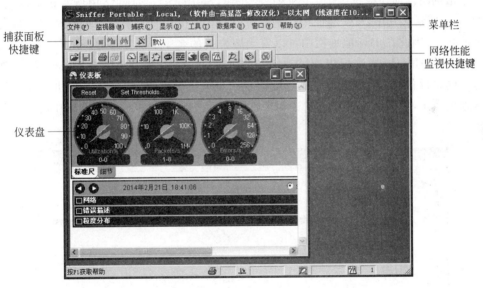

图 5-15　Sniffer Pro 主界面

（1）捕获面板

报文捕获功能可以在报文捕获面板中完成,图 5-16 是捕获面板的功能图。

（2）网络性能快捷键

图 5-17 是网络性能快捷键的功能图。

2. 常用的工具按钮

下面介绍一些在日常的网络维护中常用的工具按钮。

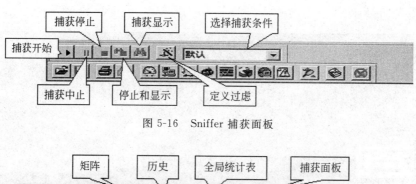

图 5-16　Sniffer 捕获面板

图 5-17　网络性能快捷键

（1）主机列表按钮

单击网络性能快捷键中的"主机列表"按钮，Sniffer 会显示网络中所有机器的信息，如图 5-18 所示。其中，Hw 地址一栏是网络中的客户机信息。网络中的客户机一般都有唯一的名字，因此在 Hw 地址栏中可以看到客户机的名字。对于安装 Sniffer 的机器，在 Hw 地址栏中用"本地"来标识；对于网络中的交换机、路由器等网络设备，Sniffer 只能显示这些网络设备的 MAC 地址。入埠数据包和出埠数据包，指的是该客户机发送和接收的数据包数量，后面还有客户机发送和接收的字节大小，可以据此查看网络中的数据流量大小。

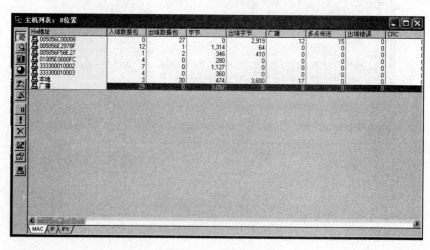

图 5-18　主机列表

（2）矩阵按钮

矩阵功能通过圆形图例说明客户机的数据走向，可以看出与客户机有数据交换的机器，如图 5-19 所示。

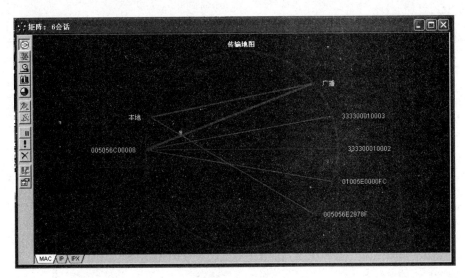

图 5-19　矩阵

（3）请求响应时间按钮

请求响应时间功能，可以查看客户机访问网站的详细情况，如图 5-20 所示。当客户机访问某站点时，可以通过此功能查看从客户机发出请求到服务器响应的时间等信息。

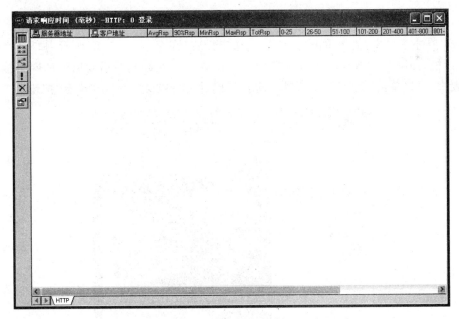

图 5-20　请求响应时间

（4）警报日志按钮

当 Sniffer 监控到网络的不正常情况时，会自动记录到警报日志中。所以打开 Sniffer 软件后，首先要查看一下警报日志，看网络运行是否正常，如图 5-21 所示。

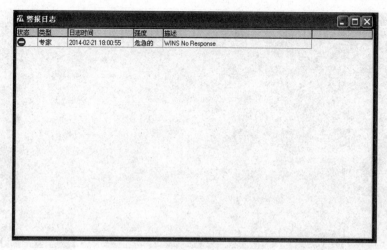

图 5-21   警报日志

任务 5-3   Sniffer Pro 报文的捕获与解析

1. 选择网络接口

(1) 在计算机中,打开 Sniffer Pro 软件主窗口。

(2) 在主窗口中,依次单击"文件"→"选定设置"命令,如图 5-22 所示,弹出"当前设置"对话框,如图 5-23 所示。如果本地主机具有多个网络接口,且需要监听的网络接口不在列表中,可以单击"新建"按钮添加。选择正确的网络接口后,单击"确定"按钮。

图 5-22   操作界面

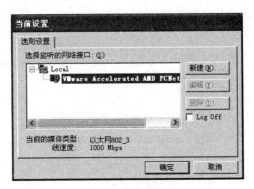

图 5-23　"当前设置"对话框

2. 报文捕获与分析

（1）在 Sniffer Pro 主窗口中，直接单击工具栏中的"开始"按钮，开始捕获经过选定网络接口的所有数据包。在本机浏览器打开任意一个网页，同时在 Sniffer 主窗口观察数据的捕获情况。

（2）依次单击主窗口中"捕获"→"停止并显示"菜单或直接单击工具栏中的"停止并显示"按钮，在弹出的窗口中选择"解码"选项卡，显示如图 5-24 所示。

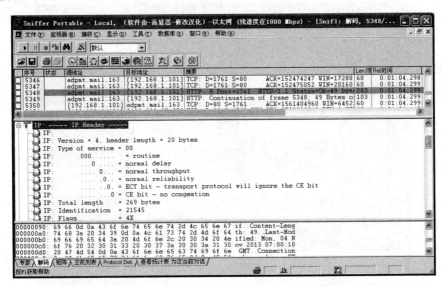

图 5-24　Sniffer Pro 捕获界面

（3）在图 5-24 上侧的窗格中选中向 Web 服务器请求网页内容的 HTTP 报文，在中间的窗格中选中一项，在下方的窗格将有相应的十六进制和 ASCII 码的数据与之相对应。

（4）界面中间窗格的 IP 报文段描述中，我们对照如图 5-25 中的 IP 报文格式，可以清楚地分析捕获到的报文段。

IP报文格式			
0	15	16	31
4位版本	4位首部长度	8位服务类型(TOS)	16位报文总长度(文字数)
16位标识		3位标识	13位片偏移
8位生存时间(TTL)		8位协议	16位首部校验和
32位源IP地址			
32位目的IP地址			
选项(如果有)			
数据			

图 5-25   IP 报文格式

3. 定义过滤器

我们也可以通过定义过滤器来捕获指定的数据包。

（1）在 Sniffer Pro 主窗口中，依次单击菜单"捕获"→"定义过滤器"，如图 5-26 所示。

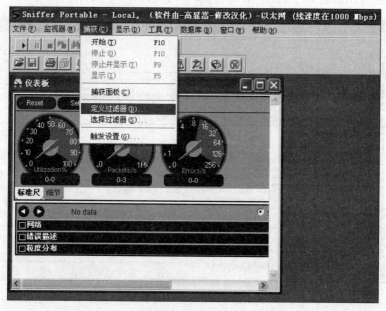

图 5-26   打开过滤器

（2）弹出"定义过滤器—捕获"对话框，选择"地址"选项卡。在"地址类型"下拉列表中选择 IP 项，在"模式"选项栏内选择"包含"项，并在下方列表中分别填写源主机和目标主机的 IP 地址，如图 5-27 所示。

（3）选择"高级"选项卡，展开 IP 节点，单击选中协议 ICMP，如图 5-28 所示，单击"确定"按钮。此时，Sniffer 只捕获计算机源主机和目标主机之间通信的 ICMP 报文。

（4）打开本地（IP：192.168.1.101）计算机的 CMD 界面，ping 目标（IP：192.168.1.100）主机，如图 5-29 所示。

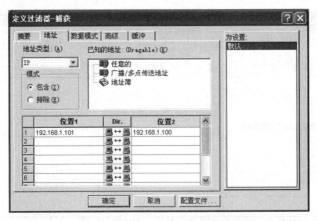

图 5-27　选择地址

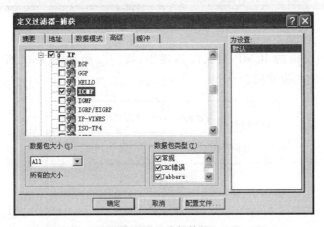

图 5-28　选择协议

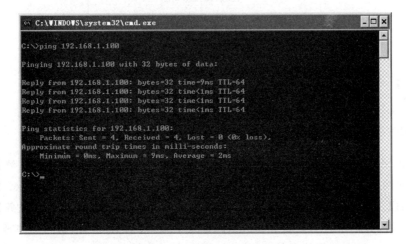

图 5-29　ping 操作

（5）进入 Sniffer，单击工具栏中的"停止并显示"按钮，在弹出的窗口中选择"解码"选项卡，显示如图 5-30 所示的捕获界面。

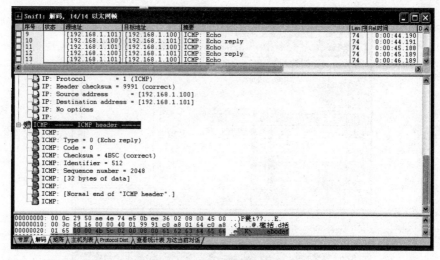

图 5-30 捕获界面

（6）界面中间窗格的 ICMP 报文段描述中，我们对照如图 5-31 所示 ICMP 报文格式，可以分析捕获到的报文段。

类型 (13或14)	代码(0)	校验和(16位)
标识符(16位)		序列号(16位)
发起时间戳(32位)		
接收时间戳(32位)		
传输时间戳(32位)		

图 5-31 ICMP 报文格式

任务 5-4 Web 服务器蜜罐攻防

1. HFS 工具安装部署与设置

HFS 网络文件服务器是专为个人用户所设计的 HTTP 档案系统，这款软件可以提供更方便的网络文件传输系统，下载后无须安装，只要解压缩后执行 hfs.exe，便可架设完成个人 HTTP 网络文件服务器，如图 5-32 所示。虚拟服务器将对这个服务器的访问情况进行监视，并把所有对该服务器的访问记录下来，包括 IP 地址、访问文件等。通过这些对黑客的入侵行为进行简单的分析。

图 5-32　HFS 主界面

2. 部署与设置

在 HFS 运行窗格下右击,即可"新增"/"移除"虚拟档案资料夹,或者直接将欲加入的档案拖曳至此窗口,便可架设完成个人 HTTP 网络文件服务器,如图 5-33 所示。

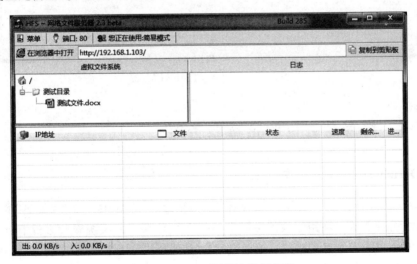

图 5-33　HTTP 网络文件服务器

3. 监视监控

(1) 在主机 B(192.168.1.109)的浏览器中输入主机 A 的 IP 地址 192.168.1.10,并下载测试文件,如图 5-34 所示。

(2) 在转到主机 A 中,打开 HFS 服务器就可以监视到主机 B 的操作,如图 5-35 所示,HFS 主界面里就会自动监听并显示攻击者的访问操作记录。

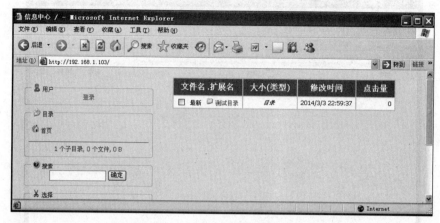

图 5-34　主机 B 浏览器的操作

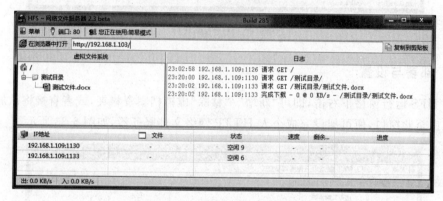

图 5-35　主机 A 的 HFS 服务器

任务 5-5　部署全方位的蜜罐服务器

1. Defnet Honeypot 工具

Defnet Honeypot 是一款著名的"蜜罐"虚拟系统,它会虚拟一台有"缺陷"的服务器,等着恶意攻击者上钩。利用该软件虚拟出来的系统和真正的系统看起来没有什么两样,但它是为恶意攻击者布置的陷阱。通过它可以看到攻击者都执行了哪些命令,进行了哪些操作,使用了哪些恶意攻击工具。通过陷阱的记录,可以了解攻击者的习惯,掌握足够的攻击证据,甚至反击攻击者。图 5-36 是 Defnet Honeypot 主界面。

2. 蜜罐服务器部署

（1）运行 Defnet Honeypot,在程序主界面右侧单击 Honeypot 按钮,弹出如图 5-37 所示的对话框,在该设置对话框中,可以虚拟 Web、FTP、SMTP、Finger、POP3 和 Telnet

等常规网站提供的服务。

图 5-36　Defnet Honeypot 主界面

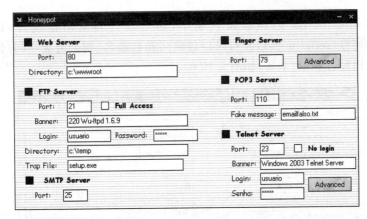

图 5-37　Honeypot 设置对话框

（2）要虚拟一个 FTP Server 服务，则可选中相应服务 FTP Server 复选框，并且可以给恶意攻击者 Full Access（完全访问）权限。并可设置好 Directory 项，用于指定伪装的文件目录项，如图 5-38 所示。

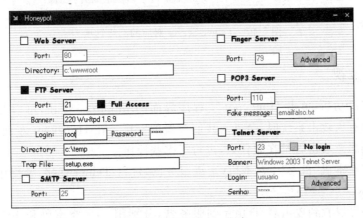

图 5-38　FTP Server 服务

（3）在 Finger Server 下面的 Aclvanced 高级设置项中可以设置多个用户，admin 用户是伪装成管理员用户的，其提示信息是 administrator，即管理员组用户，并且可以允许 40 个恶意攻击者同时连接该用户，如图 5-39 所示。

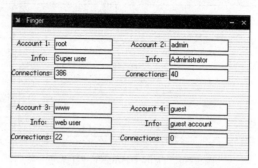

图 5-39　Finger Server 对应的高级选项

（4）在 Telnet Server 的高级设置项中，还可以伪装驱动器盘符（Drive）、卷标（Volume）、序列号（serial no），以及目录创建时间和目录名、剩余磁盘空间（Free space in bytes）、MAC 地址、网卡类型等，如图 5-40 所示。

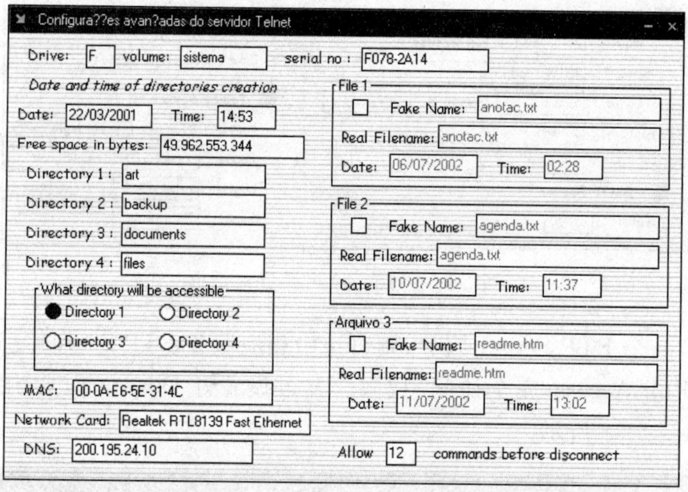

图 5-40　Telnet Server 对应的高级选项

3. 开启监视

蜜罐搭建成功后，单击 Honeypot 主程序界面的 Monitore 按钮，可以开始监视恶意攻击者了。当有人攻击系统时，会进入我们设置的蜜罐。在 Honeypot 左面窗口中，就可以清楚地看到恶意攻击者都在做什么，进行了哪些操作。

例如我们在本机"机 B"中对本机（蜜罐服务器）进行 Telnet 连接，蜜罐中显示的信息如图 5-41 所示。

从信息中可以看到攻击者 Telnet 到服务器，分别用 root 空密码和 123 密码进行探视，均告失败，然后再次连接并用 root 用户和 1234 密码进入系统。接下来用 dir 命令查

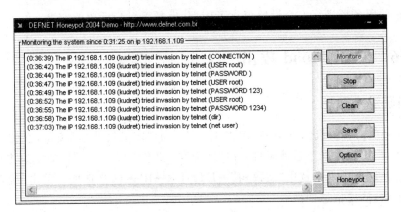

图 5-41 监控界面

看目录、系统用户。

4. 蜜罐提醒

如果我们不能在服务器前跟踪攻击者的攻击动作时,当想了解攻击者都做了些什么时,可以使用 Honeypot 提供的"提醒"功能。在软件主界面单击 Options 按钮,在打开的设置界面中设置自己的 E-mail 信箱,其自动将攻击者的动作记录下来,发送到设置的邮箱中。选中 Send logs by E-mail,在输入框中填写自己的邮箱地址、邮件发送服务器地址、发送者邮箱地址;再选中 Authenticaton required,填写邮箱的登录名和密码,自己就可以随时掌握攻击者的入侵情况了,如图 5-42 所示。

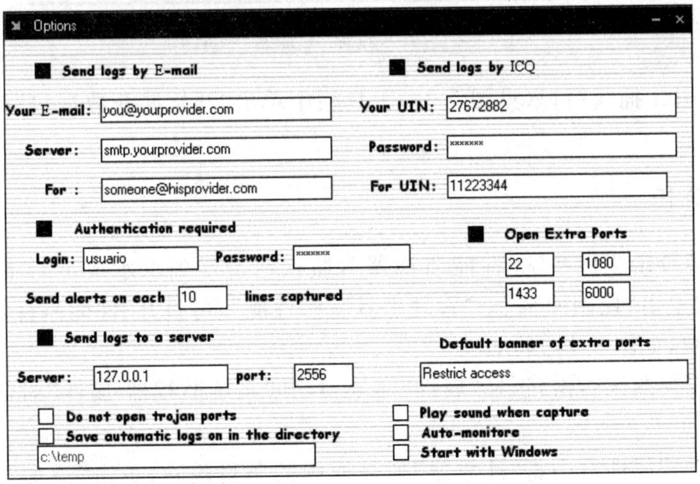

图 5-42 Honeypot 对应的 Options 对话框

另外还可以选中 Save automatic logs on in the directory 复选框,将入侵日志保存到指定的目录中,方便日后分析。

上面是在模拟环境中进行的演示,真实网络环境中的部署与此类似。通过演示,大家可以看到蜜罐服务器不仅误导了攻击者让他们无功而返,同时获取了必要的入侵信息,为我们对真正的服务器进行安全设置提供了依据,也是下一步反攻的前提。

任务5-6 SYN Flood 攻击

1. 捕获洪水数据

(1)打开攻击者主机的 Sniffer,单击工具栏中的"定义过滤器"按钮,在弹出的"定义过滤器"对话框中设置如下过滤条件:在"地址"选项卡中输入"主机 A<->主机 B 的 IP 地址";在"高级"选项卡中选中"协议树"→ETHER→IP→TCP 选项。单击"确定"按钮使过滤条件生效,摘要信息如图 5-43 所示。

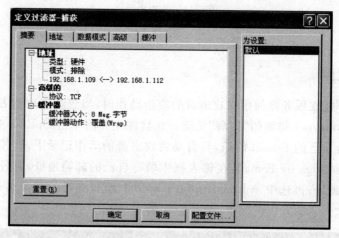

图 5-43 "定义过滤器-捕获"对话框

(2)在 Sniffer 捕获窗口(见图 5-24)工具栏中单击"开始捕获数据包"按钮,开始捕获数据包。

2. 性能分析

(1)启动被攻击主机系统"性能监视器",监视在遭受到洪水攻击时本机 CPU、内存消耗情况,依次单击"控制面板"→"管理工具"→"性能",可打开"性能监视器"对话框进行系统性能的监视,如图 5-44 所示。

(2)在监视视图区右击,选择"属性"命令,打开"系统监视器 属性"对话框,如图 5-45 所示。

(3)在"数据"属性页中将"计数器"列表框中的条目删除;单击"添加"按钮,打开"添加计数器"对话框,如图 5-46 所示。在"性能对象"中选择"TCPv4",在"从列表选择计数器"中选中 Segments Received/sec,单击"添加"按钮,然后关闭"添加计数器"对话框。单击"系统监视器属性"对话框中的"确定"按钮,使策略生效。

3. 洪水攻击

(1)运行已准备好的独裁者拒绝服务攻击工具,选择 SYN 攻击方式,在视图中需要

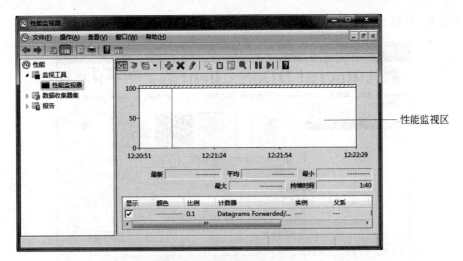

图 5-44 "性能监视器"对话框

图 5-45 "性能监视器 属性"对话框

图 5-46 添加计数器

输入源主机、目标主机 IP 地址和端口,如图 5-47 所示。

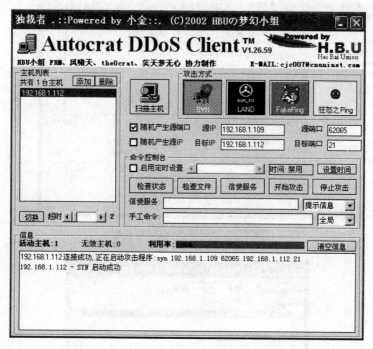

图 5-47　独裁者界面

(2) 单击"开始攻击"按钮,对被攻击主机进行 SYN 洪水攻击。

(3) 攻击后,在被攻击主机观察"性能"监控程序中图形的变化,并通过"任务管理器"性能页签观察内存的使用状况,比较攻击前后系统性能的变化情况,如图 5-48 所示。

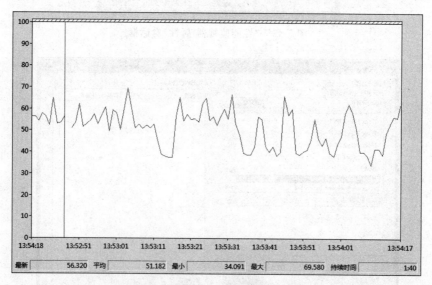

图 5-48　被攻击主机性能监视器

(4) 攻击者停止洪水发送,并停止协议分析器捕获,分析攻击者与对被攻击主机的

TCP 会话数据。

（5）通过对 Sniffer 所捕获到的数据包进行分析，观察在攻击者对被攻击主机开放的 TCP 端口进行洪泛攻击时的三次握手情况，如图 5-49 所示。

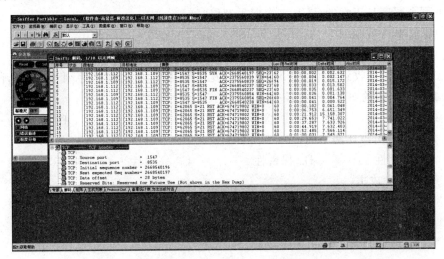

图 5-49　攻击主机的 Sniffer 捕获界面

5.5　习　　题

一、填空题

1. 在计算机网络安全技术中，DoS 的中文译名是_____。

2. _____的特点是先用一些典型的黑客入侵手段控制一些高带宽的服务器，然后在这些服务器上安装攻击进程，集数十台、数百台甚至上千台机器的力量对单一攻击目标实施攻击。

3. SYN flooding 攻击即是利用的_____协议设计弱点。

4. _____是一个孤立的系统集合，其首要目的是利用真实或模拟的漏洞或利用系统配置中的_____，引诱攻击者发起攻击。它吸引攻击者，并能记录攻击者的活动，从而更好地理解攻击者的攻击。

二、选择题

1. 网络监听是(　　)。
    A. 远程观察一个用户的计算机　　　　B. 监视网络的状态、传输的数据流
    C. 监视 PC 系统的运行情况　　　　　　D. 网络的发展方向

2. 如果要使 Sniffer 能够正常抓取数据，一个重要的前提是网卡要设置成(　　)模式。
    A. 广播　　　　　　　B. 共享　　　　　　　C. 混杂　　　　　　　D. 交换

3. Sniffer 在抓取数据的时候,实际上是在 OSI 模型的( )抓取。

    A. 物理层   B. 数据链路层   C. 网络层   D. 传输层

4. TCP 协议是攻击者攻击方法的技术基础,主要问题存在于 TCP 的三次握手协议上,以下哪个顺序是正常的 TCP 三次握手过程?( )

    ① 请求端 A 发送一个初始序号为 ISNa 的 SYN 报文

    ② A 对 SYN+ACK 报文进行确认,同时将 ISNa+1、ISNb+1 发送给 B

    ③ 被请求端 B 收到 A 的 SYN 报文后,发送给 A 自己的初始序列号 ISNb,同时将 ISNa+1 作为确认的 SYN+ACK 报文

    A. ①②③   B. ①③②   C. ③②①   D. ③①②

5. DDoS 攻击破坏网络的( )。

    A. 可用性   B. 保密性   C. 完整性   D. 真实性

6. 拒绝服务攻击( )。

    A. 用超出被攻击目标处理能力的海量数据包销耗可用系统带宽资源等方法的攻击

    B. 全称是 Distributed Denial Of Service

    C. 拒绝来自一个服务器所发送回应请求的指令

    D. 入侵并控制一个服务器后进行远程关机

7. 当感觉到操作系统运行速度明显减慢,打开任务管理器后发现 CPU 的使用率达到 100% 时,最有可能受到了( )攻击。

    A. 特洛伊木马   B. 拒绝服务   C. 欺骗   D. 中间人攻击

8. 死亡之 Ping、泪滴攻击等都属于( )攻击。

    A. 漏洞   B. DoS   C. 协议   D. 格式字符

三、简答题

1. 什么是网络嗅探?简述在局域网上实现监听的基本原理。

2. 如何防范网络监听?

3. 什么是蜜罐系统?

4. 什么是拒绝服务攻击?

5. 拒绝服务攻击是如何导致的?说明 SYNFlood 攻击导致拒绝服务的原理。

项目 6 数 据 加 密

6.1 项 目 导 入

在网络安全日益受到关注的今天,加密技术在各方面的应用也越来越突出和主要,在各方面都发挥着举足轻重的作用。本项目主要介绍加密技术的应用,首先概述了加密技术的概念及其分类,然后主要阐述了加密技术在一些方面的应用,主要的应用方面包括对PGP 的安装、密钥对的生成、文件加密签名的实现、电子邮件加密/解密等。进行这些操作必须首先要对该内容有一个大概的理解,才使整个实验做起来不那么盲目,在本次实验后,我们会加深对数字签名及公钥密码算法的理解。

6.2 职 业 能 力 目 标 和 要 求

- 了解并掌握古典与现代密码学的基本原理与简单算法。
- 掌握 Windows 7 加密文件系统的应用。
- 掌握 PGP 的安装、密钥对的生成方法。
- 掌握使用 PGP 对文件加密签名的方法。
- 掌握使用 PGP 对电子邮件加密/解密及签名的方法。
- 了解 PKI 与证书服务的工作原理。
- 熟练掌握安装证书服务及配置方法。

6.3 相 关 知 识 点

6.3.1 密码技术基本概念

加密技术是最常用的安全保密手段,它是利用技术手段把重要的数据变为乱码(加密)传送,到达目的地后再用相同或不同的手段还原(解密)。

- 明文:采用密码方法隐蔽和保护机密消息,使未授权者不能提取信息。
- 密文:用密码将明文变换成另一种隐蔽形式。
- 加密:进行明文到密文的变换。

- 解密(或脱密)：由合法接收者从密文中恢复出明文。
- 破译：非法接收者试图从密文中分析出明文。
- 加密算法：对明文进行加密时采用的一组规则。
- 解密算法：对密文解密时采用的一组规则。
- 密钥：加密算法和解密算法是在一组仅有合法用户知道的秘密信息,即称为密钥的控制下进行的,加密和解密过程中使用的密钥分别称为加密密钥和解密密钥。如图 6-1 所示显示了数据加密的过程。

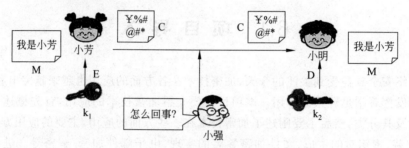

图 6-1　数据加密过程

6.3.2　古典加密技术

密码研究已有数千年的历史。许多古典密码虽然已经经受不住现代手段的攻击,但是它们在密码研究史上的贡献还是不可否认的,甚至许多古典密码思想至今仍然被广泛使用。为了使读者对密码有一个更加直观的认识,这里介绍几种非常简单但却非常著名的古典密码体制。

1. 代替密码

Caesar 密码是传统的代替加密法,当没有发生加密(即没有发生移位)之前,其置换表如表 6-1 所示。

表 6-1　Caesar 置换表(1)

a	b	c	d	e	f	g	h	i	j	k	l	m
A	B	C	D	E	F	G	H	I	J	K	L	M
n	o	p	q	r	s	t	u	v	w	x	y	z
N	O	P	Q	R	S	T	U	V	W	X	Y	Z

加密时每一个字母向前推移 k 位,例如当 $k=5$ 时,置换表如表 6-2 所示。

表 6-2　Caesar 置换表(2)

a	b	c	d	e	f	g	h	i	j	k	l	m
F	G	H	I	J	K	L	M	N	O	P	Q	R
n	o	p	q	r	s	t	u	v	w	x	y	z
S	T	U	V	W	X	Y	Z	A	B	C	D	E

比如对于明文:

data security has evolved rapidly

经过加密后就可以得到密文:

IFYF XJHZWNYD MFX JATQAJI WFUNIQD

2. 单表置换密码

单表置换密码也是一种传统的代替密码算法,在算法中维护着一个置换表,这个置换表记录了明文和密文的对照关系。当没有发生加密(即没有发生置换)之前,其置换表如表 6-4 所示。

表 6-3　置换表(1)

a	b	c	d	e	f	g	h	i	j	k	l	m
A	B	C	D	E	F	G	H	I	J	K	L	M
n	o	p	q	r	s	t	u	v	w	x	y	z
N	O	P	Q	R	S	T	U	V	W	X	Y	Z

在单表置换算法中,密钥是由一组英文字符和空格组成的,称为密钥词组,例如当输入密钥词组 I LOVEMY COUNTRY 后,对应的置换表如表 6-5 所示。

表 6-4　置换表(2)

a	b	c	d	e	f	g	h	i	j	k	l	m
I	L	O	V	E	M	Y	C	U	N	T	R	A
n	o	p	q	r	s	t	u	v	w	x	y	z
B	D	F	G	H	J	K	P	Q	S	W	X	Z

在表 6-4 中 ILOVEMYCUNTR 是密钥词组 I LOVE MY COUNTRY 略去前面已出现过的字符 O 和 Y 依次写下的。后面 ABD…WXZ 则是密钥词组中未出现的字母按照英文字母表顺序排列成的,密钥词组可作为密码的标志,记住这个密钥词组就能掌握字母加密置换的全过程。

这样对于明文 data security has evolved rapidly,按照表 6-4 的置换关系,就可以得到密文 VIKI JEOPHUKX CIJ EQDRQEV HIFUVRX。

6.3.3　对称加密及 DES 算法

1. 对称加密

如图 6-2 所示,对称加密采用了对称密码编码技术,它的特点是文件加密和解密使用相同的密钥,即加密密钥也可以用作解密密钥,这种方法在密码学中叫作对称加密算法。

2. DES 算法

DES(Data Encryption Standard)是在 20 世纪 70 年代中期由美国 IBM 公司发展出

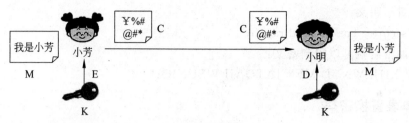

图 6-2 对称加密

来的,且被美国国家标准局公布为数据加密标准的一种分组加密法。

DES 属于分组加密法,而分组加密法就是对一定大小的明文或密文来做加密或解密动作。在这个加密系统中,其每次加密或解密的分组大小均为 64 位,所以 DES 没有密码扩充问题。对明文做分组切割时,可能最后一个分组会小于 64 位,此时要在此分组之后附加"0"位。另外,DES 所用的加密或解密密钥也是 64 位大小,但因其中以 8 个位是用来做奇偶校验,所以 64 位中真正起密钥作用的只有 56 位。加密与解密所使用的算法除了子密钥的顺序不同之外,其他部分则是完全相同的。

3. Des 算法的原理

Des 算法的入口参数有 3 个:Key、Data 和 Mode。其中 key 为 8 个字节共 64 位,是 Des 算法的工作密钥。Data 也为 8 个字节 64 位,是要被加密或解密的数据。Mode 为 Des 的工作方式有两种:加密或解密。

如果 Mode 为加密,则用 key 把数据 Data 进行加密,生成 Data 的密码形式(64 位)作为 Des 的输出结果。

如果 Mode 为解密,则用 key 把密码形式的数据 Data 解密,还原为 Data 的明码形式(64 位)作为 Des 的输出结果。

4. 算法实现步骤

实现加密需要三个步骤。

第一步:变换明文。对给定的 64 位的明文 x,首先通过一个置换 IP 表来重新排列 x,从而构造出 64 位的 x_0,$x_0 = \mathrm{IP}(x) = L_0 R_0$,其中 L_0 表示 x_0 的前 32 位,R_0 表示 x_0 的后 32 位。

第二步:按照规则迭代。规则为:

$$L_i = R_{i-1}$$
$$R_i = L_i \oplus f(R_{i-1}, K_i) \quad (i = 1, 2, 3, \cdots, 16)$$

经过第一步变换已经得到 L_0 和 R_0 的值,其中符号 $\oplus$ 表示数学运算"异或",f 表示一种置换,由 S 盒置换构成,K_i 是一些由密钥编排函数产生的比特块。f 和 K_i 将在后面介绍。

第三步:对 $L_{16} R_{16}$ 利用 IP-1 作逆置换,就得到了密文 y_0。加密过程,如图 6-3 所示。

(1) IP(初始置换)置换表和 IP-1 逆置换表

输入的 64 位数据按 IP 表置换进行重新组合,并把输出分为 L_0 和 R_0 两部分,每部分

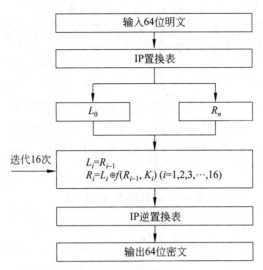

图 6-3　密文加密过程

各 32 位,其 IP 表置换见表 6-5。

表 6-5　IP 表置换

58	50	12	34	26	18	10	2	60	52	44	36	28	20	12	4
62	54	46	38	30	22	14	6	64	56	48	40	32	24	16	8
57	49	41	33	25	17	9	1	59	51	43	35	27	19	11	3
61	53	45	37	29	21	1	35	63	55	47	39	31	23	15	7

将输入的 64 位明文的第 58 位换到第 1 位,第 50 位换到第 2 位,依次类推,最后一位是原来的第 7 位。L_0 和 R_0 则是换位输出后的两部分,L_0 是输出的左 32 位,R_0 是右 32 位。比如:置换前的输入值为 $D_1 D_2 D_3 \cdots D_{64}$,则经过初置换后的结果为:$L_0 = D_{58} D_{50} \cdots D_8$,$R_0 = D_{57} D_{49} \cdots D_7$。

经过 16 次迭代运算后。得到 L_{16} 和 R_{16},将此作为输入进行逆置换,即得到密文输出。逆置换正是初始置的逆运算。例如,第 1 位经过初始置换后,处于第 40 位,而通过逆置换 IP-1,又将第 40 位换回到第 1 位,其逆置换 IP-1 规则表见表 6-6。

表 6-6　逆置换表 IP-1

40	8	48	16	56	24	64	32	39	7	47	15	55	23	63	31
38	6	46	14	54	22	62	30	37	5	45	13	53	21	61	29
36	4	44	12	52	20	60	28	35	3	43	11	51	19	59	27
34	2	42	10	50	18	58	26	33	1	41	9	49	17	57	25

(2) 函数 f

函数 f 有两个输入:32 位的 R_{i-1} 和 48 位 K_i。

E 变换的算法是从 R_{i-1} 的 32 位中选取某些位,构成 48 位,即 E 将 32 位扩展位 48 位。变换规则根据 E 位选择表,如表 6-7 所示。

表 6-7 E(扩展置换)位选择表

32	1	2	3	4	5	6	5	6	7	8	9	8	9	10	11
12	13	12	13	14	15	16	15	16	17	18	19	20	21	20	21
22	23	24	25	24	25	26	27	28	29	28	29	30	31	32	1

K_i 是由密钥产生的 48 位比特串,具体的算法是:将 E 的选位结果与 K_i 作异或操作,得到一个 48 位输出。分成 8 组,每组 6 位,作为 8 个 S 盒的输入。

每个 S 盒输出 4 位,共 32 位。S 盒的输出作为 P 变换的输入,P 的功能是对输入进行置换,P 换位表见表 6-8。

表 6-8 P(压缩置换)换位表

16	7	20	21	29	12	28	17	1	15	23	26	5	18	31	10
2	8	24	14	32	27	3	9	19	13	30	6	22	11	4	25

(3) 子密钥 K_i

假设密钥为 K,长度为 64 位,但是其中第 8、16、24、32、40、48、64 用作奇偶校验位,实际上密钥长度为 56 位。K 的下标 i 的取值范围是 1~16。

首先,对于给定的密钥 K,应用 PC1 变换进行选位,选定后的结果是 56 位,设其前 28 位为 C_0,后 28 位为 D_0,见表 6-9。

表 6-9 PC1 选位表

57	49	41	33	25	17	9	1	58	50	42	34	26	18
10	2	59	51	43	35	27	19	11	3	60	52	44	36
63	55	47	39	31	23	15	7	62	54	46	38	30	22
14	6	61	53	45	37	29	21	13	5	28	20	12	4

第 1 轮:对 C_0 作左移 LS1 得到 C_1,对 D_0 作左移 LS1 得到 D_1,对 C_1D_1 应用 PC2 进行选位,得到 K_1。其中 LS1 是左移的位数,如表 6-10 所示。

表 6-10 LS(循环左移)移位表

1	1	2	2	2	2	2	2	1	2	2	2	2	2	2	1

表的第 1 列是 LS1,第 2 列是 LS2,依次类推。左移的原理是所有二进位向左移动,原来最右边的比特位移动到最左边,如表 6-11 所示。

表 6-11 PC2 选位表

14	17	11	24	1	5	3	28	15	6	21	10
23	19	12	4	26	8	16	7	27	20	13	2
41	52	31	37	47	55	30	40	51	45	33	48
44	49	39	56	34	53	46	42	50	36	29	32

第 2 轮:对 C_1 和 D_1 作左移 LS2 得到 C_2 和 D_2,进一步对 C_2D_2 应用 PC2 进行选位,得到 K_2,如此继续,分别得到 $K_3K_4\cdots K_{16}$。

（4）S 盒的工作原理

S 盒以 6 位作为输入，而以 4 位作为输出，现以 S_1 为例说明其过程。假设输入为 $A=A_1A_2A_3A_4A_5A_6$，则 $A_2A_3A_4A_5$，所代表的数是 $0\sim15$ 之间的一个数，记为：$K=A_2A_3A_4A_5$；由 A_1A_6 所代表的数是 $0\sim3$ 间的一个数，记为 $H=A_1A_6$。在 S_1 的 H 行，K 列找到一个数 B，B 在 $0\sim15$ 之间，它可以用 4 位二进制表示，为 $B=B_1B_2B_3B_4$，这就是 S_1 的输出。

S 盒由 8 张数据表组成，见表 6-12。

表 6-12　S 盒由 8 张表组成

							S_1								
14	4	13	1	2	15	11	8	3	10	6	12	5	9	0	7
0	15	7	4	14	2	13	1	10	6	12	11	9	5	3	8
4	1	14	8	13	6	2	11	15	12	9	7	3	10	5	0
15	12	8	2	4	9	1	7	5	11	3	14	10	0	6	13

							S_2								
15	1	8	14	6	11	3	4	9	7	2	13	12	0	5	10
3	13	4	7	15	2	8	14	12	0	1	10	6	9	11	5
0	14	7	11	10	4	13	1	5	8	12	6	9	3	2	15
13	8	10	1	3	15	4	2	11	6	7	12	0	5	14	9

							S_3								
10	0	9	14	6	3	15	5	1	13	12	7	11	4	2	8
13	7	0	9	3	4	6	10	2	8	5	14	12	11	15	1
13	6	4	9	8	15	3	0	11	1	2	12	5	10	14	7
1	10	13	0	6	9	8	7	4	15	14	3	11	5	2	12

							S_4								
7	13	14	3	0	6	9	10	1	2	8	5	11	12	4	15
13	8	11	5	6	15	0	3	4	7	2	12	1	10	14	9
10	6	9	0	12	11	7	13	15	1	3	14	5	2	8	4
3	15	0	6	10	1	13	8	9	4	5	11	12	7	2	14

							S_5								
2	12	4	1	7	10	11	6	8	5	3	15	13	0	14	9
14	11	2	12	4	7	13	1	5	0	15	10	3	9	8	6
4	2	1	11	10	13	7	8	15	9	12	5	6	3	0	14
11	8	12	7	1	14	2	13	6	15	0	9	10	4	5	3

							S_6								
12	1	10	15	9	2	6	8	0	13	3	4	14	7	5	11
10	15	4	2	7	12	9	5	6	1	13	14	0	11	3	8
9	14	15	5	2	8	12	3	7	0	4	10	1	13	11	6
4	3	2	12	9	5	15	10	11	14	1	7	6	0	8	13

续表

							S_7								
4	11	2	14	15	0	8	13	3	12	9	7	5	10	6	1
13	0	11	7	4	9	1	10	14	3	5	12	2	15	8	6
1	4	11	13	12	3	7	14	10	15	6	8	0	5	9	2
6	11	13	8	1	4	10	7	9	5	0	15	14	2	3	12

							S_8								
13	2	8	4	6	15	11	1	10	9	3	14	5	0	12	7
1	15	13	8	10	3	7	4	12	5	6	11	0	14	9	2
7	11	4	1	9	12	14	2	0	6	10	13	15	3	5	8
2	1	14	7	4	10	8	13	15	12	9	0	3	5	6	11

DES 算法的解密过程是一样的,区别仅仅在于第 1 次迭代时用子密钥 K_{15};第 2 次 K_{14};第 3 次用 K_0,算法本身并没有任何变化。DES 的算法是对称的,既可用于加密,又可用于解密。

6.3.4 公开密钥及 RSA 算法

1. 公开密钥

如图 6-4 所示,非对称式加密就是加密和解密所使用的不是同一个密钥,通常有两个密钥,称为公钥和私钥,它们两个必须配对使用,否则不能打开加密文件。这里的公钥是指可以对外公布的,私钥则不能,只能由持有人一个人知道。它的优越性就在这里,因为对称式的加密方法如果是在网络上传输加密文件就很难把密钥告诉对方,不管用什么方法都有可能被别人窃听到。而非对称式的加密方法有两个密钥,且其中的公钥是可以公开的,也就不怕别人知道,收件人解密时只要用自己的私钥即可,这样就很好地避免了密钥的传输安全性问题。

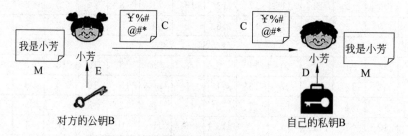

图 6-4 非对称加密

2. RSA 算法

RSA 是第一个比较完善的公开密钥算法,它既能用于加密,也能用于数字签名。RSA 以它的三个发明者 Ron Rivest、Adi Shamir、Leonard Adleman 的名字首字母命名,这个算法经受住了多年深入的密码分析,虽然密码分析者既不能证明也不能否定 RSA 的安全性,但这恰恰说明该算法有一定的可信性,目前它已经成为最流行的公开密钥算法。

RSA 的安全基于大数分解的难度。其公钥和私钥是一对大素数(100～200 位十进制数或更大)的函数。从一个公钥和密文恢复出明文的难度,等价于分解两个大素数之积(这是公认的数学难题)。

RSA 的公钥、私钥的组成,以及加密、解密的公式可见表 6-13。

表 6-13　RSA 的公、私钥及加、解密公式

类　别	参数或公式
公钥 KU	n:两素数 p 和 q 的乘积(p 和 q 必须保密) e:与$(p-1)(q-1)$互质
私钥 KR	d: $e^{-1}(\mathrm{mod}(p-1)(q-1))$ n:
加密	$C \equiv m^e \bmod n$
解密	$m \equiv C^d \bmod n$

我们先复习一下数学上的几个基本概念,它们在后面的介绍中要用到。

3. 什么是"素数"

素数是这样的整数,它除了能表示为它自己和 1 的乘积以外,不能表示为任何其他两个整数的乘积。例如,15＝3×5,所以 15 不是素数;又如,12＝6×2＝4×3,所以 12 也不是素数。另外,13 除了等于 13×1 以外,不能表示为其他任何两个整数的乘积,所以 13 是一个素数。素数也称为"质数"。

4. 什么是"互质数"(或"互素数")

小学数学教材对互质数是这样定义的:"公约数只有 1 的两个数,叫作互质数。"这里所说的"两个数"是指自然数。

判别方法主要有以下几种(不限于此):

(1) 两个质数一定是互质数。例如,2 与 7、13 与 19。

(2) 一个质数如果不能整除另一个合数,这两个数为互质数,例如,3 与 10、5 与 26。

(3) 1 不是质数也不是合数,它和任何一个自然数在一起都是互质数,如 1 和 9908。

(4) 相邻的两个自然数是互质数,如 15 与 16。

(5) 相邻的两个奇数是互质数,如 49 与 51。

(6) 大数是质数的两个数是互质数,如 97 与 88。

(7) 小数是质数、大数不是小数的倍数的两个数是互质数,如 7 和 16。

(8) 两个数都是合数(两个数差又较大),小数所有的质因数都不是大数的约数,这两个数是互质数。如 357 与 715,357＝3×7×17,而 3、7 和 17 都不是 715 的约数,这两个数为互质数。

5. 什么是模指数运算

指数运算谁都懂,不必说了,先说说模运算。模运算是整数运算,有一个整数 m,以 n

为模做模运算,即 $m \bmod n$。怎样做呢?让 m 被 n 整除,只取所得的余数作为结果,就叫作模运算。例如,$10 \bmod 3=1$、$26 \bmod 6=2$、$28 \bmod 2=0$ 等。模指数运算就是先做指数运算,取其结果再做模运算,如,$5^3 \bmod 7=125 \bmod 7=6$。

6. 算法描述

(1) 选择一对不同的、足够大的素数 p 和 q。

(2) 计算 $n=pq$。

(3) 计算 $f(n)=(p-1)(q-1)$,同时对 p 和 q 严加保密,不让任何人知道。

(4) 找一个与 $f(n)$ 互质的数 k,且 $1<k<f(n)$。

(5) 计算 d,使得 $dk \equiv 1 \bmod f(n)$。这个公式也可以表达为 $d \equiv k^{-1} \bmod f(n)$

这里要解释一下,$\equiv$ 是数论中表示同余的符号。公式中,$\equiv$ 符号的左边必须和符号右边同余,也就是两边模运算结果相同。显而易见,不管 $f(n)$ 取什么值,符号右边 $1 \bmod f(n)$ 的结果都等于 1;符号的左边 d 与 k 的乘积做模运算后的结果也必须等于 1。这就需要计算出 d 的值,让这个同余等式能够成立。

(6) 公钥 $KU=(e,n)$,私钥 $KR=(d,n)$。

(7) 加密时,先将明文变换成 $0 \sim n-1$ 的一个整数 M。若明文较长,可先分割成适当的组,然后再进行交换。设密文为 C,则加密过程为:$C \equiv M^e (\bmod n)$。

(8) 解密过程为:$M \equiv C^d (\bmod n)$。

7. 实例描述

在这篇科普小文章里,不可能对 RSA 算法的正确性作严格的数学证明,但我们可以通过一个简单的例子来理解 RSA 的工作原理。为了便于计算。在以下实例中只选取小数值的素数 p、q,以及 e,假设用户 A 需要将明文 key 通过 RSA 加密后传递给用户 B,过程如下。

(1) 设计公私密钥 (e,n) 和 (d,n)

令 $p=3,q=11$,得出 $n=p \cdot q=3 \times 11=33$;$f(n)=(p-1)(q-1)=2 \times 10=20$;取 $e=3$,(3 与 20 互质)则 $e \cdot d \equiv 1 \bmod f(n)$,即 $3 \times d \equiv 1 \bmod 20$。$d$ 怎样取值呢?可以用试算的办法来寻找。试算结果见表 6-14。

表 6-14　试算结果

d	$e \cdot d=3 \times d$	$(e \cdot d) \bmod (p-1)(q-1)=(3 \times d) \bmod 20$
1	3	3
2	6	6
3	9	9
4	12	12
5	15	15
6	18	18
7	21	1
8	24	3
9	27	6

通过试算可以找到,当 $d=7$ 时,$e \cdot d \equiv 1 \bmod f(n)$ 同余等式成立。因此,可令 $d=7$。从而我们可以设计出一对公私密钥,加密密钥(公钥)为:$KU=(e,n)=(3,33)$,解密密钥(私钥)为:$KR=(d,n)=(7,33)$。

(2) 英文数字化

将明文信息数字化,并将每块两个数字分组。假定明文英文字母编码表为按字母顺序排列数值,见表 6-15。

表 6-15　明文英字字母编码表

字母	a	b	c	d	e	f	g	h	i	j	k	l	m
码值	01	02	03	04	05	06	07	08	09	10	11	12	13
字母	n	o	p	q	r	s	t	u	v	w	x	y	z
码值	14	15	16	17	18	19	20	21	22	23	24	25	26

则得到分组后的 key 的明文信息为:11,05,25。

(3) 明文加密

用户加密密钥(3,33)将数字化明文分组信息加密成密文。$e=3$,$n=33$,由 $C \equiv M^e (\bmod n)$ 得:

$$C1 = (M1)^e (\bmod n) = 11^3 (\bmod 33) = 11$$
$$C2 = (M2)^e (\bmod n) = 5^3 (\bmod 33) = 26$$
$$C3 = (M3)^e (\bmod n) = 25^3 (\bmod 33) = 16$$

因此,得到相应的密文信息为:11,26,16。

(4) 密文解密

用户 B 收到密文,若将其解密,只需要计算 $M \equiv C^d (\bmod n)$,其中 $d=7$,$n=33$。

$$M1 = (C1)^d (\bmod n) = 11^7 (\bmod 33) = 11$$
$$M2 = (C2)^d (\bmod n) = 26^7 (\bmod 33) = 05$$
$$M3 = (C3)^d (\bmod n) = 16^7 (\bmod 33) = 25$$

用户 B 得到明文信息为:11,05,25。根据上面的编码表将其转换为英文,我们又得到了恢复后的原文"key"。

由于 RSA 算法的公钥私钥的长度(模长度)要到 1024 位甚至 2048 位才能保证安全,因此,p、q、e 的选取、公钥私钥的生成,加密解密模指数运算都有一定的计算程序,需要计算机高速完成。

6.3.5　数字证书

数字证书又称为数字标识,它提供了一种在 Internet 上进行身份验证的方式,是用来标志和证明网络通信双方身份的数字信息文件,与司机驾照或日常生活中的身份证相似。在网上进行电子商务活动时,交易双方需要使用数字证书来表明自己的身份,并使用数字证书来进行有关的交易操作。通俗地讲,数字证书就是个人或单位在 Internet 的身份证。

数字证书主要包括三方面的内容:证书所有者的信息、证书所有者的公开密钥和证在获得数字证书之前,必须向一个合法的认证机构提交证书申请。需要填写书面的申请表格(试用型数字证书除外),向认证中心的证书申请审核机构提交相关的身份证明材料以供审核。当用户的申请通过审核并且交纳相关的费用后,证书申请审核机构会向用户返回证书业务受理号和证书下载密码。通过这个证书业务受理号及下载密码,就可以到认证机构的网站上下载和安装证书了。

6.3.6 公钥基础设施(PKI)

1. 基本概念

随着 Internet 的普及,人们通过互联网进行的沟通越来越多,相应地通过网络进行商务活动(电子商务)也得到了快速地发展。然而随着电子商务的飞速发展也相应地引发出一些 Internet 安全问题,为了解决这些安全问题,世界各国对其进行了多年的研究,初步形成了一套完整的 Internet 安全解决方案,即当前被广泛采用的 PKI 技术(Public Key Infrastructure,公钥基础设施),PKI(公钥基础设施)技术采用证书管理公钥,通过第三方的可信任机构——认证中心 CA(Certificate Authority),把用户的公钥和用户的其他标识信息(如名称、E-mail、身份证号等)捆绑在一起,在 Internet 网上验证用户的身份。当前,通用的办法是采用基于 PKI 结构结合数字证书,通过把要传输的数字信息进行加密,保证信息传输的保密性、完整性,并通过签名保证身份的真实性和抗抵赖性。

2. PKI 基本组成

PKI(Public Key Infrastructure)公钥基础设施是提供公钥加密和数字签名服务的系统或平台,目的是管理密钥和证书。一个机构通过采用 PKI 框架管理密钥和证书可以建立一个安全的网络环境。一个典型、完整、有效的 PKI 应用系统有以下五个部分组成。

(1) 认证中心 CA

CA 是 PKI 的核心,CA 负责管理 PKI 结构下的所有用户(包括各种应用程序)的证书,把用户的公钥和用户的其他信息捆绑在一起,在网上验证用户的身份,CA 还要负责用户证书的黑名单登记和黑名单发布。后面有 CA 的详细描述。

(2) X.500 目录服务器

X.500 目录服务器用于发布用户的证书和黑名单信息,用户可通过标准的 LDAP 协议查询自己或其他人的证书和下载黑名单信息。

(3) 具有高强度密码算法 SSL 的安全 WWW 服务器

Secure Socket Layer(SSL)协议最初由 Netscape 企业发展,现已成为网络用来鉴别网站和网页浏览者身份,以及在浏览器使用者及网页服务器之间进行加密通信的全球化标准。

(4) Web(安全通信平台)

Web 有 Web Client 端和 Web Server 端两部分,分别安装在网络的客户端和服务器端,通过具有高强度密码算法的 SSL 协议可以保证客户端和服务器端数据的机密性、完整性、身份验证。

（5）自开发安全应用系统

自开发安全应用系统是指各行业自开发的各种具体应用系统,例如银行、证券的应用系统等。

6.4　项目实施

任务 6-1　Windows 7 加密文件系统应用

1. EFS 的应用

Windows 2000 以上、NTFS V5 版本格式分区上的 Windows 操作系统提供了一个叫作 Encrypting File System(简称 EFS)加密文件系统的新功能。EFS 加密是基于公钥策略的。在使用 EFS 加密一个文件或文件夹时,系统首先会生成一个由伪随机数组成的 FEK(File Encryption Key,文件加密钥匙),然后将利用 FEK 和数据扩展标准 X 算法创建加密后的文件,并把它存储到硬盘上,同时删除未加密的原始文件。随后系统利用用户的公钥加密 FEK,并把加密后的 FEK 存储在同一个加密文件中。而在访问被加密的文件时,系统首先利用当前用户的私钥解密 FEK,然后利用 FEK 解密出文件。在首次使用 EFS 时,如果用户还没有公钥/私钥对(统称为密钥),则会首先生成密钥,然后加密数据。如果用户登录到了域环境中,密钥的生成依赖于域控制器,否则它就依赖于本地机器。

2. EFS 的设置和使用

在 Windows 7 下对文件或者文件夹进行 EFS 加密很简单方法如下。

（1）选择需要加密的文件夹或文件,右击,选择"属性"命令,如图 6-5 所示。在打开的对话框中单击"高级"按钮,进入"高级属性"对话框,如图 6-6 所示。

（2）选择"加密内容以便保护数据"复选框,单击"确认"按钮即可,如图 6-7 所示。加密后的文件夹在资源管理器里会显示为浅绿色,如图 6-8 所示。

（3）此时 Windows 7 自动生成了一个对应账户的证书。为了数据的安全,我们可以导出证书。运行 certmgr. msc,调出证书管理器,在证书当前用户下找到生成的证书,如图 6-9 所示。

（4）右击证书,选择"所有任务"命令,打开"证书导出向导"对话框,如图 6-10 所示。

（5）单击"下一步"按钮,如图 6-11 所示,显示"导出私钥"页面。采用默认设置,此时证书只能以个人信息交换的方式导出,单击"下一步"按钮,然后在"密码"界面中输入保护私钥密码,如图 6-12 所示。

（6）单击"下一步"按钮,然后指定要导出的文件名,如图 6-13 所示。再单击"下一步"按钮,完成证书导出,如图 6-14 所示。

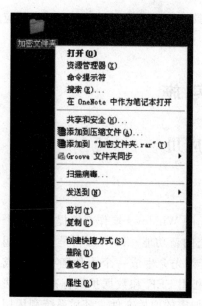

图 6-5　快捷菜单

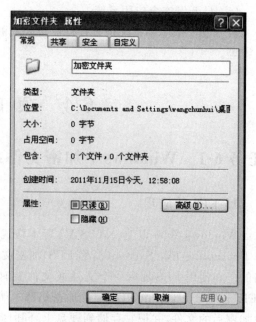

图 6-6　设置文件的属性

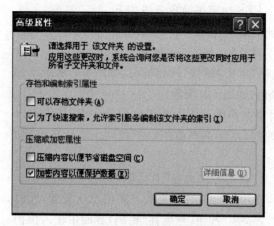

图 6-7　高级属性的设置

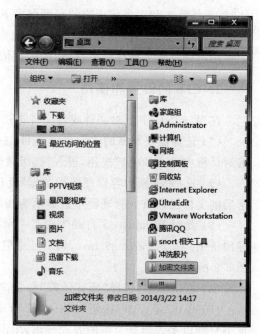

图 6-8　资源管理器

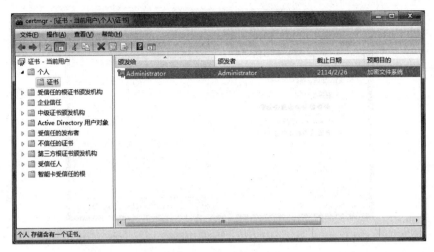

图 6-9　证书窗口

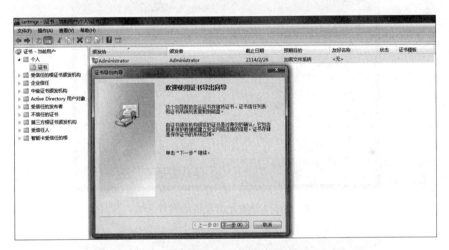

图 6-10　证书导出向导

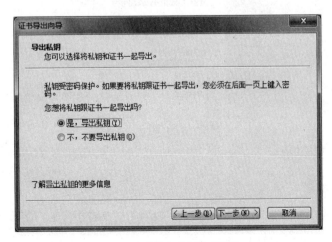

图 6-11　"导出私钥"对话框

图 6-12 "密码"页面

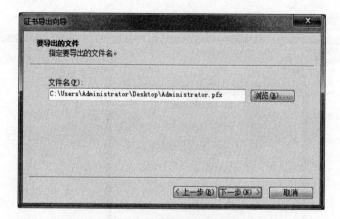

图 6-13 设置导出文件的文件名

图 6-14 完成证书的导出

总之,EFS 加密或依赖于域控制器或依赖于本地用户账户,如果不考虑 EFS 加密的强度,这种加密方式如果采用脱机攻击的方式,破解了域控制器或者本地对应的用户账户,则 EFS 加密不攻自破。不过对于大多数用户来说,EFS 加密是一种操作系统带来的免费加密方式,可以应对大部分的非法偷窥或者复制,因此是一种不错的安全工具。

任务 6-2　PGP 加密系统演示实验

PGP(Pretty Good Privacy)是由美国的 Philip Zimmermann 创造的用于保护电子邮件和文件传输安全的技术,在学术界和技术界都得到了广泛的应用。PGP 的主要特点是使用单向散列算法对邮件/文件内容进行签名以保证邮件/文件内容的完整性,使用公钥和私钥技术的保证邮件/文件内容的机密性和不可否认性,它是一款非常好的适合密码技术学习和应用的软件。

1. 安装 PGP 软件

(1) 首先查看所给的软件包包含的文件内容。图 6-15 为一般的 PGP 软件所包含的文件,我们运行它的安装文件 pgp.exe。

图 6-15　PGP 软件包

(2) 进入安装界面,选择"No, I'm a New User"选项,再输入软件安装所需的密钥(key),如图 6-16 所示。

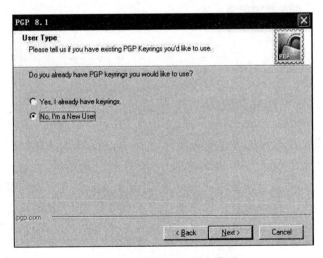

图 6-16　设置 PGP 用户类型

（3）单击"下一步"按钮，在显示的图 6-17 中选择要安装的 PGP 组件。再单击"下一步"，安装软件结束，重启系统，如图 6-18 所示。

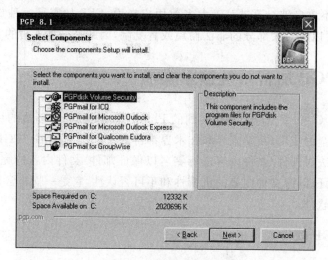

图 6-17　选择 PGP 组件

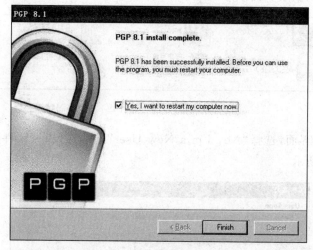

图 6-18　安装结束

（4）下面进行汉化软件，运行"PGP 简体中文版（第三次修正）. exe"的软件，将 PGP 进行汉化。会出现设置密码的界面，如图 6-19 所示。密码存储在"使用说明. txt"文件中，为 pgp. com. cn。输入之后，打开安装向导，如图 6-20 所示。

（5）一直确认，然后选择安装组件的位置为"完整安装"，并完成安装。

（6）安装完成之后，就要进行信息注册。右击任务栏中 PGP 的锁型图标，选择"许可证"命令，如图 6-21 所示。在 PGP 许可证的页面中单击"更改许可证"按钮，如图 6-22 所示。

（7）进入"PGP 许可证授权"界面后，展开许可证的输入框，同时打开"使用说明"，将相应的内容填入注册框，如图 6-23 所示。最后完成安装。

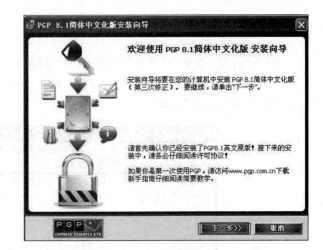

图 6-20　安装向导

图 6-19　密码界面

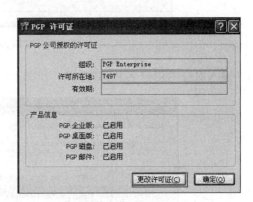

图 6-21　快捷菜单

图 6-22　更改许可证

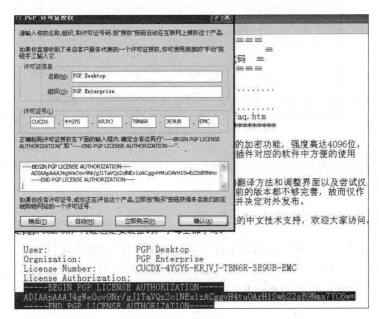

图 6-23　注册窗口

2. 生成密钥对

（1）打开"开始"菜单→"程序"→PGP→PGPkeys，启动 PGPkeys 主界面，如图 6-24 所示。单击"新建密钥对"工具标签，在 PGP Key Generation Wizrad 提示向导下，单击"下一步"按钮，开始创建密钥对。

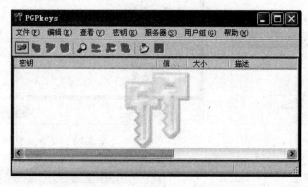

图 6-24　PGPkeys 主界面

（2）输入对应的用户名和邮箱地址，如图 6-25 所示。

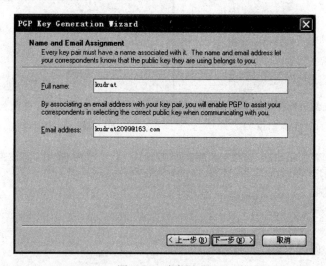

图 6-25　密钥注册

（3）输入私钥的保护密码，如图 6-26 所示。注意密码要隐藏输入和密码的长度。

（4）如图 6-27 所示为密钥对的生成结果。

3. 用 PGP 加密和解密文件

（1）使用记事本创建"PGP 测试文件.txt"，文件内容为"这个文件是加密的"。

（2）如图 6-28 所示，单击"开始"菜单→"程序"→PGP→PGPmail，再在工具栏中单击 Encrypt/Sign 图标（左起第 4 个），如图 6-29 所示。

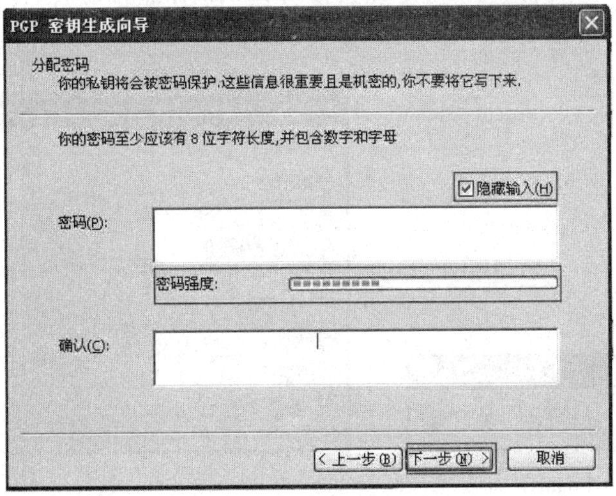

图 6-26　分配密码

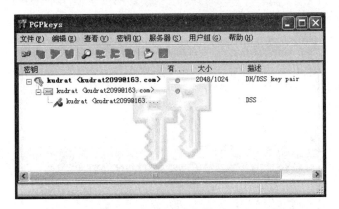

图 6-27　PGP 主界面

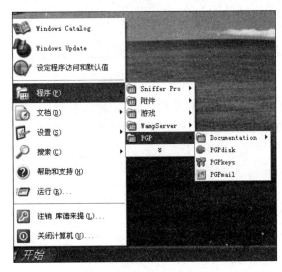

图 6-28　打开 PGPmail

（3）在选择文件对话框中选择最初建立的"PGP 测试文件.txt"文件，如图 6-30
所示。

图 6-29　PGPmail 界面　　　　　　　图 6-30　选择文件对话框

（4）如图 6-31 所示，在"PGPmail -密钥选择"对话框中选中接收者的密钥，然后双击
选中项。

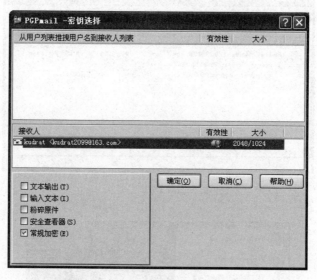

图 6-31　"PGPmail -密钥选择"对话框

（5）在图 6-32 中要求输入你的私钥密码，正确输入后文件被转换为扩展名为.pgp 的
加密文件。并弹出如图 6-33 对话框，要求重新输入密码或选择不同的密钥。

（6）单击"确定"按钮，在"PGP 测试文件.txt"的目录下会出现一个新的加密文件，名
为"PGP 测试文件.txt.pgp"，文件就加密成功了。

（7）解密文件时，先双击生成的加密文件"PGP 测试文件.txt.pgp"，弹出如图 6-34
所示对话框，要求输入解密密码。输入正确的密码后，就可以解密原来的文件了。

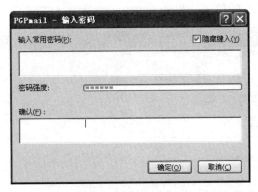

图 6-32　输入密码对话框

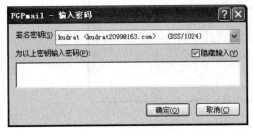

图 6-33　重新输入密码对话框

图 6-34　输入解密密码

4．用 PGP 对 Outlook Express 邮件进行加解密操作

（1）打开 Outlook Express，填写好邮件内容后，选择 Outlook 工具栏菜单中的 PGP 加密图标，使用用户公钥加密邮件内容，如图 6-35 所示。

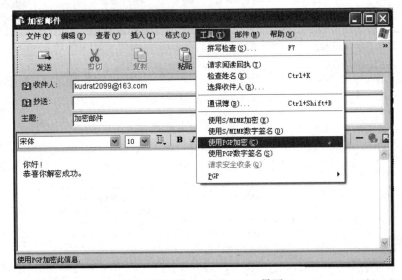

图 6-35　Outlook Express 界面

（2）对生成加密后的邮件进行发送，如图 6-36 所示。

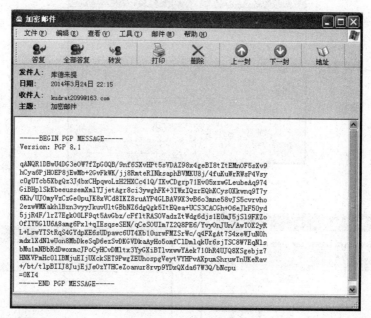

图 6-36 加密邮件

（3）对方收到邮件后打开，如图 6-37 所示。

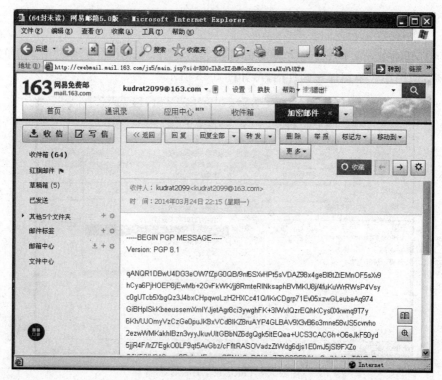

图 6-37 收到邮件

（4）选中加密邮件，并复制邮件内容，在"开始"菜单中打开 PGPmail，在 PGPmail 中选择"解密/校验"图标，如图 6-38 所示。在弹出的对话框中选择剪贴板，将要解密的邮件内容复制到剪贴板中，如图 6-39 所示。

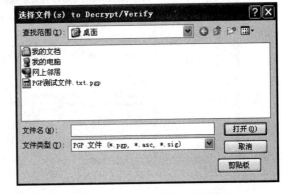

图 6-38　PGPmail 工具栏　　　　　　　　　图 6-39　选择文件进行解密/校验

（5）输入用户保护私钥口令后，邮件被解密并还原，如图 6-40 所示。

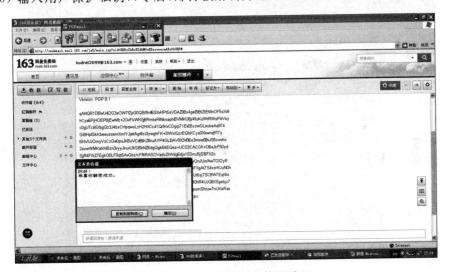

图 6-40　邮件被解密并还原

任务 6-3　Windows Server 2008 证书服务的安装

实验内容为在 CA 服务器上安装 CA 证书服务，在 Web 服务器生成 Web 证书申请，通过 IE 浏览器提交证书申请，证书申请批准后下载 Web 服务器证书，为 Web 服务器安装证书并配置 SSL，使用 HTTPS 协议访问网站来验证结果。

说明：本实验在 Windows Server 2008 组成的一个局域网环境下完成。

搭建证书服务器的步骤如下。

（1）登录 Windows Server 2008 服务器。

（2）打开"服务器管理器"窗口，如图 6-41 所示。

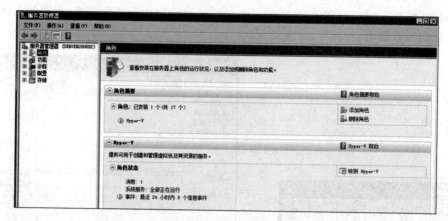

图 6-41 "服务器管理器"窗口

（3）单击"添加角色"，打开"添加角色向导"，如图 6-42 所示，然后单击"下一步"按钮。

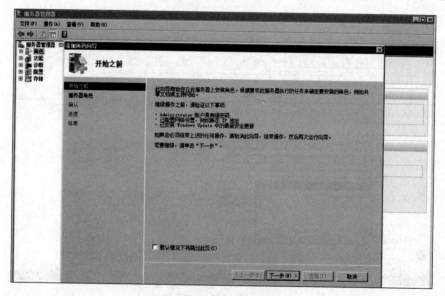

图 6-42 添加角色向导

（4）如图 6-43 所示，找到"Active Directory 证书服务"并选择此选项，然后单击"下一步"按钮。

（5）如图 6-44 所示，进入证书服务简介界面，单击"下一步"按钮。

（6）如图 6-45 所示，将证书颁发机构、证书颁发机构 Web 注册选择上，然后单击"下一步"。

（7）如图 6-46 所示，选择"独立"选项，单击"下一步"按钮（由于不在域管理中创建，直接默认为："独立"）。

（8）如图 6-47 所示，首次创建，选择"根 CA"，然后单击"下一步"按钮。

（9）如图 6-48 所示，首次创建选择"新建私钥"，然后单击"下一步"按钮。

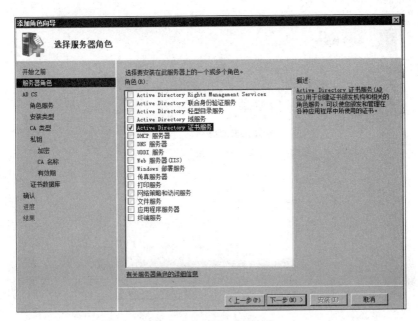

图 6-43　选择服务器角色

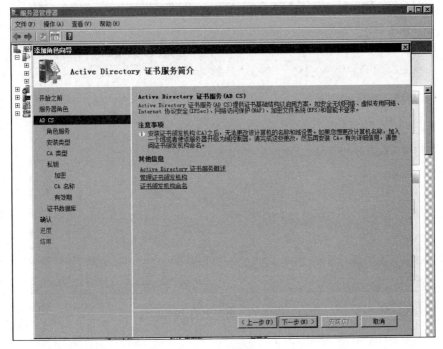

图 6-44　添加角色向导

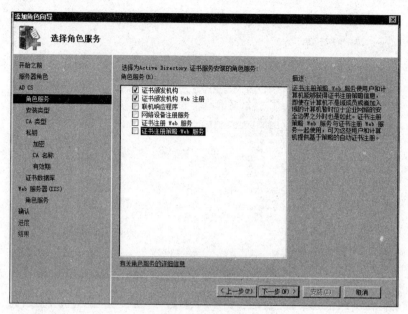

图 6-45　选择角色服务

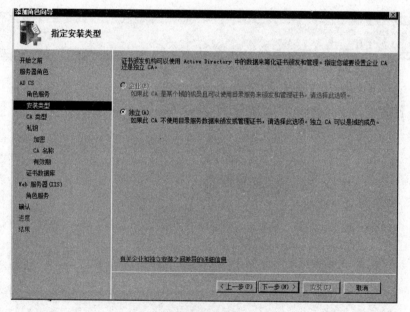

图 6-46　指定安装类型

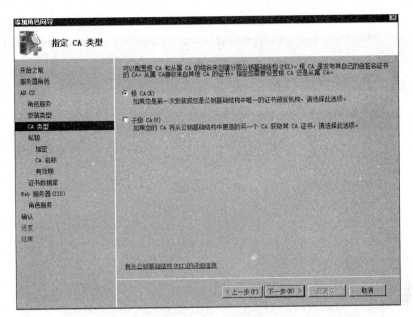

图 6-47   指定 CA 类型

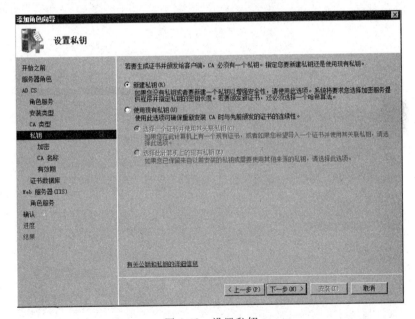

图 6-48   设置私钥

（10）如图 6-49 所示，默认情况下继续单击"下一步"按钮。

（11）如图 6-50 所示，默认继续单击"下一步"按钮。

（12）如图 6-51 所示，默认继续单击"下一步"按钮。

（13）如图 6-52 所示，默认继续单击"下一步"按钮。

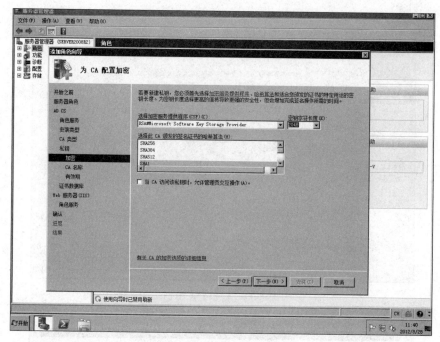

图 6-49　为 CA 配置加密

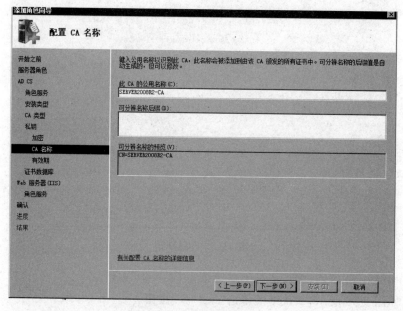

图 6-50　配置 CA 名称

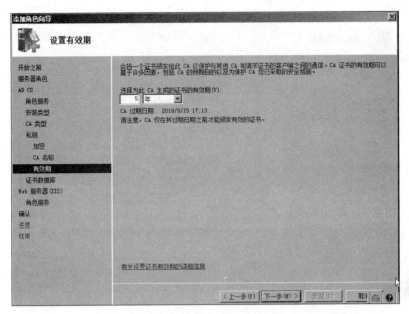

图 6-51　设置有效期

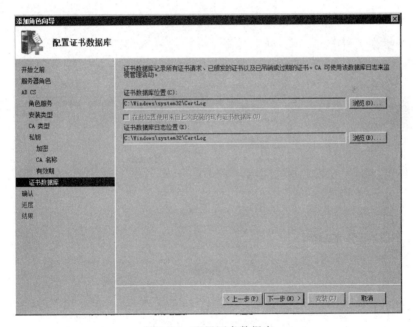

图 6-52　配置证书数据库

（14）如图 6-53 所示，单击"安装"按钮。

（15）如图 6-54 所示，单击"关闭"按钮，关闭证书服务器，则安装完成。

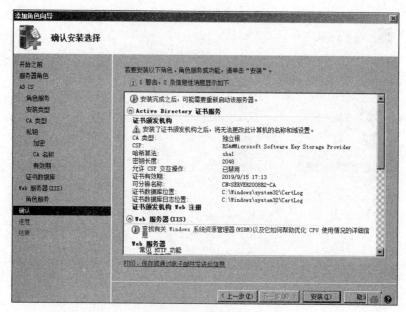

图 6-53　确认安装选择

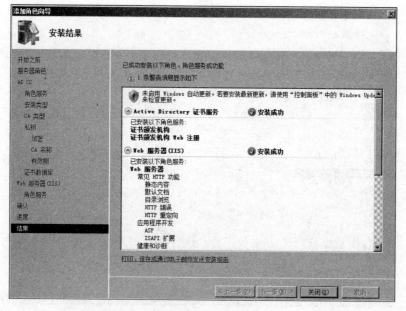

图 6-54　安装结果

任务 6-4　Windows Server 2008 使用 IIS 配置 Web 服务器上的证书

Windows Server 2008 使用 IIS 配置 Web 服务器上证书的应用用于提高 Web 站点

的安全访问级别。配置后应用站点可实现安全的服务器至客户端的信道访问；此信道将拥有基于 SSL 证书加密的 HTTP 安全通道，保证双方通信数据的完整性，使客户端至服务器端的访问更加安全。

以证书服务器创建的 Web 站点为示例，搭建 Web 服务器端 SSL 证书的应用步骤如下。

（1）如图 6-55 所示，打开 IIS，在 Web 服务器找到"服务器证书"并选中。

图 6-55　信息服务(IIS)管理器

（2）单击"服务器证书"，在窗口右侧找到"创建证书申请"项，如图 6-56 所示。

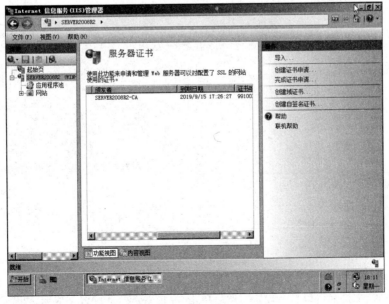

图 6-56　信息服务(IIS)管理器

（3）单击"创建证书申请"，如图 6-57 所示，打开"申请证书"对话框，填写相关文本框的内容，填写中需要注意的是："通用名称"必须填写本机 IP 或域名，其他项则可以自行填写。实际 IP 地址需根据每人主机 IP 自行填写；填写完后，单击"下一步"按钮。

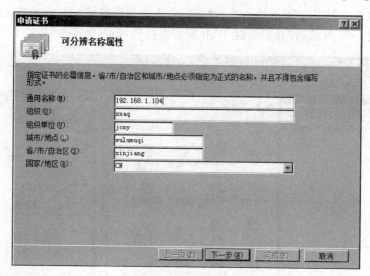

图 6-57　申请证书(1)

（4）如图 6-58 所示，采用默认文件名，单击"下一步"按钮。

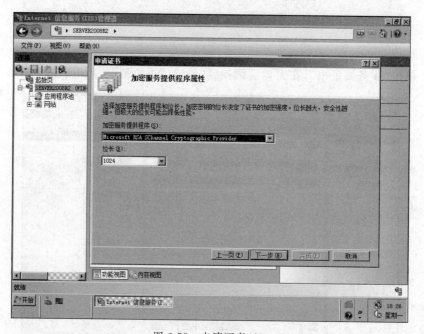

图 6-58　申请证书(2)

（5）如图 6-59 所示，选择并填写需要生成文件的保存路径与文件名，此文件后期将会被使用（保存位置、文件名可以自行设定），然后单击"完成"按钮，此配置完成后，界面会关闭。

图 6-59　申请证书(3)

(6) 接下来打开 IE 浏览器,访问 http://192.168.1.104/certsrv/如图 6-60 所示。

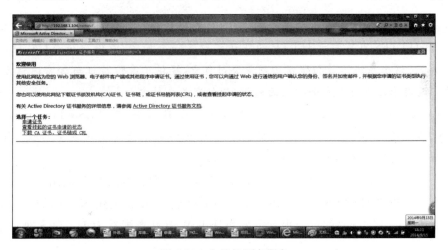

图 6-60　主机的证书服务

(7) 此时会出现证书服务页面,如果单击"申请证书",在下一界面中单击"高级证书申请",接着单击"创建并向此 CA 提交一个申请",下一界面接着会弹出一个提示窗口,如图 6-61 所示,也就是必须配置为 HTTPS 网站,才能正常访问当前网页及功能。

注意:在与本部分相关的术语解释如下。

HTTPS(Hypertext Transfer Protocol over Secure Socket Layer),是以安全为目标的 HTTP 通道,简单讲是 HTTP 的安全版。即 HTTP 下加入 SSL 层,HTTPS 的安全基础是 SSL,因此加密的详细内容就需要 SSL。它是一个 URI scheme(抽象标识符体

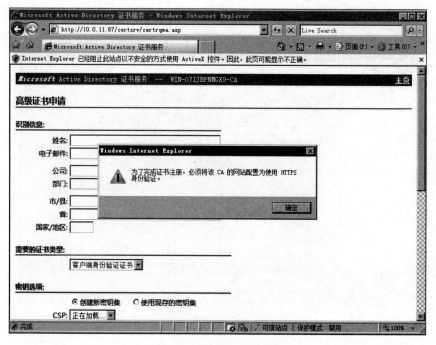

图 6-61　高级证书申请

系），语法类似"http："体系，用于安全的 HTTP 数据传输。"https：URL"表明它使用了
HTTP，但 HTTPS 有不同于 HTTP 的默认端口及一个加密/身份验证层（在 HTTP 与
TCP 之间）。这个系统的最初研发由网景公司负责，提供了身份验证与加密通信方法，现
在它被广泛用于万维网上安全敏感的通信，例如交易支付方面。

　　SSL（Secure Sockets Layer，安全套接层）及其继任者 TLS（Transport Layer
Security，传输层安全）是为网络通信提供安全及数据完整性的一种安全协议。TLS 与
SSL 在传输层对网络连接进行加密。

　　（8）下面需要搭建一个 HTTPS 网站，即搭建 Web 服务器的 SSL 应用。

　　那么如何搭建 HTTPS 网站？现在证书服务已搭建，用于创建 SSL 的加密服务。使
用证书服务器的 Web 网站时，会提示需要将证书 Web 站点配置为 HTTPS 网站才能正
常使用。

　　我们继续以证书服务器的搭建为示例，完成 Web 服务器的 SSL 应用搭建。

　　（9）由于搭建 HTTPS 需要先申请证书，但现在证书服务网站也需要配置为 HTTPS
才能正常使用，在证书网站还未配置为 HTTPS 服务前我们用如下方法申请证书。如
图 6-62 所示，打开 IE（浏览器），单击"工具"按钮并从下拉菜单中选择它下面的"Internet
选项"。

　　（10）打开的对话框如图 6-63 所示，单击"安全"选项卡，再单击"可信站点"。

　　（11）打开的对话框如图 6-64 所示，输入之前的证书网站地址：http://192.168.1.
104/certsrv，并将其添加到信任站点中。添加完后，单击"关闭"按钮，关闭该对话框。

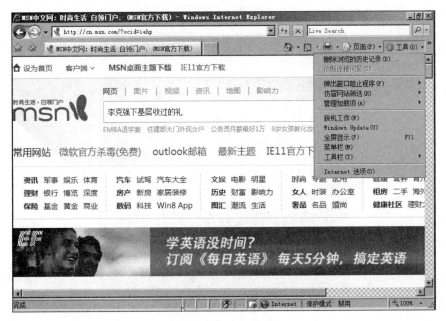

图 6-62　Internet 选项

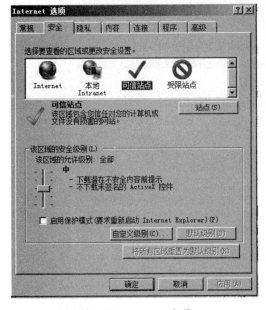

图 6-63　Internet 选项

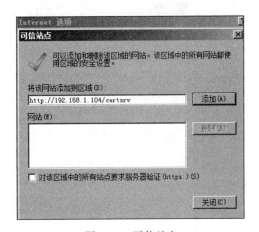

图 6-64　可信站点

　　(12) 接下来,继续在"安全"对话框中单击"自定义级别"按钮,此时会弹出一个"安全设置"对话框,如图 6-65 所示。在安全设置界面中拖动右别的滚动条,找到"对未标记为可安全执行脚本的 ActiveX 控件初始化并执行脚本"选项,选择"启用"选项;之后单击各个界面的"确定"按钮,直到"Internet 选项"对话框关闭为止。

　　(13) 完成上面的操作后,先将 IE 关闭,然后重新打开它,输入 http://192.168.1.

104/certsrv，如图 6-66 所示，页面出来后单击"申请证书"超链接。

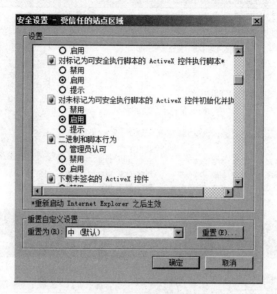

图 6-65　安全设置

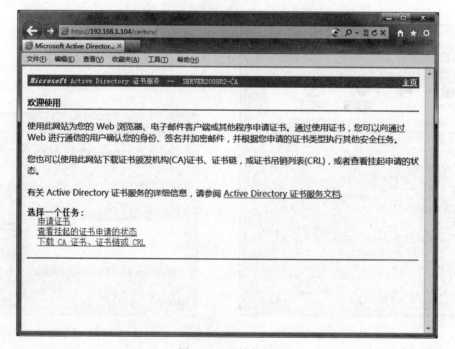

图 6-66　选择任务

（14）如图 6-67 所示，单击"高级证书申请"下的第一个选项。

（15）如图 6-68 所示，单击"使用 base64 编码的 CMC 或 PKCS ♯10 文件提交一个证书申请，或使用 Base64 编码的 PKCS ♯7 文件续订证书申请"超链接。

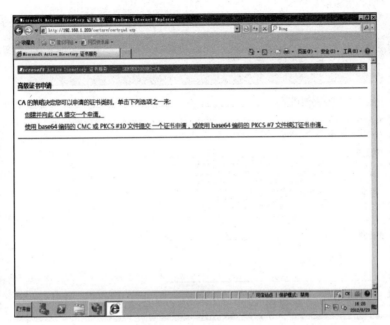

图 6-67 高级证书申请

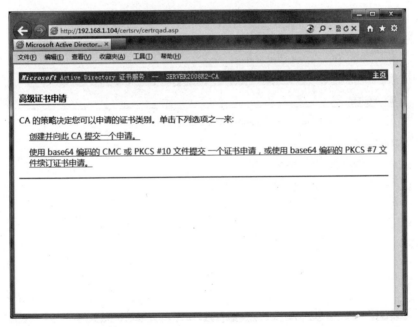

图 6-68 证书服务

（16）如图 6-69 所示，将之前保存的密钥文档文件找到并打开，将里面的文本信息复制并粘贴到"Base-64 编码的证书申请"文本框中。确定文本内容无误后，单击"提交"按钮。

（17）如图 6-70 所示，此时可以看到，申请已经提交给证书服务器，然后关闭当前的 IE。

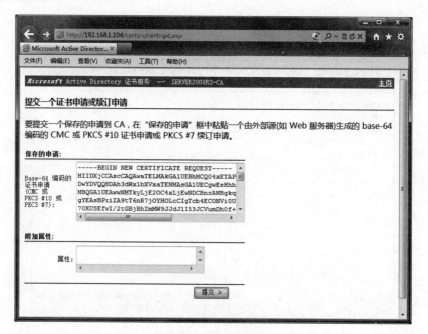

图 6-69　证书申请

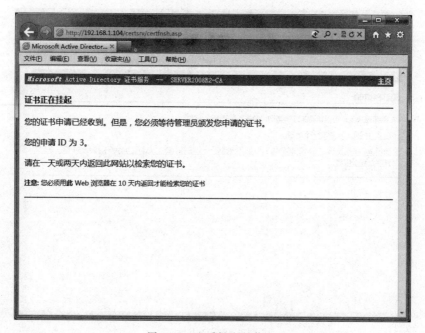

图 6-70　查看提交的信息

（18）打开证书服务器，处理用户刚才提交的证书申请，返回到 Windows 桌面，单击"开始"→"运行"命令，在"运行"对话框中输入 certsrv.msc，然后按 Enter 键，就会打开证书服务功能界面，如图 6-71 所示，找到"挂起的申请"选项，可以看到之前提交的证书申请。

（19）如图 6-72 所示，右击后会出现所有任务界面，单击"所有任务"→"颁发"命令，使挂起的证书申请审批通过,此时挂起的证书会从当前界面消失,即代表已完成操作。

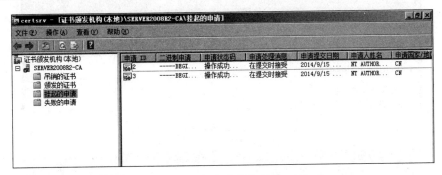

图 6-71　证书颁发机构

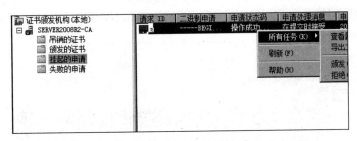

图 6-72　挂起的申请

（20）如图 6-73 所示,单击"颁发的证书",可以看到已审批通过的证书。其他操作（吊销的证书、失败的申请)不再讲述,大家可以自己试用。

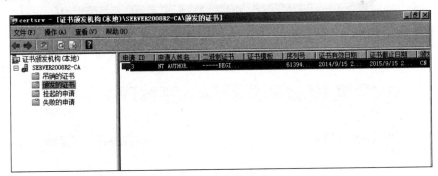

图 6-73　颁发的证书

（21）重新打开 IE,输入之前的网址 http://192.168.1.203/certsrv/。打开页面后,可单击"查看挂起的证书申请的状态",之后会进入"查看挂起的证书申请的状态"页面,如图 6-74 所示,单击"保存的申请证书"。

（22）如图 6-75 所示,进入新页面后,选择 Base 64 编码,然后单击"下载证书"超链接,将已申请成功的证书保存到指定位置,以便后续使用。

（23）打开 IIS 服务器,单击"服务器证书"→"完成证书申请",选择刚保存的证书,然后在"好记名称"文本框中输入自定义的名称,再单击"确定"按钮,如图 6-76 所示。

图 6-74　查看挂起的证书申请的状态

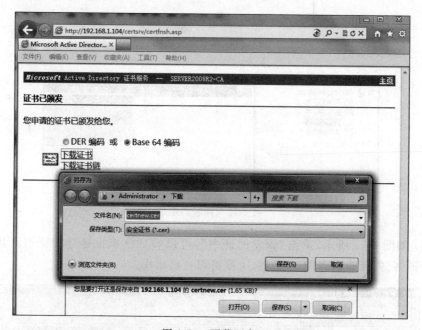

图 6-75　下载证书

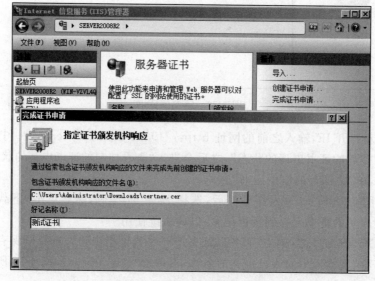

图 6-76　指定证书颁发机构响应

（24）上述操作完后，可在"服务器证书"界面下看到"测试证书"，如图 6-77 所示。

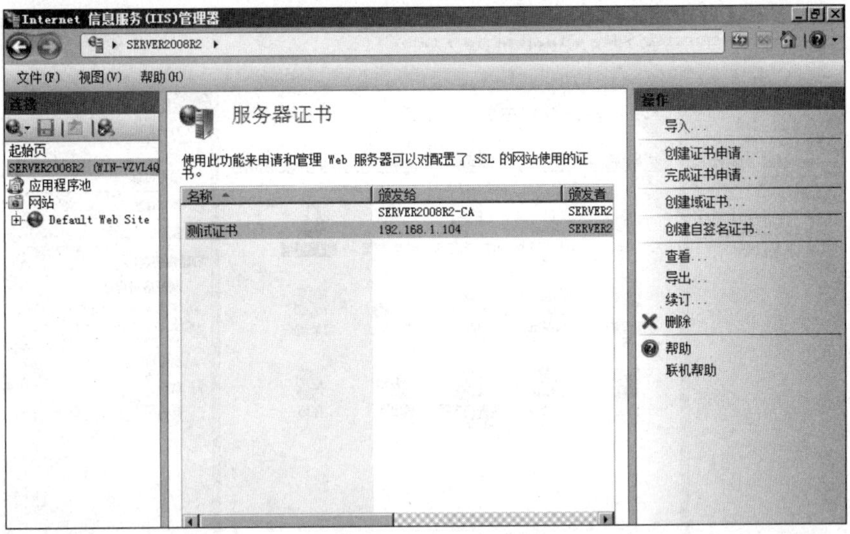

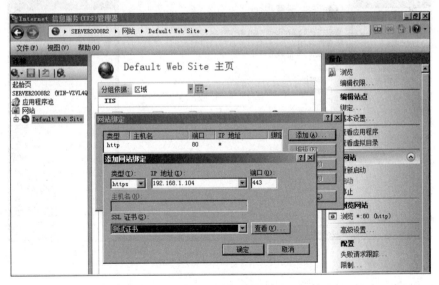

图 6-77　服务器证书

（25）单击左边的 Default Web Site 节点，然后找到"绑定"功能并单击，会弹出"网站绑定"界面，默认会出现一个类型为 http、端口为 80 的主机服务，然后单击"添加"，会弹出"添加网站绑定界面"，在此界面中选择"类型：https"、"SSL 证书：JZT_TEST1"，然后点"确定"。点完确定后，会看到"网站绑定"子界面中有刚配的 HTTPS 服务，单击"关闭"子界面消失，如图 6-78 所示。

图 6-78　网站绑定

（26）如图 6-79 所示，单击左菜单上的 CertSrv 证书服务网站，然后单击"SSL 设置"。

（27）进入 SSL 设置页面，选择上"要求 SSL"即启用 SSL 功能，然后单击"应用"，保存设置,如图 6-80 所示。

图 6-79 SSL 设置(1)

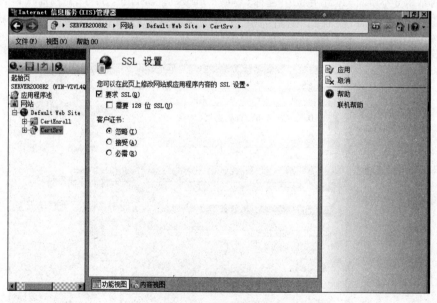

图 6-80 SSL 设置(2)

(28)此时一个基于 SSL 应用的 Web 服务器站点已配置完成;让我们用 IE 试下 SSL 的应用。

首先,将我们之前为了申请证书而开放的"可信站点"的设置还原;在 IE 的"可信站点"的"自定义级别"选项中"对未标记为可安全执行脚本的 ActiveX 控件初始化并执行脚本"选项,由"启用"改为"禁用"即可。然后关闭 IE,再重新打开并输入:https://192. 168.1.104,此时会出现:"IIS7"字样的页面,如图 6-81 所示。如果出现此页面,恭喜你 SSL 配置已成功! 反之则有问题,从上到下把操作说明和自己的操作过程比对检查看是 否正确。

图 6-81　SSL 配置已成功

6.5　习　　题

一、填空题

1. 密码按密钥方式划分,可分为_____式密码和_____式密码。

2. DES 加密算法主要采用_____和_____的方法加密。

3. 非对称密码技术也称为_____密码技术。

4. DES 算法的密钥为_____位,实际加密时仅用到其中的_____位。

5. 数字签名技术实现的基础是_____技术。

二、选择题

1. 所谓加密是指将一个信息经过(　　)及加密函数转换,变成无意义的密文,而接 受方则将此密文经过解密函数及(　　)还原成明文。

    A. 加密钥匙、解密钥匙   B. 解密钥匙、解密钥匙

    C. 加密钥匙、加密钥匙   D. 解密钥匙、加密钥匙

2. 以下关于对称密钥加密说法正确的是(　　)。

A. 加密方和解密方可以使用不同的算法

B. 加密密钥和解密密钥可以是不同的

C. 加密密钥和解密密钥必须是相同的

D. 密钥的管理非常简单

3. 以下关于非对称密钥加密说法正确的是(　　　)。

A. 加密方和解密方使用的是不同的算法

B. 加密密钥和解密密钥是不同的

C. 加密密钥和解密密钥是相同的

D. 加密密钥和解密密钥没有任何关系

4. 以下算法中属于非对称算法的是(　　　)。

A. DES　　　　　　B. RSA 算法　　　　C. IDEA　　　　　　D. 三重 DES

5. CA 指的是(　　　)。

A. 证书授权　　　　　　　　　　　B. 加密认证

C. 虚拟专用网　　　　　　　　　　D. 安全套接层

6. 以下关于数字签名说法正确的是(　　　)。

A. 数字签名是在所传输的数据后附加上一段和传输数据毫无关系的数字信息

B. 数字签名能够解决数据的加密传输,即安全传输问题

C. 数字签名一般采用对称加密机制

D. 数字签名能够解决篡改、伪造等安全性问题

7. 以下关于 CA 认证中心说法正确的是(　　　)。

A. CA 认证是使用对称密钥机制的认证方法

B. CA 认证中心只负责签名,不负责证书的产生

C. CA 认证中心负责证书的颁发和管理,并依靠证书证明一个用户的身份

D. CA 认证中心不用保持中立,可以随便找一个用户来作为 CA 认证中心

8. 关于 CA 和数字证书的关系,以下说法不正确的是(　　　)。

A. 数字证书是保证双方之间的通信安全的电子信任关系,它由 CA 签发

B. 数字证书一般依靠 CA 中心的对称密钥机制来实现

C. 在电子交易中,数字证书可以用于表明参与方的身份

D. 数字证书能以一种不能被假冒的方式证明证书持有人身份

三、简答题

1. 凯撒(Caesar)密码是一种基于字符替换的对称式加密方法,它是通过对 26 个英文字母循环移位和替换来进行编码的。设待加密的消息为 UNIVERSITY,密钥 k 为 5,试给出加密后的密文。

2. 明文为: We will graduate from the university after four years hard study(不考虑空格)。试采用传统的古典密码体系中的凯撒密码($k=3$),写出密文。

3. 简述对称密钥密码和非对称密钥密码体制及其特点。

4. PGP 软件的功能是什么? 可应用在什么场合?

5. 简述数字签名的功能。

项目 7　Windows Server 系统安全

7.1　项目导入

确保网络系统稳定正常运行是网络管理员的首要工作,往往很多用户认为网络系统可以正常运行就万事大吉,其实很多网络故障的发生正是由于平时的忽视所致。为了能够让网络稳定正常地运行,就需要经常对网络操作系统进行监测和维护,让操作系统始终处于最佳工作状态。网络操作系统监测与性能优化是保证网络安全的基础。

7.2　项目分析

操作系统安全是指计算机信息系统在自主访问控制、强制访问控制、标记、身份鉴别、客体重用、审计、数据完整性、隐蔽信道分析、可信路径、可信恢复等十个方面满足相应的安全技术要求。

操作系统安全主要特征有以下方面。

(1) 最小特权原则,即每个特权用户只拥有能进行自己工作的权利。

(2) 自主访问控制;强制访问控制,包括保密性访问控制和完整性访问控制。

(3) 安全审计。

(4) 安全域隔离。

只要有了这些最底层的安全功能,各种混为"应用软件"的病毒、木马程序、网络入侵和人为非法操作才能被真正抵制,因为它们违背了操作系统的安全规则,也就失去了运行的基础。

7.3　相关知识点

7.3.1　操作系统安全的概念

从操作系统上看,企业网络客户端基本上都是 Windows 平台,中小型企业服务器一般采用 Windows Server 2003/2008 系统。部分行业或大型企业的关键业务应用服务器采用 UNIX/Linux 操作系统。Windows 平台的特点是具有良好的图形用户界面。而

Linux 系统的稳定性和大数据量可靠处理能力使得它更适用于关键性业务应用。

目前,网络服务器应用情况和我国网络安全措施综合分析,网络操作系统安全级别主要包括以下几种。

1. 服务器基本安全策略

网络服务器安全配置的基本安全策略宗旨是"最小权限＋最少应用＋最细设置＋日常检查＝最高的安全"。

- 最小权限是指各种服务与应用程序运行在最小的权限范围内。
- 最少应用是指服务器仅安装必须的应用软件与程序。
- 最细的设置是指在应用安全策略上必须做到周全、细心。
- 日常的检查是指服务器的日常检查、系统优化、垃圾临时文件清理、日志文件数据的分析等常规工作。

2. 网络操作系统本身的安全

操作系统刚推出来时,肯定会存在不少漏洞。对于网络服务器系统,应时刻关注是否将所有系统补丁都完全更新到最新。通常可以将补丁的更新设置为自动进行,以便不断检查网络操作系统本身存在的一些已知或者未知的漏洞与隐患是否进行了修正或补充。

3. 密码与口令安全

应确认网络操作系统口令和各种应用程序、服务器等口令是否是复杂的密码或口令。

4. Web 服务器自身的安全

如用户在进行 Web 服务器设置时安全级别的高低、虚拟主机的安全、网页目录读写权限等。

5. TCP/IP 协议相关安全

采用 TCP/IP 网络协议的相关安全主要包括 TCP/UDP 端口安全、ACL(访问控制列表)、防火墙安全策略等。

7.3.2 服务与端口

端口是计算机和外部网络相连的逻辑接口,也是计算机的第一道屏障,端口配置正确与否直接影响到主机的安全。一般来说,只打开需要使用的端口会比较安全。

在网络技术中,端口大致有两种含义:一是物理意义上的端口,比如 ADSL Modem 集线器、交换机、路由器,用于连接其他网络设备的接口,如 RJ-45 端口、SC 端口等;二是逻辑意义上的端口,一般是指 TCP/IP 协议中的端口,端口号的范围为 0～65535,比如用于浏览网页服务的 80 端口、用于 FTP 服务的 21 端口等。

逻辑意义上的端口有多种分类标准,下面将介绍两种常见的分类。

1. 按端口号分类

(1) 知名端口

知名端口(Well Known Ports)是指众所周知的端口号,也称为"常用端口",范围为 0~1023,这些端口号一般固定分配给一些服务。比如 80 端口分配给 HTTP 服务;21 端口分配给 FTP 服务;25 端口分配给 SMTP(简单邮件传输协议)服务等。这类端口通常不会被木马之类的黑客程序所利用。

(2) 动态端口

动态端口(Dynamic Ports)的范围为 1024~65535,这些端口号一般不固定分配给某个服务,也就是说许多服务都可以使用这些端口。只要运行的程序向系统提出访问网络的申请,那么系统就可以从这些端口号中分配一个供该程序使用。比如 1024 端口就是分配给第一个向系统发出申请的程序。在关闭程序进程后,就会释放所占用的端口号。

这样,动态端口也常常被病毒木马程序所利用,如冰河默认连接端口是 7626,WAY 2.4 默认连接端口是 8011,Netspy 3.0 默认连接端口是 7306,YAI 病毒默认连接端口是 1024 等。

2. 按协议类型分类

按协议类型划分,可以分为 TCP、UDP、IP 和 ICMP(Internet 控制消息协议)等端口。下面主要介绍 TCP 和 UDP 端口。

(1) TCP 端口

TCP 端口,即传输控制协议端口,需要在客户端和服务器之间建立连接,这样可以提供可靠的数据传输。常见的包括 FTP 服务的 21 端口、Telnet 服务的 23 端口,SMTP 服务的 25 端口以及 HTTP 服务的 80 端口等。

(2) UDP 端口

UDP 端口,即用户数据报协议端口,无须在客户端和服务器之间建立连接,安全性得不到保障。常见的有 DNS 服务的 53 端口,SNMP(简单网络管理协议)服务的 161 端口,QQ 使用的 8000 和 4000 端口等。

3. 查看端口

在局域网的使用中,经常会发现系统中开放了一些莫名其妙的端口,给系统的安全带来隐患。Windows 提供的 netstat 命令,能够查看到当前端口的使用情况。具体操作步骤如下。

单击"开始"→"所有程序"→"附件"→"命令提示符"命令,在打开的对话框中输入 netstat -na 命令并按 Enter 键,就会显示本机连接的情况和打开的端口,如图 7-1 所示。

其显示了以下统计信息。

(1) Proto:协议的名称(TCP 或 UDP)。

(2) Local Address:本地计算机的 IP 地址和正在使用的端口号。如果不指定-n 参数,就显示与 IP 地址和端口名称相对应的本地计算机名称。如果端口尚未建立,则端口

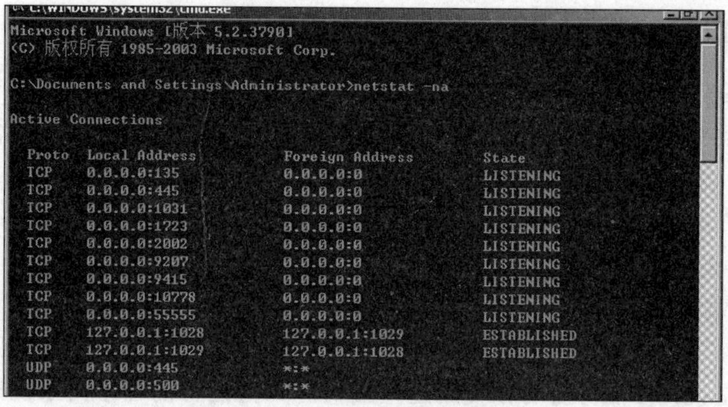

图 7-1 netstat -na 命令

以星号（ ＊ ）显示。

（3）Foreign Address：连接该接口的远程计算机的 IP 地址和端口号。如果不指定-n 参数，就显示与 IP 地址和端口相对应的名称。如果端口尚未建立，则端口以星号（ ＊ ）显示。

（4）State：表明 TCP 连接的状态。

如果输入的是 netstat -nab 命令，还将显示每个连接是由哪些进程创建的以及该进程一共调用了哪些组件来完成创建工作。

除了用 netstat 命令之外，还有很多端口监视软件也可以查看本机打开了哪些端口，如端口查看器、TCPView、Fport 等。

7.3.3 组策略

1. 组策略基础

注册表是 Windows 系统中保存系统软件和应用软件配置的数据库，而随着 Windows 的功能越来越丰富，注册表里的配置项目也越来越多，很多配置都可以自定义设置，但这些配置分布在注册表的各个角落，如果是手工配置，可以想象会多么困难和繁杂。而组策略则将系统重要的配置功能汇集成各种配置模块，供用户直接使用，从而达到方便管理计算机的目的。

实际上组策略是一种让管理员集中计算机和用户的手段或方法。组策略适用于众多方面的配置，如软件、安全性、IE、注册表等。在活动目录中利用组策略可以在站点、域、OU 等对象上进行配置，以管理其中的计算机和用户对象，可以说组策略是活动目录的一个非常大的功能体现。

2. 组策略基础架构

如图 7-2 所示，组策略分为两大部分：计算机配置和用户配置。每一个部分都有自己的独立性，因为它们配置的对象类型不同。计算机配置部分控制计算机账户，同样用户配置部分控制用户账户。其中有一部分配置在计算机部分拥有,在用户部分也有,但它们是不会跨越执行的。假设你希望某个配置选项被计算机账户启用,也被用户账户启用,那么就必须在计算机配置和用户配置部分都进行设置。总之计算机配置下的设置仅对计算机对象生效,用户配置下的设置仅对用户对象生效。

图 7-2　组策略构架

7.3.4　账户与密码安全

系统用户账号不适当的安全问题是攻击侵入系统的主要手段之一。其实小心的账号管理员可以避免很多潜在的问题,如选择强固的密码、有效的策略加强通知用户的习惯,分配适当的权限等。所有这些要求一定要符合安全结构的尺度。介于整个过程实施的复杂性,需要多个用户共同来完成,而当维护小的入侵时就不需要麻烦所有的这些用户。

用户账号不适当的安全问题是攻击侵入系统的主要手段之一。其实小心的账号管理员可以避免很多潜在的问题,如选择强固的密码、有效的策略加强通知用户的习惯、分配适当的权限等。所有这些要求一定要符合安全结构的尺度。介于整个过程实施的复杂性,需要多个用户共同来完成,而当维护小的入侵时就不需要麻烦所有这些用户。

7.3.5　加密文件系统(EFS)

加密文件系统(EFS)是一个功能强大的工具,用于对客户端计算机和远程文件服务器上的文件和文件夹进行加密。它使用户能够防止其数据被其他用户或外部攻击者未经授权就进行访问。它是 NTFS 文件系统的一个组件,只有拥有加密钥和故障恢复代理才可以读取数据。

1. EFS 的应用条件

(1) NTFS。

(2) 具有系统属性的文件无法加密。

故障恢复代理：指定用于进行 EFS 文件恢复的用户账号，该账号将申请一张文件故障恢复的证书，同是还有持有与这张证书相应的公钥私钥对，用于对加密文件进行故障恢复。

2. EFS 加密过程

（1）当一个用户第一次加密某个文件时，EFS 会在本地证书产生一个 EFS 证书（非对称）。

（2）EFS 也会随机产生一个 FEK（文件加密密钥，对称）。

（3）EFS 会用第一步产生的证书的公钥对 FEK 进行加密。

（4）EFS 会将加密后的 FEK 存储在 DDF（数据解压区）（DDF 区域大约能够存储 700 多个经过用户公钥加密的 FEK）。

7.3.6　漏洞与后门

网络漏洞是黑客有所作为的根源所在。漏洞是指任意的允许非法用户未经授权获得访问或提高其访问权限的硬件或软件特征。它是由系统或程序设计本身存在的缺陷，当然也有人为系统配置上的不合理造成的。

后门程序一般是指那些绕过安全性控制而获取对程序或系统访问权的程序方法。在软件的开发阶段，程序员常常会在软件内创建后门程序以便可以修改程序设计中的缺陷。但是，如果这些后门被其他人知道，或是在发布软件之前没有删除后门程序，那么它就成了安全风险，容易被黑客当成漏洞进行攻击。

入侵者通过什么方法在"肉鸡"中留下后门呢？入侵者可以通过在系统中建立后门账号、在系统中添加漏洞、在系统中种植木马来实现。在各种各样的后门中，一般也不外乎"账号后门"、"漏洞后门"和"木马后门"三类。

账号后门常用手段是克隆账号，它是把管理员权限复制给一个普通用户，简单来说就是把系统内原有的账号（如 Guest 账号）变成管理员权限的账号。黑客通过一些典型的服务器漏洞（如 Unicode、.ida 和 .idq），可以很轻易地控制远程服务器的操作系统。

黑客可以制作一种 SQL 后门，只要把该后门文件放入远程的 Web 根目录下，就可以通过 IE 浏览器在远程服务器中执行任何命令。另外，网络防火墙不会过滤掉发往 Web 服务器的连接请求，所以该后门对于那些提供 Web 服务和 SQL 服务的远程服务器特别实用。

7.4　项　目　实　施

任务 7-1　账户安全配置

1. 重命名和禁用默认的账户

安装好 Windows Server 2008 后，系统会自动建立两个账户：Administrator 和 Guest。

右击桌面上的"我的计算机"图标,选择"管理"命令,打开"计算机管理"窗口。在左边列表中找到并展开"本地用户和组",单击"用户",可以看到系统中的账户。

(1) Administrator 账户

Administrator(管理员)账户拥有计算机的最高管理权限,每一台计算机至少需要一个拥有管理员权限账户,但不一定必须使用 Administrator 这个名称。黑客入侵计算机系统的常用手段之一就是试图获得管理员账户的密码。如果系统的管理员账户的名称没有修改,那么黑客将轻易得知管理员账户的名称,接下来就是寻找密码了。比较安全的做法是对系统的管理员账户的名称进行修改,这样,如果黑客要得到计算机系统的管理员权限,需要同时猜测账户的名称和密码,增加了黑客入侵的难度。

(2) Guest 账户

在 Windows Server 2008 中,Guest 账户即所谓的来宾账户,只有基本的权限并且默认是禁用的。如果不需要 Guest 账户,一定要禁用它,因为 Guest 也为黑客入侵提供了方便。

禁用 Guest 账户的方法是,在右边窗口中双击 Guest 账户,如图 7-3 所示,在弹出的"Guest 属性"对话框中选中"账户已停用"。

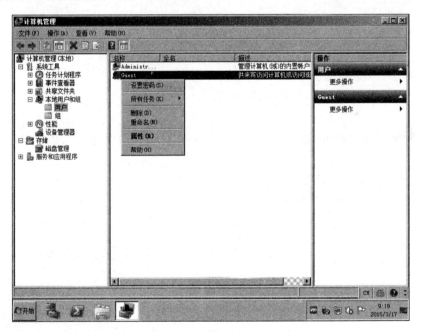

图 7-3　禁用 Guest 账户

2. 可靠的密码

(1) 密码策略

尽管绝对安全的密码是不存在的,但是相对安全的密码还是可以实现的。在"开始"菜单中打开"运行"对话框,输入 secpol.msc,打开"本地安全策略"窗口,如图 7-4 所示,展开"账户策略",单击"密码策略",右侧有 6 项关于密码的设置策略,通过这些策略的配置,就可以建立完备密码策略,这样密码就可以得到最大限度的保护。

图 7-4　本地安全设置

（2）给账户双重加密

虽然为账户设置了复杂的密码,但密码总有被破解的可能。此时可以为账户设置双重加密。

在"开始"菜单中打开"运行"对话框,输入 syskey,打开"保证 Windows XP 账户数据库的安全"对话框,如图 7-5 所示,选中"启用加密",单击"确定"按钮,这样程序就对账户完成了双重加密,不过这个加密过程对用户来说是透明的。

如果想更进一步体验这种双重加密功能,可以在图 7-5 中单击"更新"按钮,打开"启动密码"对话框,如图 7-6 所示,这里有"启动密码"和"系统产生的密码"两个选项。

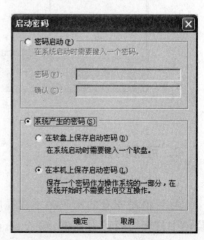

图 7-5　"保证 Windows XP 账户数据库的安全"对话框　　　图 7-6　"启动密码"对话框

如果选择"启动密码",那么需要自己设置一个密码,这样在登录 Windows XP 之前需要先输入这个密码,然后才能选择登录的账户。

任务 7-2　密码安全配置

用户密码是保证计算机安全的第一道屏障,是计算机安全的基础。如果用户账户特别是管理员账户没有设置密码,或者设置的密码非常简单,那么计算机将很容易被非授权用户登录,进而访问计算机资源或更改系统配置。目前互联网上的攻击很多都是因为密码设置过于简单或根本没设置密码造成的,因此应该设置合适的密码和密码设置原则,从而保证系统的安全。

Windows Server 2008 的密码原则主要包括以下 4 项:密码必须符合复杂性要求,密码长度最小值,密码使用期限和强制密码历史等。

1. 启用"密码复杂性要求"

对于工作组环境的 Windows 系统,默认密码没有设置复杂性要求,用户可以使用空密码或简单密码,如 123、abc 等,这样黑客很容易通过一些扫描工具得到系统管理员的密码。对于域环境的 Windows Server 2008,默认即启用了密码复杂性要求。要使本地计算机启用密码复杂性要求,只要在"本地安全策略"对话框中选择"账户策略"下的"密码策略"选项,双击右窗格中的"密码必须符合复杂性要求"图标,打开其属性对话框,选择"已启用"单选项即可,如图 7-7 所示。

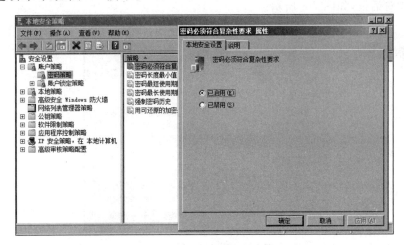

图 7-7　启用密码复杂性要求

启用密码复杂性要求后,则所有用户设置的密码必须包含字母、数字和标点符号等才能符合要求。例如,密码 ab％＆3D80 符合要求,而密码 asdfgh 不符合要求。

2. 设置"密码长度最小值"

默认密码长度最小值为 0 个字符。在设置密码复杂性要求之前,系统允许用户不设置密码。但为了系统的安全,最好设置最小密码长度为 6 或更长的字符。在"本地安全设置"对话框中选择"账户策略"下的"密码策略"选项,双击右边的"密码长度最小值",在打开的对话框中输入密码最小长度即可。

3. 设置"密码使用期限"

默认的密码最长有效期为 42 天,用户账户的密码必须在 42 天之后修改,也就是说密码会在 42 天之后过期。默认的密码最短有效期为 0 天,即用户账户的密码可以立即修改。与前面类似,可以修改默认密码的最长有效期和最短有效期。

4. 设置"强制密码历史"

默认强制密码历史为 0 个。如果将强制密码历史改为 3 个,即系统会记住最后 3 个用户设置过的密码。当用户修改密码时,如果为最后 3 个密码之一,系统将拒绝用户的要求,这样可以防止用户重复使用相同的字符来组成密码。与前面类似,可以修改强制密码历史设置。

任务 7-3　系统安全配置

要启用 EFS,可以在图形界面中完成,也可以通过命令 Cipher 完成。相比图形界面,Cipher 的功能更为强大。EFS 图形界面操作其实很简单。在计算机里面选择要进行EFS 的文件,然后右击并选择"属性"命令,在"属性"对话框里面单击"高级"按钮,打开"高级属性"对话框,如图 7-8 所示。

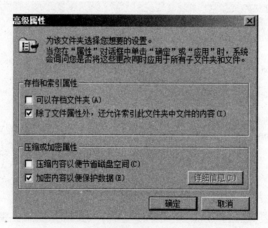

图 7-8　"高级属性"对话框

任务 7-4　服务安全配置

1. 关闭 139 端口

关闭 139 端口的方法是在"网络和拨号连接"→"本地连接"中选取"Internet 协议

（TCP/IP）"属性，打开的对话框如图 7-9 所示。另外，进入"高级 TCP/IP 设置"，"WinS
设置"里面有一项"禁用 TCP/IP 的 NETBIOS"，选中后就关闭了 139 端口。

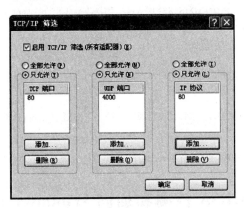

图 7-9　禁用 139 端口

2. 关闭分区默认共享（如 C＄、D＄、E＄ …）

（1）单击"开始"→"运行"命令，在弹出的"运行"对话框中输入 regedit 后并按 Enter
键，打开注册表编辑器。展开 HKEY _ LOCAL _ MACHINE \ SYSTEM \ Current-
ControlSet\Services\Lanmanserver\Parameters 注册表项。

（2）双击右窗格中的 DWORD 类型 AutoShareServer，将它的键值改为 0 即可，如
图 7-10 所示。如果没有 DWORD 类型 AutoShareServer 项，可自己新建一个再改键值，
如图 7-10 所示。

图 7-10　关闭分区默认共享

3. 关闭管理默认共享（ADMIN＄）

（1）单击"开始"→"运行"命令，在弹出的"运行"对话框中输入 regedit 后并按 Enter

键,打开注册表编辑器。展开 HKEY _ LOCAL _ MACHINE \ SYSTEM \ Current-ControlSet\Services\Lanmanserver\parameters 注册表项。

(2) 双击右窗格中的 DWORD 类型 AutoShareWks,将它的键值改为 0 即可。

4. 关闭 IPC $ 默认共享

(1) 单击"开始"→"运行"命令,在弹出的"运行"对话框中输入 regedit 后并按 Enter 键,打开注册表编辑器。

(2) 展开 HKEY_LOCAL_MACHINE\SYSTEM\CurrentControlSet\Control\Lsa 注册表项。

(3) 双击 DWORD 类型 restrictanonymous,将其键值设为 1 即可。

任务 7-5　使用 MBSA 检测和加固 Windows 主机的操作系统

Microsoft Baseline Security Analyzer(MBSA)是一款简单易用的工具,帮助中小型企业根据 Microsoft 的安全建议确定其安全状态,并根据状态提供具体的修正指导。使用 MBSA 检测常见的安全性错误配置和计算机系统遗漏的安全更新,改善用户的安全管理流程。

官方下载地址:

http://www. microsoft. com/download/en/details. aspx? displaylang=en&id=7558

教程:

http://www. heibai. net/article/info/info. php? infoid=18668

1. 运行 MBSA

打开已经安装好的 MBSA 扫描软件的快捷方式图标,即可看到 MBSA 主程序界面,如图 7-11 所示。

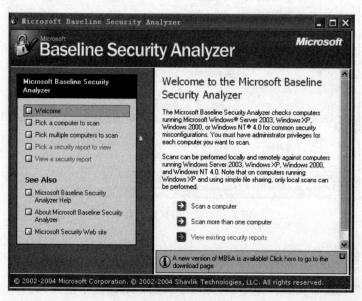

图 7-11　MBSA 主程序界面

MBSA 界面功能介绍。

（1）Scan a computer：使用计算机名称或者 IP 地址来检测单台计算机，适用于检测本机或者网络中的单台计算机。

（2）Scan more tham one computer：使用域名或者 IP 地址来检测多台计算机。

（3）View existing security reports：查看已经检测过的安全报告。

2. 设置单机 MBSA 扫描选项

单击 Scan a computer，接着会出现一个扫描参数设置对话框，如图 7-12 所示，如果仅仅是针对本机就不用设置 Computer name 和 IP address，MNSA 会自动获取本机的计算机名称，例如在本例中扫描的计算机名称为 WORKGROUP\5034-52。如果要扫描网络中的计算机，则需要在 IP address 中输入欲扫描的 IP 地址。在 MBSA 扫描选项中，默认会自动命名一个安全扫描报告名称（%D% - %C%（%T%）），即 Security report name，该名称按照"域名-计算机名称（扫描时间）"进行命名，用户也可以输入一个自定义的名称来保存扫描的安全报告。然后选择 Options 的安全检测选项。

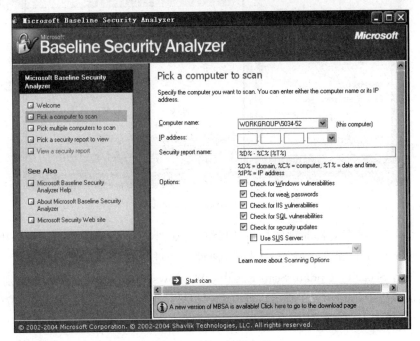

图 7-12　设置扫描参数

扫描选项说明如下。

① Check for Windows vulnerabilities：检测 Windows 管理方面的漏洞。

② Check for weak passwords：检测弱口令。

③ Check for IIS vulnerabilities：检测 IIS 管理方面的漏洞。如果计算机提供 Web 服务，则可以选择该项。在本例中由于是 Windows XP 系统，一般情况都没有安装 IIS，因此可以不选择该项。

④ Check for SQL vulnerabilities：检测 SQL 程序设置等方面的漏洞，例如检测是否更新了最新补丁、口令设置等。

⑤ Check for security updates：检测安全更新，主要用于检测系统是否安装微软的补丁，不需要通过微软的正版认证。

前四项是安全检测选项，可根据实际情况选择。最后一项是到微软站点更新安全策略、安全补丁等最新信息，如果不具备联网环境可以不选择。

3．开始扫描

单击 Start Scan 开始扫描，可以查看本次扫描的进度及扫描的目标，如图 7-13 所示。

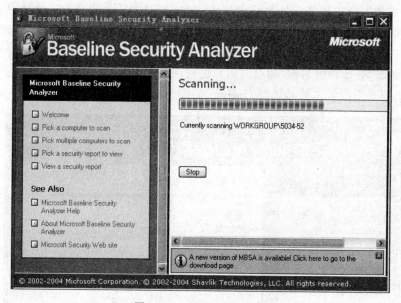

图 7-13　MBSA 扫描进度

扫描结束后，程序会自动跳转扫描结果窗口，如图 7-14 所示。在扫描报告中可以按照 Score(worst first)和 Score(worst best)两种方式进行排序来显示扫描结果。在扫描结果中主要有 Security Update Scan Results、Windows Scan Results 等几个类别。

在扫描报告中(如图 7-15 所示)，可以看到扫描结果前面有不同符号及不同颜色的图标，它们分别代表不同程度的安全隐患。

任务 7-6　Web 站点服务器安全配置方案

1．操作系统配置

(1) 安装操作系统(NTFS 分区)后，再安装杀毒软件。

(2) 安装系统补丁。扫描漏洞并全面杀毒。

(3) 删除 Windows Server 2008 默认共享的设置。首先编写如下内容的批处理文件：

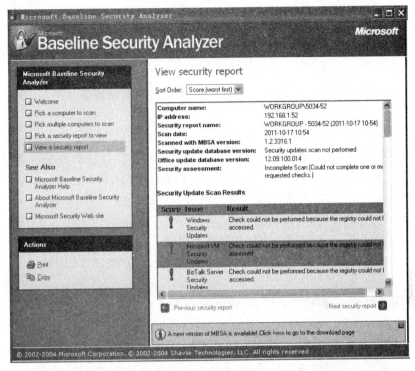

图 7-14 扫描结果

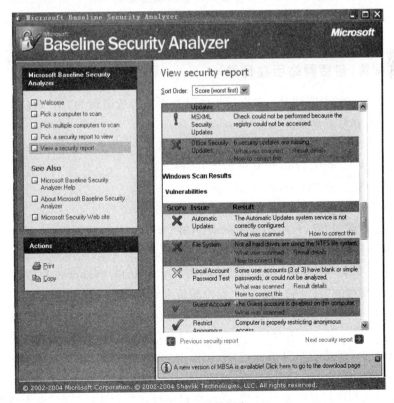

图 7-15 扫描报告

```
@echo off
net share C$/del
net share D$/del
net share admin$/del
```

文件名为 delshare. bat,放到启动项中,每次开机时会自动删除共享。

（4）禁用 IPC 连接

打开 CMD 后,输入如下命令即可进行连接：net use\\ip\ipc＄ "password" /user：
"usernqme"。我们可以通过修改注册表来禁用 IPC 连接。打开注册表编辑器,找到如下
项 HKEY＿LOCAL＿MACHINE \ SYSTEM \ CurrentControlSet \ Control \ Lsa 中的
restrictanonymous 子键,将其值改为 1,即可禁用 IPC 连接。

（5）删除"网络连接"里的协议和服务

在"网络连接"里,把不需要的协议和服务都删掉,这里只安装了基本的 Internet 协议
（TCP/IP）,同时在高级 TCP/IP 设置里将 NetBIOS 设置为"禁用 TCP/IP 上的 NetBIOS
（S）"。

（6）启用 Windows 连接防火墙,只开放 Web 服务（80 端口）。

注意：在 Windows Server 2003 系统里,不推荐用 TCP/IP 筛选中的端口过滤功能,
比如在使用 FTP 服务器的时候,如果仅仅只开放 21 端口,由于 FTP 特有的 Port 模式和
Passive 模式,在进行数据传输的时候,需要动态地打开高端口,所以在使用 TCP/IP 过滤
的情况下,经常会出现连接上后无法列出目录和数据传输的问题。所以在 2003 系统上增
加的 Windows 连接防火墙能很好地解决这个问题,所以不推荐使用网卡的 TCP/IP 过滤
功能。

2. IIS 配置（包括网站所在目录）

（1）新建自己的网站（注意：在应用程序设置中执行权限设为"无",在需要的目录里
再更改）,目录不在系统盘中。

注意：为支持 ASP. NET,将系统盘\Inetpub\wwwroot 中的 aspnet_client 文件夹复
制到 Web 根目录下,并给 Web 根目录加上 users 权限。

（2）删掉系统盘中的\inetpub 目录。

（3）删除不用的映射。

在"应用程序配置"里,只给必要的脚本（ASP、ASPX）执行权限。

（4）为网站创建系统用户

① 例如：网站为 yushan43436. net,新建用户 yushan43436. net 的权限为 guests。然
后在 Web 站点属性的"目录安全性"→"身份验证和访问控制"里设置匿名访问的用户名
和密码都使用 yushan43436. net 这个用户的信息。（用户名为"主机名\yushan43436.
net"）。

② 给网站所在的磁盘目录添加用户 yushan43436. net,并只给读取和写入的权限。

（5）设置应用程序及子目录的执行权限

① 将主应用程序目录中的"属性"→"应用程序设置"→"执行权限"设为纯脚本。

② 在不需要执行 ASP、ASP. NET 的子目录中,例如上传文件目录中,执行权限设为"无"。

(6) 应用程序池的设置

本网站使用的是默认应用程序池。设置"内存回收":这里的最大虚拟内存为 1000MB,最大使用的物理内存为 256MB,这样的设置几乎没有限制这个站点的性能。

回收工作进程(min): 1440。

回收工作进程的时间: 06:00。

3. SQL Server 2005 配置

(1) 密码设置。

(2) 删除危险的扩展存储过程和相关. dll: Xp_cmdshell、Xp_regaddmultistring、Xp_regdeletekey、Xp_regdeletevalue、Xp_regenumvalues、Xp_regread、Xp_regwrite、Xp_regremovemultistring。

4. 其他设置(选用)

(1) 任何用户密码要尽量复杂,不需要的用户一律删除。

(2) 防止 SYN 洪水攻击。在注册表的 HKEY_LOCAL_MACHINE\SYSTEM\CurrentControlSet\Services\Tcpip\Parameters 项中新建 DWORD 值,名为 SynAttackProtect,值为 2。

(3) 禁止响应 ICMP 路由通告报文。在注册表的 HKEY_LOCAL_MACHINE\SYSTEM\CurrentControlSet\Services\Tcpip\Parameters\Interfaces\interface 项中新建 DWORD 值,名为 PerformRouterDiscovery,值为 0。

(4) 防止 ICMP 重定向报文的攻击。在注册表的 HKEY_LOCAL_MACHINE\SYSTEM\CurrentControlSet\Services\Tcpip\Parameters 项中将 EnableICMPRedirects 值设为 0。

(5) 不支持 IGMP 协议。在注册表的 HKEY_LOCAL_MACHINE\SYSTEM\CurrentControlSet\Services\Tcpip\Parameters 项中新建 DWORD 值,名为 IGMPLevel,值为 0。

(6) 禁用 DCOM。运行中输入 Dcomcnfg. exe,并按 Enter 键,单击"控制台"根节点下的"组件服务",打开"计算机"子文件夹。对于本地计算机,右击"我的电脑",然后选择"属性"命令。选择"默认属性"选项卡,不选中"在这台计算机上启用分布式 COM"复选框。

任务 7-7　用 SSL 保护 Web 站点服务器

1. 安装 CA 服务器

在 CA 服务器上安装证书服务器,设置证书颁发机构类型为"独立根 CA",设置名称和存储位置。

2. 配置 Web 服务器创建证书

在 Web 服务器中打开 IIS 控制台,在 IIS 中创建证书,在"默认网站 属性"对话框的"目录安全性"选项卡中的"身份验证和访问控制"选项区中单击"编辑"按钮,如图 7-16 所示,然后在弹出的"使用 Web 服务器证书向导"中首先选择创建新的证书,接着在延时或立即请求中选择"现在准备请求,但稍后发送"。在下一步中设置证书名称、单位和部门名称、站点的公用名称(Web 服务器名)、地理信息、证书请求文件名等信息并完成向导的设置。

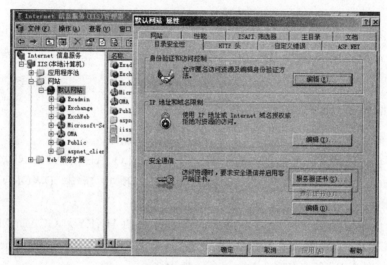

图 7-16　在 IIS 中创建证书

3. 创建证书链

在 Web 服务器上执行如下操作,运行"HTTP://CA 服务器 FQDN/Certarv",在打开的页面里选择"下载证书链并安装"。最后通过浏览器登录证书服务器,完成高级证书的申请。

4. 配置提交证书

在 Web 服务器上运行"HTTP://CA 服务器 FQDN/Certarv"。在打开的页面里选择"申请证书",选择申请类型为"高级"。在高级证书申请中使用 Base64 编码的 PKCS♯10 文件提交一个申请,最后提交一个保存的申请,将证书文件(Certreq.txt)中的内容复制到"保存的申请"中。

5. 证书颁发

在证书服务器上,打开"证书颁发机构"控制台,如图 7-17 所示,在待定申请节点中,找到所申请的证书并予以颁发。

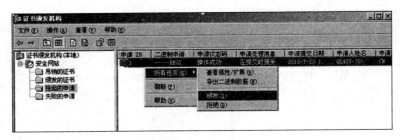

图 7-17　颁发证书

6. 下载证书

在 Web 服务器上执行如下操作,运行"HTTP://CA 服务器 FQDN/Certarv"。在打开的页面里选择挂起的证书,如图 7-18 所示,并下载。

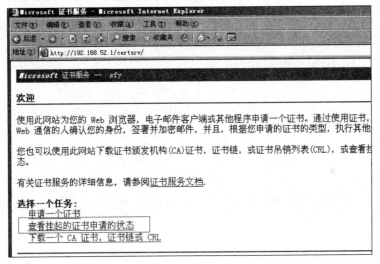

图 7-18　挂起的证书

7. 安装证书

在 Web 服务器中打开 IIS 控制台,在 IIS 中安装证书,如图 7-19 所示。然后配置站点属性——服务器证书。

8. 使用证书

在 Sever-Computer Name 中打开 IIS 控制台,在站点属性对话框中单击"目录安全性"选项卡下的"安全通信"选项区的"编辑"按钮,然后启用"申请安全通道(SSL)"。

9. 测试

在 Web 客户端(主域或子域中的某台计算机)访问 Web 服务器并进行测试。

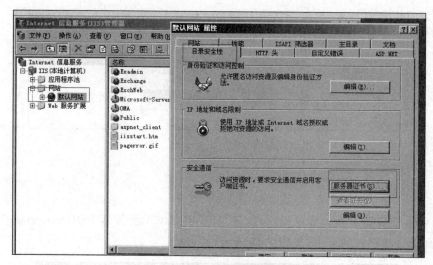

图 7-19　证书的安装

任务 7-8　禁用注册表编辑器

首先打开注册表，依次进入 HKEY_CURRENT_USER\Software\Policies\Microsoft\Windows\System 项，在右侧窗口中新建一个 DWORD 值 DisableregistryTools，并设置其值为 1。

7.5　拓展提升　Windows 系统的安全模板

安全模板是一种 ASCII 文本文件，它定义了本地权限、安全配置、本地组成员、服务、文件和目录授权、注册表授权等方面的信息。创建好安全模板之后，我们只要一个命令就可以将它定义的信息应用/部署到系统中，所有它定义的安全配置都立即生效。原本需要数小时修补注册表、使用管理控制台"计算机管理"单元以及其他管理工具才能完成的工作，现在只需数秒就可以搞定。

1. 安全模板可以批量修改的五类和安全有关的设置

（1）管理组

模板能够调整本地的组成员。

（2）调整 NTFS 权限

安全模板能够调整 NTFS 权限。例如，假设我们想要授予 C：Stuff 目录 System 和 Aministrators 完全控制的 NTFS 权限，但禁止任何其他用户访问，使用模板可以方便地设定这些授权和限制。

（3）启用和禁用服务

模板可以启用或关闭服务，控制谁有权启动或关闭服务。

（4）调整注册表授权

安全模板允许调整注册表的授权。

（5）控制本地安全策略的设置

安全模板能够控制本地安全策略的设置。

2. 创建安全模板

下面从实践应用的角度介绍模板的应用，示范如何为工作站或成员服务器创建一个模板，这个模板主要包括三方面的功能：首先，该安全模板能够控制组的成员，即限制本地的 Administrators 组只能由本地 Administrator 账户和域的 Domain Admins 组加入；其次，该模板将设置"F:adminstuff"目录的 NTFS 权限，只允许本地的 Administrators 组访问；最后，该模板将禁止 Indexing 服务。

（1）设置工具

我们知道，安全模板其实就是文本文件，因此从理论上讲，我们可以用记事本来创建安全模板。不过事实上，用记事本创建安全模板的工作量相当大，如果改用微软管理控制台的安全模板管理单元就要方便多了。Windows XP 和 Windows 7 都带有该工具。

首先打开一个空的 MMC 控制台。单击"开始"→"运行"，输入 mmc /a，按 Enter 键打开一个空白的 MMC 控制台。在该控制台中，单击"文件"（对于 Windows 7，单击"控制台"）→"添加/删除管理单元"，打开"添加/删除管理单元"对话框，单击"添加"，打开"添加独立管理单元"对话框，在管理单元清单中选择"安全模板"，依次单击"添加"、"关闭"、"确定"。接下来就可以开始设置安全模板了。

在控制台根节点下面有一个安全模板的图标——一台加了锁的计算机，如图 7-20 所示。扩展该标记，子节点显示出了当前系统安全模板的路径。一般情况下，安全模板位于％systemroot％目录的 security emplates 文件夹中。扩展该路径节点，可以看到一组预制的安全模板；依赖于操作系统的版本和已安装的 Service Pack 数量，预制安全模板的数量也可能不同。

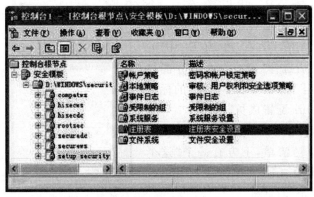

图 7-20　安全模板

单击任意一个安全模板,右边的窗格显示出可以利用该安全模板控制的安全选项类别。

① 账户策略:控制密码策略、锁定策略、Kerberos 策略。

② 本地策略:控制审核策略、用户权利指派、安全选项。

③ 事件日志:控制事件日志设置和 Windows NT 的事件查看器的行为。

④ 受限制的组:控制哪些用户能够或者不能够进入各种本地组。

⑤ 系统服务:启动、关闭各种系统服务,控制哪些用户有权修改系统服务的启动方式。

⑥ 注册表:控制修改或查看各个键值的权限,启用键值的修改审核功能。

⑦ 文件系统:控制文件夹、文件的 NTFS 授权。

(2) 创建模板

基本知识已经了解得差不多了,下面就从头开始构建一个模板。右击模板的路径,然后选择菜单"新加模板",输入模板的名称,假设是 Simple。新的模板将在左边窗格中作为一个节点列出,位于预制的模板之下。下面作为一个试验,让我们限制 Administrators 组、设置"F:adminstuff"的 ACL、关闭 Indexing 服务。所有这些设置都可以在 Simple 节点下完成。

首先,要设置一下 Administrators 组,只允许本地的 Administrator 账户和域的 Domain Admins 组加入 Administrators 组。扩展左边窗格中的 Simple 节点,选中"受限制的组"。如果操作系统是 Windows XP,右边窗格会显示出"此视图中没有可显示的项目";如果是 Windows 7,右边窗格保持空白。现在右击"受限制的组"节点,选择菜单"添加组",在新出现的对话框中单击"浏览"按钮并找到本地工作站或成员服务器的 Administrators 组。

注意:这里要加入的是本地的 Administrators 组,而不是加入域的组;如果你用域的账户登录工作站,"浏览"对话框将假定你想要从域加入组(而不是假定你要从工作站或成员服务器的本地 SAM 加入组)。

返回"添加成员"对话框后,单击"确定"。如果你使用的是 XP,可以看到一个"Administrators 属性"对话框;如果是 Windows 7,必须右击右边窗格中的 Administrators,然后选择"安全"命令,才能打开类似的对话框,但 Windows 7 对话框的标题是"为 Administrators 配置成员"。

在这个对话框中,如图 7-21 所示,上方有一个"这个组的成员"清单,下方有一个"这个组隶属于"清单。单击上面清单旁边的"添加"按钮,打开"添加成员"对话框。

接下来设置模板的第二部分,使得任何拥

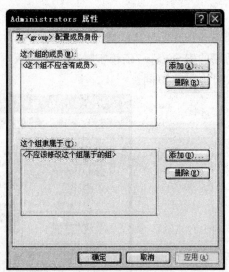

图 7-21 "Administrators 属性"对话框

有"F:adminstuff"文件夹的系统把该文件夹设置成只允许本地管理员访问。在左边窗格中右击"文件系统",选择"添加文件"命令,在"添加文件或文件夹"对话框中找到或者输入"F:adminstuff"目录。

单击"确定"按钮,出现一个标准的 NTFS 权限设置对话框。现在删除所有默认提供的授权规则,加入对本地 Administrators 组的"完全控制"授权。

注意:NTFS 安全设置对话框里还可以设置高级 NTFS 选项,例如设置审核功能、所有者权限等。单击"确定"按钮,系统会询问是否把权限设置传播给所有子文件夹和文件,根据需要选择一个选项,单击"确定"按钮。

右击控制台左边窗格中的 Simple 模板,选择"保存"按钮。现在 winntsecurity emplates 或 windowssecurity emplates 目录下有了一个 Simple.inf 文件。

7.6 习 题

一、填空题

1. 操作系统安全的主要特征有: _____、_____、_____、_____、_____。

2. 网络服务器安全配置的基本安全策略宗旨是_____。

3. 在 Windows 中可以使用_____命令来查看端口。

4. 加密文件系统是一个功能强大的工具,用于对_____和_____上的文件和文件夹进行_____。

5. 在各种各样的后门中,一般也不外乎_____、_____和_____三类。

二、选择题

1. 计算机网络里最大的安全弱点是( )。
    A. 网络木马　　　　B. 计算机病毒　　　　C. 用户账号　　　　D. 网络连接

2. SSL 提供的安全机制可以被采用在分布式数据库的( )安全技术中。
    A. 身份验证　　　　B. 保密通信　　　　C. 访问控制　　　　D. 库文加密

3. 软件漏洞包括如下几个方面,最能够防治缓冲区溢出的是( )。
    A. 操作系统、应用软件　　　　　　　　B. TCP/IP 协议
    C. 数据库、网络软件和服务　　　　　　D. 密码设置

4. ( )是指有关管理、保护和发布敏感消息的法律、规定和实施细则。
    A. 安全策略　　　　B. 安全模型　　　　C. 安全框架　　　　D. 安全原则

5. 终端服务是 Windows 操作系统自带的,可以通过图形界面远程操纵服务器。在默认的情况下,终端服务的端口号是( )。
    A. 25　　　　　　　B. 3389　　　　　　C. 80　　　　　　　D. 1399

三、简答题

1. 简述加密文件系统 EFS 的加密过程。
2. 简述端口的两种常见的分类和组成。
3. Windows 安全模板可以批量修改哪些和安全有关的设置？
4. 简述 Windows 安全配置有哪些方面。

项目 8 　防火墙技术

8.1 　项 目 导 入

　　防火墙是一种隔离控制技术,由软件和硬件设备组合而成,它在某个机构的网络和不安全的网络之间设置屏障,阻止对信息资源的非法访问,也可以使用防火墙阻止重要信息从企业的网络上被非法输出。

　　作为 Internet 的安全性保护软件,防火墙已经得到广泛的应用。通常企业为了维护内部的信息系统安全,在企业网和 Internet 间设立防火墙。企业信息系统对于来自 Internet 的访问,采取有选择的接收方式。它可以允许或禁止一类具体的 IP 地址访问,也可以接收或拒绝 TCP/IP 上的某一类具体的应用。如果在某一台 IP 主机上有需要禁止的信息或危险的用户,则可以通过设置使用防火墙过滤掉从该主机发出的包。如果一个企业只是使用 Internet 的电子邮件和 WWW 服务器向外部提供信息,那么就可以在防火墙上设置使得只有这两类应用的数据包可以通过。这对于路由器来说,就要不仅分析 IP 层的信息,而且还要进一步了解 TCP 传输层甚至应用层的信息以进行取舍。防火墙一般安装在路由器上以保护一个子网;也可以安装在一台主机上,以便保护这台主机不受侵犯。

8.2 　职 业 能 力 目 标 和 要 求

- 通过项目理解防火墙的功能和工作原理。
- 掌握操作系统内置互联网连接防火墙的配置。
- 掌握天网防火墙个人版的配置和使用。
- 灵活运用防火墙的配置,保证系统的安全。

8.3 　相 关 知 识 点

8.3.1 　防火墙简介

1. 防火墙概念

防火墙技术是设置在被保护网络和外部网络之间的一道屏障,实现网络的安全保护,以防止发生不可预测的、潜在破坏性的侵入。防火墙本身具有较强的抗攻击能力,它是提供信息安全服务、实现网络和信息安全的基础设施。

2. 设置防火墙的目的和功能

(1) 防火墙是网络安全的屏障。

(2) 防火墙可以强化网络安全策略。

(3) 对网络存取和访问进行监控审计。

(4) 防止内部信息的外泄。

3. 防火墙的局限性

(1) 防火墙防外不防内。

(2) 防火墙难于管理和配置,易造成安全漏洞。

(3) 很难为用户在防火墙内外提供一致的安全策略。

(4) 防火墙只实现了粗粒度的访问控制。

8.3.2 防火墙的实现技术

1. 包过滤技术

包过滤是防火墙的最基本过滤技术,它对内外网之间传输的数据包按照某些特征事先设置一系列的安全规则进行过滤或筛选。包过滤防火墙检查每一条规则直至发现数据包中的信息与某些规则能符合,则允许或拒绝这个数据包穿过防火墙进行传输。如果没有一条规则能符合,则防火墙使用默认规则,一般情况下要求丢包。

包过滤防火墙可视为一种 IP 封包过滤器,运作在底层的 TCP/IP 协议栈上,我们可以以枚举的方式,只允许符合特定规则的封包通过,其余的一概禁止穿越防火墙,这些规则通常可以经由管理员定义或修改,不过某些防火墙设备只能套用内置的规则。我们也能以另一种较宽松的角度来制定防火墙规则,只要封包不符合任何一项"否定规则"就予以放行。较新的防火墙能利用封包的多样属性来进行过滤,例如:源 IP 地址、源端口号、目的 IP 地址、目的端口号、服务类型、通信协议、TTL 值、来源的网络或网段等属性,包过滤技术防火墙原理如图 8-1 所示。

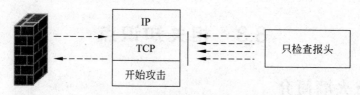

图 8-1　包过滤防火墙原理示意

2. 应用级网关

应用级网关即为代理服务器。代理服务器通常运行在两个网络之间，它为内部网的客户提供 HTTP、FTP 等某些特定的互联网服务。代理服务器相对于内部网的客户来说是一台服务器，对于外部网的服务器来说它又相当于客户机。当代理服务器接收到内部网的客户对某些互联网站点的访问请求后，首先会检查该请求是否符合事先制定的安全规则，如果允许，代理服务器会将此请求发送给互联网站点，从互联网站点反馈回的响应信息再由代理服务器转发给内部网的客户。代理服务器会将内部网的客户和互联网隔离。

对于内外网转发的数据包，代理服务器在应用层对这些数据进行安全过滤，而包过滤技术与 NAT 技术主要在网络层和传输层进行过滤。由于代理服务器在应用层对不同的应用服务进行过滤，所以可以对常用的高层协议做更细的控制。

由于安全级网关不允许用户直接访问网络，因而使效率降低，而且安全级网关需要对每一个特定的因特网服务安装相应的代理服务软件，内部网的客户要安装此软件的客户端软件，此外，并非所有的因特网应用服务都可以使用代理服务器。应用级网关技术防火墙原理如图 8-2 所示。

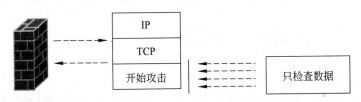

图 8-2 应用级网关防火墙原理示意

3. 状态检测技术

状态检测防火墙不仅仅像包过滤防火墙仅考查数据包的 IP 地址等几个孤立的信息，而是增加了对数据包连接状态变化的额外考虑。它在防火墙的核心部分建立数据的连接状态表，将在内外网间传输的数据包以会话角度进行检测，利用状态表跟踪每一个会话状态。

例如，某个内网主机访问外网的连接请求，防火墙会在连接状态表中加以标注，当此连接请求的外网响应数据包返回时，防火墙会将数据包的各层信息和连接状态表中记录的从内网到外网每天信息相匹配，如果从外网进入内网的这个数据包和连接状态表中的某个记录在各层状态信息一一对应，防火墙则判断此数据包是外网正常返回的响应数据包，会允许这个数据包通过防火墙进入内网。按照这个原则，防火墙将允许从外网响应此请求的数据包以及随后两台主机间传输的数据包通过，直到连接中断，而对由外部发起的企图连接内部主机的数据包全部丢弃，因此状态检测防火墙提供了完整的对传输层的控制能力。

状态检测防火墙对每一个会话的记录、分析工作可能会造成网络连接的迟滞，当存在大量安全规则时尤为明显，采用硬件实现方式可有效改善这方面的缺陷。状态检测防火墙原理如图 8-3 所示。

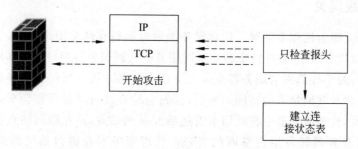

图 8-3　状态检测防火墙示意

8.3.3　天网防火墙

根据防火墙保护的对象不同,防火墙可分为网络防火墙和主机防火墙。主机防火墙也称为个人防火墙或单机防火墙,它主要对主机系统进行全面的防护。

天网防火墙个人版是主机防火墙,是一款软件防火墙。它根据系统管理者设定的安全规则,可以提供访问控制、应用选通、信息过滤等功能,可以防范网络入侵和攻击,防止信息泄露。

天网防火墙提供的主要功能包括以下方面。

(1) 对访问请求的实时监控功能;

(2) 可灵活设置 IP 安全规则;

(3) 提供应用程序访问网络权限设置功能,对应用程序数据包进行底层分析拦截;

(4) 全面的日志记录功能;

(5) 完善的声音报警功能。

8.4　项　目　实　施

任务 8-1　简易防火墙配置

本任务使用 IPSec 来完成。下面介绍 Windows 7 中使用 IPSec 来实现简易防火墙的方法。

1. 创建 IPSec 筛选器列表

(1) 单击“开始”→“运行”,输入 mmc,打开“控制台 1”,如图 8-4 所示。

(2) 在“控制台 1”中,单击“文件”→“添加/删除管理单元”命令,如图 8-5 所示。

(3) 在如图 8-6 所示的“添加/删除管理单元”对话框的“可用的管理单元”列表中选择“IP 安全策略管理”选项,单击“添加”按钮。在弹出对话框中选择计算机或域,单击“完成”按钮,如图 8-7 所示。

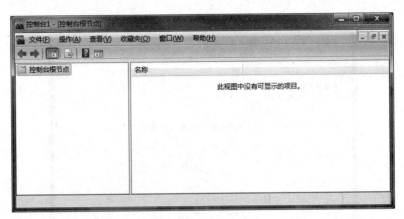

图 8-4　控　制　台　1

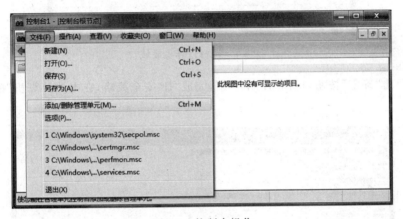

图 8-5　控　制　台　操　作

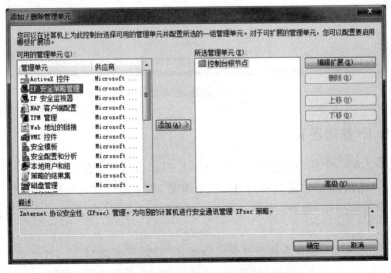

图 8-6　"添加/删除管理单元"对话框

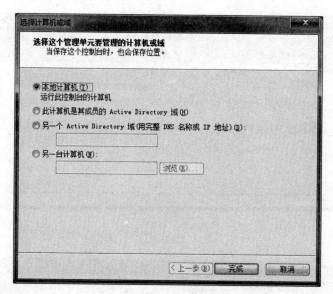

图 8-7　选择计算机或域

　　（4）单击"确定"按钮，返回"控制台 1"，完成"IP 安全策略，在本地计算机"的设置，如图 8-8 所示。

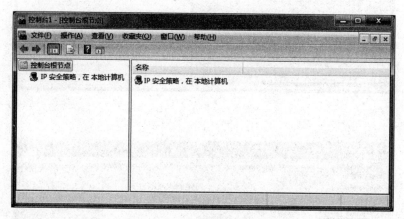

图 8-8　完成"IP 安全策略，在本地计算机"的设置

2. 添加 IP 筛选器表

　　在本机中添加一个能对指定 IP(192.168.1.112)进行筛选的筛选器表。

　　（1）右击"控制台 1"左窗格中的"IP 安全策略，在本地计算机"，然后单击"管理 IP 筛选器列表和筛选器操作"命令，如图 8-9 所示，出现"管理 IP 筛选器列表和筛选器操作"对话框。

　　（2）单击"管理 IP 筛选器列表和筛选器操作"对话框中的"管理 IP 筛选器列表"选项卡，如图 8-10 所示，然后单击"添加"按钮，出现"IP 筛选器列表"对话框。

　　（3）在打开的"IP 筛选器列表"对话框中输入 IP 筛选器的名称和描述，如"名称"为

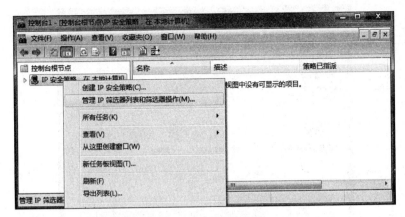

图 8-9 打开快捷菜单

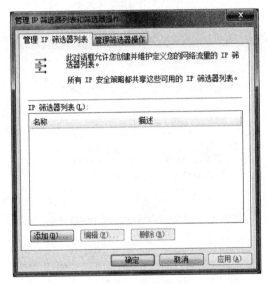

图 8-10 管理 IP 筛选器列表和筛选器操作

"屏蔽特定 IP","描述"为"屏蔽 192.168.1.112",并且不选择"使用'添加向导'"复选框,如图 8-11 所示。单击"添加"按钮,出现"筛选器属性"对话框,可对"屏蔽特定 IP"进行设置。

（4）在"IP 筛选器 属性"对话框中选择"地址"选项卡,在"源地址"和"目标地址"下拉列表框中分别选择"我的 IP 地址"和"一个特定的 IP 地址或子网"选项。当选择"一个特定的 IP 地址或子网"时,会出现"IP 地址或子网"文本框,可输入要屏蔽的 IP 地址,如192.168.1.112,如图 8-12 所示。

（5）在"IP 筛选器 属性"对话框的"协议"选项卡中选择协议类型及设置 IP 协议端口,如图 8-13 所示。

（6）在"IP 筛选器 属性"对话框的"描述"选项卡的"描述"文本框中输入描述文字,作为筛选器的详细描述,如图 8-14 所示。单击"确定"按钮,返回到"IP 筛选器列表"对话框,"屏蔽特定 IP"被填入了筛选器列表。

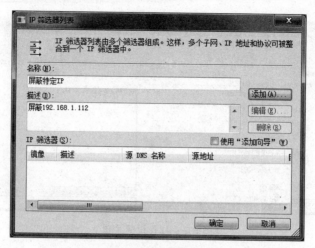

图 8-11 IP 筛选器列表

图 8-12 "IP 筛选器 属性"的"地址"标签

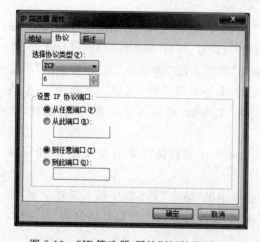

图 8-13 "IP 筛选器 属性"的"协议"标签

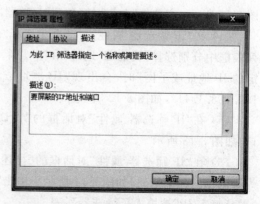

图 8-14 "IP 筛选器 属性"对话框的"描述"标签

3. 添加 IP 筛选器动作

在添加 IP 筛选器表中只添加了一个表,它没有防火墙功能,只有再加入动作后才能发挥作用。下面将建立一个"阻止"动作,通过动作与刚才建立的列表相结合,就可以屏蔽指定的 IP 地址。

(1) 在"控制台 1"窗口的"控制台根节点"中选择"IP 安全策略,在本地机器"选项并右击,选择"管理 IP 筛选器表和筛选器操作"命令,进入"管理 IP 筛选器表和筛选器操作"对话框。

(2) 在"管理 IP 筛选器表和筛选器操作"对话框的"管理 IP 筛选器列表"选项卡中选择"屏蔽特定 IP"选项,如图 8-15 所示。然后在"管理筛选器操作"选项卡中单击"添加"按钮,如图 8-16 所示;出现"新筛选器操作 属性"对话框,如图 8-17 所示。

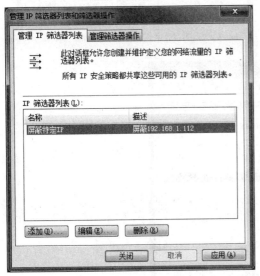

图 8-15　"管理 IP 筛选器列表"选项卡　　　图 8-16　"管理筛选器操作"选项卡

(3) 在"新筛选器操作 属性"对话框的"安全方法"选项中选择"阻止"单选按钮,如图 8-17 所示。在"常规"选项卡中,"名称"文本框中输入"阻止",如图 8-18 所示。

(4) 单击"确定"按钮,"阻止"加入到"筛选器操作"列表中,如图 8-19 所示。

4. 创建 IP 安全策略

筛选器表和筛选器动作已建立完成,下面任务中将把它们结合起来以便发挥防火墙的作用。

(1) 在"控制台 1"窗口的"控制台根节点"中选择"IP 安全策略,在本地机器"选项并右击,选择"创建 IP 安全策略"命令,如图 8-20 所示,出现"IP 安全策略向导"对话框。

(2) 在"IP 安全策略向导"对话框的"名称"文本框中输入"我的安全策略",在"描述"文本框中输入对安全策略设置的描述,如图 8-21 所示。单击"下一步"按钮,出现"安全通信请求"对话框。

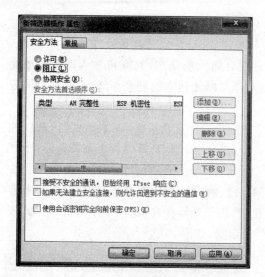

图 8-17　"安全方法"选项卡

图 8-18　"常规"选项卡

图 8-19　筛选器操作为"阻止"

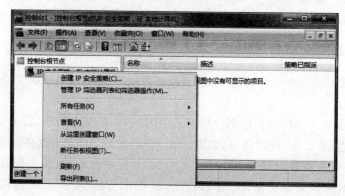

图 8-20　创建 IP 安全策略

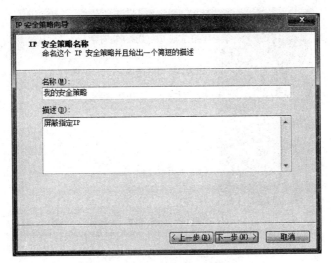

图 8-21　IP 安全策略名称

（3）在该对话框中取消选择"激活默认响应规则"复选框，如图 8-22 所示，单击"下一步"按钮。

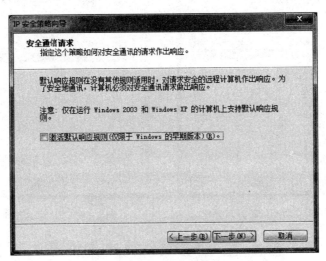

图 8-22　安全通信请求

（4）在"正在完成 IP 安全策略向导"对话框中选择"编辑属性"复选框，单击"完成"按钮，如图 8-23 所示。

（5）在"我的安全策略 属性"对话框的"规则"选项卡中单击"添加"按钮，如图 8-24 所示。

（6）在出现"新规则 属性"对话框的"IP 筛选器列表"选项卡中选择"屏蔽特定 IP"单选按钮，如图 8-25 所示。在"筛选器操作"选项卡中选择"阻止"单选按钮，如图 8-26 所示，单击"确定"按钮，返回上一级对话框，新规则已建立。

图 8-23　正在完成 IP 安全策略向导

图 8-24　"我的安全策略 属性"对话框

图 8-25　"IP 筛选器列表"选项卡

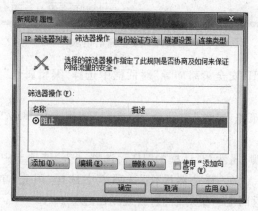

图 8-26　"筛选器操作"选项卡

（7）在"控制台 1"窗口中刚建立的"我的安全策略"规则上右击,选择"分配"命令,如图 8-27 所示。屏蔽特定 IP 地址的操作即完成。

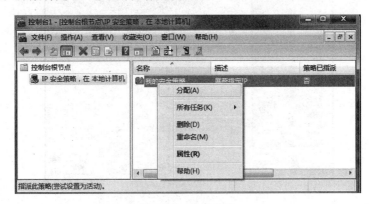

图 8-27　指派策略

最后,可以通过 ping 192.168.1.112 主机来验证防火墙。

任务 8-2　天网防火墙的使用

1. 天网防火墙个人版的安装

（1）运行安装程序,开始安装天网防火墙个人版,如图 8-28 所示。

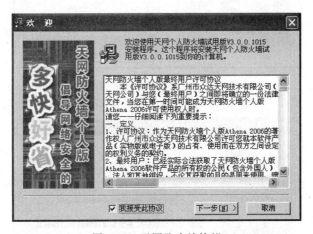

图 8-28　天网防火墙协议

（2）下拉列表中显示的是安装软件必须遵守的协议,选择"我接受此协议"复选框。如果不选择该复选框,则无法进行下一步安装。单击"下一步"按钮,进入继续安装界面,如图 8-29 所示。

（3）单击"浏览"按钮,在弹出的对话框中选择安装的路径（也可以使用其默认路径 C:\Program files\SkyNet\FireWall）,单击"下一步"按钮,如图 8-30 所示。再单击"下一步"按钮,开始安装,如图 8-31 所示。最后单击"完成"按钮,完成安装。

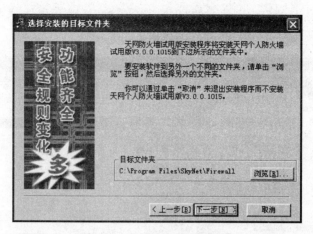

图 8-29　天网防火墙安装路径

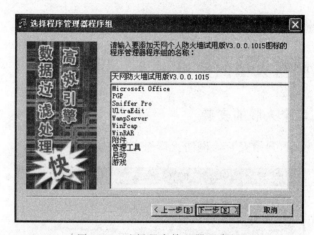

图 8-30　选择程序管理器程序组

图 8-31　开始安装

（4）天网防火墙个人版安装完成后，系统会自动弹出天网防火墙个人设置向导，如

图 8-32 所示。单击"下一步"按钮,根据自己的需要,进行防火墙安全级别设置(默认为中级),如图 8-33 所示。

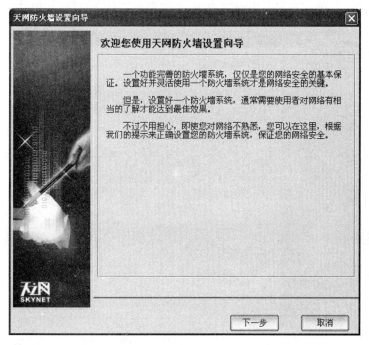

图 8-32　天网防火墙个人设置向导

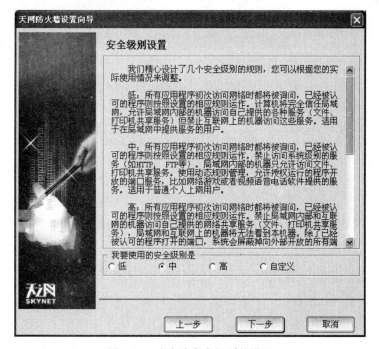

图 8-33　防火墙安全级别的设置

（5）单击"下一步"按钮，进行局域网信息设置。如果本机不在局域网中，可以直接跳过，若要在局域网中使用本机，则需正确设置本机在局域网中的 IP 地址，如图 8-34 所示。单击"下一步"按钮，进行常用应用程序设置，一般可以用默认选择，如图 8-35 所示。

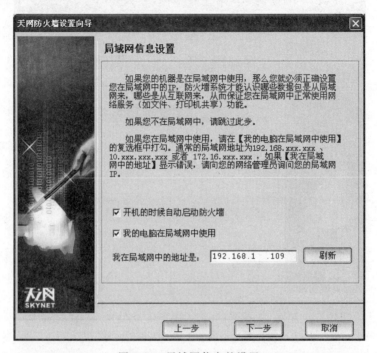

图 8-34　局域网信息的设置

图 8-35　常用应用程序的设置

（6）最后，单击"结束"按钮，完成向导的设置，如图 8-36 所示。完成天网防火墙个人版设置后，系统会自动弹出重启计算机提示，如图 8-37 所示，单击"确定"按钮可重启计算机。

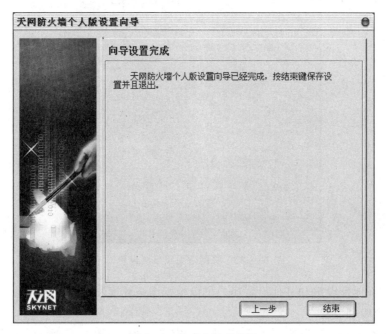

图 8-36　完成向导的设置

图 8-37　重启计算机提示

2. 天网防火墙个人版的使用设置

使用防火墙的关键是用户是否了解配置规则，并进行合理地配置。以下介绍天网防火墙的设置技巧。

（1）系统设置

系统设置有启动、规则设定、应用程序权限、局域网地址设定、其他设置几个方面，如图 8-38 所示。

① 启动一项是设定开机后自动启动防火墙。在默认情况下不启动，我们一般选择自动启动，这也是安装防火墙的目的。

② 规则设定是个设置向导，可以分别设置安全级别、局域网信息设置、常用应用程序设置。

图 8-38 天网防火墙系统设置

③ 局域网地址设定和其他设置用户可以根据网络环境和爱好自由设置。

（2）安全级别设置

天网防火墙的安全级别分为高、中、低、自定义四类，如图 8-39 所示。把鼠标光标置于某个级别上时，可从注释对话框中查看详细说明。

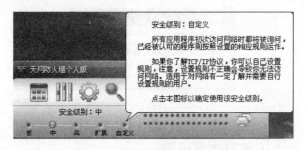

图 8-39 天网防火墙安全级别

① 低安全级别情况下完全信任局域网，允许局域网中的机器访问自己提供的各种服务，但禁止互联网上的机器访问这些服务。

② 中安全级别下局域网中的机器只可以访问共享服务，但不允许访问其他服务，也不允许互联网中的机器访问这些服务，同时运行动态规则管理。

③ 高安全级别下系统屏蔽掉所有向外的端口，局域网和互联网中的机器都不能访问自己提供的网络共享服务，网络中的任何机器都不能查找到该机器的存在。

④ 自定义级别适合了解 TCP/IP 协议的用户，可以设置 IP 规则，而如果规则设置不正确，可能会导致不能访问网络。

对于一般个人用户，推荐将安全级别设置为中级。这样可以在已经存在一定规则的情况下对网络进行动态的管理。

（3）应用程序访问网络权限设置

当有新的应用程序访问网络时，防火墙会弹出警告对话框，询问是否允许访问网络，如图 8-40 所示。

为保险起见，对用户不熟悉的程序都可以设为禁止访问网络。在"应用程序规则"选项中，如图 8-41 所示，还可以设置该应用程序是通过 TCP 还是 UDP 协议访问网络，以及 TCP 协议可以访问的端口，当不符合条件时，程序将询问用户或禁止操作。对已经允许访问网络的程序下一次访问网络时，按默认规则管理。

图 8-40　防火墙警告对话框

图 8-41　应用程序规则

（4）自定义 IP 规则设置

在选中"中级"安全级别时，进行自定义 IP 规则的设置是很有必要的。在这一项设置中，如图 8-42 所示，可以自行添加、编辑、删除 IP 规则，对防御入侵可以起到很好的效果。

任务 8-3　天网防火墙规则的设置

1. 规则导入

对于对 IP 规则不甚精通，并且也不想去了解这方面内容的用户，可以通过下载天网或其他网友提供的安全规则库，如图 8-43 所示，通过"导入"工具按钮将其导入到程序中。

2. IP 规则

IP 规则的设置分为规则名称的设定，规则的说明，数据包方向，对方 IP 地址，如图 8-44 所示。对于该规则 IP、TCP、UDP、ICMP、IGMP 协议需要做出的设置，当满足上述条件

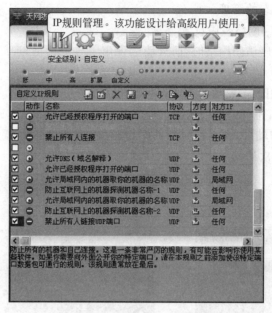

图 8-42　防火墙 IP 规则管理

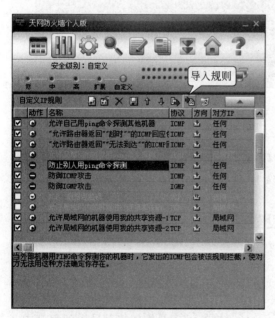

图 8-43　天网防火墙规则导入

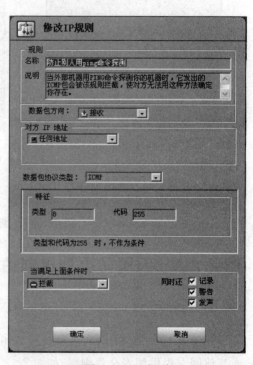

图 8-44　IP 规则

时，会确定对数据包的处理方式，对数据包是否进行记录等。如果 IP 规则设置不当，天网防火墙的警告标志就会闪烁不停，而如果正确地设置了 IP 规则，则既可以起到保护计算机安全的作用，又可以不必时时去关注警告信息。

3. 禁止 ping 命令探测计算机

用 ping 命令探测计算机是否在线是黑客经常使用的方式,因此要防止别人用 ping 探测。下面对规则的设置方法进行详细介绍。

(1) 添加规则前,通过另一台计算机来 ping 本机,如图 8-45 所示,将结果记录下来。

图 8-45　ping 192.168.1.109

(2) 单击"IP 规则管理器",进入"自定义规则"列表。

(3) 在自定义规则的工具栏中单击"增加规则"按钮,如图 8-46 所示,进入"增加 IP 规则"对话框,并填写对数据包的处理条件,如图 8-47 所示,单击"确定"按钮,完成规则的添加。

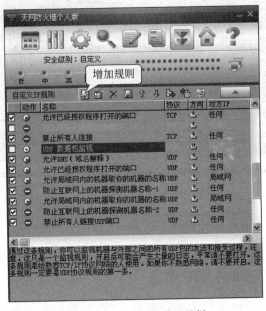

图 8-46　自定义规则工具栏

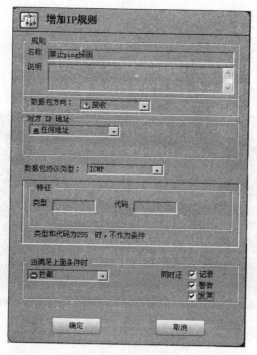

图 8-47　增加 IP 规则

（4）通过另一台计算机再次 ping 本机，防火墙将会屏蔽这个请求，如图 8-48 所示。

图 8-48　再次 ping 192.168.1.109

（5）打开"日志"，查看日志记录来验证结果，如图 8-49 所示。应仔细观察防火墙日志，了解记录的格式和含义。

4. 禁止特定 IP 地址的 FTP 连接

添加一条禁止邻近主机连接本地计算机 FTP 服务器的安全规则，如图 8-50 所示。可自己完成并向邻近主机发起 FTP 请求连接，观察结果。

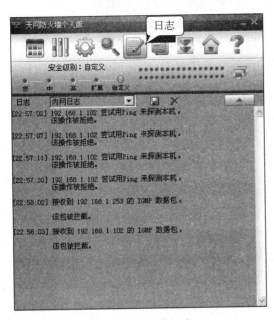

图 8-49 防火墙日志   图 8-50 拒绝邻居 FTP 的规则

8.5 习　　题

一、填空题

1. IPSec 的中文译名是_____。

2. _____是一种网络安全保障技术,它用于增强内部网络安全性,决定外界的哪些用户可以访问内部的哪些服务,以及哪些外部站点可以被内部人员访问。

3. 常见的防火墙有 3 种类型:_____、应用代理防火墙和状态检测防火墙。

4. 防火墙按组成组件分为_____和_____。

5. 包过滤防火墙的过滤规则基于_____。

二、选择题

1. 防火墙技术可以分为(　①　)等 3 大类型,防火墙系统通常由(　②　)组成,防止不希望的、未经授权的信息进入被保护的内部网络,是一种(　③　)网络安全措施。

① A. 包过滤、入侵检测和数据加密　　　B. 包过滤、入侵检测和应用代理

　 C. 包过滤、应用代理和入侵检测　　　D. 包过滤、状态监测和应用代理

② A. 杀病毒卡和杀病毒软件　　　　　　B. 代理服务器和入侵检测系统

　 C. 过滤路由器和入侵检测系统　　　　D. 过滤路由器和代理服务器

237

③ A. 被动的   B. 主动的

C. 能够防止内部犯罪的   D. 能够解决所有问题的

2. 防火墙是建立在内外网络边界上的一类安全保护机制,其安全构架基于(①)。一般作为代理服务器的堡垒主机上装有(②),其上运行的是(③)。

① A. 流量控制技术   B. 加密技术

C. 信息流填充技术   D. 访问控制技术

② A. 一块钱网卡且有一个 IP 地址   B. 两个网卡且有两个不同的 IP 地址

C. 两个网卡且有相同的 IP 地址   D. 多个网卡且动态获得 IP 地址

③ A. 代理服务器软件   B. 网络操作系统

C. 数据库管理系统   D. 应用软件

3. 以下不属于 Windows 2000 中的 IPSec 过滤行为的是(   )。

A. 允许   B. 阻塞   C. 协商   D. 证书

4. 以下关于防火墙的设计原则说法正确的是(   )。

A. 保持设计的简单性

B. 不仅要提供防火墙的功能,还要尽量使用较大的组件

C. 保留尽可能多的服务和守护进程,从而能提供更多的网络服务

D. 一套防火墙就可以保护全部的网络

5. 下列关于防火墙的说法正确的是(   )。

A. 防火墙的安全性能是根据系统安全的要求而设置的

B. 防火墙的安全性能是一致的,一般没有级别之分

C. 防火墙不能把内部网络隔离为可信任网络

D. 一个防火墙是只能用来对两个网络之间的访问实行强制性管理的安全系统

6. 为确保企业局域网的信息安全,防止来自 Internet 的黑客入侵,采用(   )可以实现一定的防范作用。

A. 网络管理软件   B. 邮件列表   C. 防火墙   D. 防病毒软件

7. (   )不是防火墙的功能。

A. 过滤进出网络的数据包   B. 保护储存数据安全

C. 封堵某些禁止的访问行为   D. 记录通过防火墙的信息内容和活动

三、简答题

1. 什么是防火墙?请简述防火墙的必要性。

2. 防火墙的主要作用是什么?它有哪些局限性?

3. 简述包过滤防火墙的工作原理。

4. 防火墙按照技术划分可分成几类?

5. 什么是 IPSec? IPSec 提供了哪几种保护数据传输的形式?

项目9 无线局域网安全

9.1 项目导入

随着无线技术运用的日益广泛,无线网络的安全问题越来越受到人们的关注。通常网络的安全性主要体现在访问控制和数据加密两个方面。访问控制保证敏感数据只能由授权用户进行访问,而数据加密则保证发射的数据只能被所期望的用户接受和理解。对于有线网络来说,访问控制往往以物理端口接入方式进行监控,它的数据输出通过电缆传输到特定的目的地,一般情况下,只有在物理链路遭到破坏的情况下,数据才有可能被泄露,而无线网络的数据传输则是利用微波在空气中进行辐射传播,因此只要在 Access Point 覆盖的范围内,所有的无线终端都可以接收到无线信号,AP 无法将无线信号定向到一个特定的接收设备,因此无线的安全保密问题就显得尤为突出。

无线局域网在带来巨大应用便利的同时,也存在许多安全上的问题。由于局域网通过开放性的无线传输线路传输高速数据,很多有线网络中的安全策略在无线方式下不再适用,在无线发射装置功率覆盖的范围内任何接入用户均可接收到数据信息,而将发射功率对准某一特定用户在实际中难以实现。这种开放性的数据传输方式在带来灵便的同时也带来了安全性方面的新的挑战。

9.2 职业能力目标和要求

- 掌握无线网络安全防范。
- 掌握无线局域网常见的攻击。
- 掌握 WEP 协议的威胁。
- 掌握无线安全机制。

9.3 相关知识点

9.3.1 无线网络概述

无线局域网是于 1990 年出现在现实生活中的。当它出现时,就有人预言完全取消电缆和线路连接方式的时代即将来临。目前,随着无线网络技术的日趋完善和无线网络产品价格的持续下调,无线局域网的应用范围也迅速扩展。过去,无线 LAN 仅限于工厂和仓库使用,现在已进入办公室、家庭,乃至其他公共场所。

无线局域网是指以无线信道作传输媒介的计算机局域网(Wireless Local Area Network,WLAN)。它是无线通信、计算机网络技术相结合的产物,是有线联网方式的重要补充和延伸,并逐渐成为计算机网络中一个至关重要的组成部分。

目前,无线通信一般有两种传输手段,即无线电波和光波。无线电波包括短波、超短波和微波。光波指激光、红外线。

短波、超短波类似电台或电视台广播采用的调幅、调频或调相的载波,通信距离可达数十公里。这种通信方式速率慢、保密性差、易受干扰、可靠性差,一般不用于无线局域网。激光、红外线由于易受天气影响,不具备穿透的能力,在无线局域网中一般不用。

因此,微波是无线局域网通信传输媒介的最佳选择。目前,使用微波作传输介质通常以扩频方式传输信号。这种扩频通信最早始于军事通信,由于扩频通信在提高信号接收质量、抗干扰、保密性、增加系统容量方面都有突出的优点,扩频通信迅速地在民用、商用通信领域普及开来。在国内,近年来扩频通信技术已经应用于室内局域网互联和室外城域网互连等领域。

9.3.2 Wi-Fi 在全球范围迅速发展的趋势

无线局域网(WLAN)作为一种能够帮助移动人群保持网络连接的技术,在全球范围内受到来自多个领域用户的支持,目前已经获得迅猛发展。无线局域网(WLAN)的发展主要从公共热点(在公共场所部署的无线局域网环境)和企业组织机构内部架设两个方向铺开。世界范围内的公共无线局域网(WLAN)热点数量三年增加近 60 倍。据 IDC 预测,到 2004 年全球的 WLAN 用户将达到 2460 万,比 2002 年增长近十倍;2002 年销售的全部笔记本电脑中只有 1.0％支持 WLAN;2005 年,售出的笔记本电脑中将有 80％具备无线支持能力。

在亚太区,这一发展势头同样强劲。市场调查公司指出,公共无线局域网(WLAN)服务在亚太地区将保持强劲的发展势头。至少在澳大利亚、中国香港、日本、新加坡、韩国和中国台湾这六大市场,热点的数量在迅速增加。2002 年亚太地区只有 1.6 万个热点,预计到 2007 年,热点的数量将接近 3.8 万。

在企业、学校等组织机构内部,笔记本电脑的普及也带动了无线局域网(WLAN)的普及。

以英特尔公司为例,全球 79000 名员工中有 65％以上的人使用笔记本电脑,其中 80％以上的办公室都部署了无线局域网(WLAN),英特尔围绕具备无线能力的笔记本电脑如何改变其员工的生活习惯和工作效率进行了调查,结果表明,员工的工作效率平均每周提高了两小时以上,远远超过了所花费的升级成本,而且完成一般办公室任务的速度提高了 37％。此外,无线移动性还迅速改变了员工的工作方式,使其能够更加灵活自主地安排自己的工作。

9.3.3　无线局域网常见的攻击

由于无线局域网采用公共的电磁波作为载体,电磁波能够穿过天花板、玻璃、楼层、砖、墙等物体,因此在一个无线局域网接入点(Access Point)所服务的区域中,任何一个无线客户端都可以接收到此接入点的电磁波信号,这样就可能包括一些恶意用户也能接收到其他无线数据信号。这样恶意用户在无线局域网中相对于在有线局域网当中去窃听或干扰信息就容易得多。

WLAN 所面临的安全威胁主要有以下几类。

1. 网络窃听

一般说来,大多数网络通信都是以明文(非加密)格式出现的,这就会使处于无线信号覆盖范围之内的攻击者可以乘机监视并破解(读取)通信。这类攻击是企业管理员面临的最大安全问题。如果没有基于加密的强有力的安全服务,数据就很容易在空气中传输时被他人读取并利用。

2. AP 中间人欺骗

在没有足够的安全防范措施的情况下,是很容易受到利用非法 AP 进行的中间人欺骗攻击。解决这种攻击的通常做法是采用双向认证方法(即网络认证用户,同时用户也认证网络)和基于应用层的加密认证(如 HTTPS+Web)。

3. WEP 破解

现在互联网上存在一些程序,能够捕捉位于 AP 信号覆盖区域内的数据包,收集到足够的 WEP 弱密钥加密的包,并进行分析以恢复 WEP 密钥。根据监听无线通信的机器速度、WLAN 内发射信号的无线主机数量,以及由于 IEEE 802.1.1. 标准帧冲突引起的 Ⅳ 重发数量,最快可以在两个小时内攻破 WEP 密钥。

4. MAC 地址欺骗

即使 AP 使用了 MAC 地址过滤,使未授权的黑客的无线网卡不能连接 AP,这并不意味着能阻止黑客进行无线信号侦听。通过某些软件分析截获的数据,能够获得 AP 允许通信的 STA MAC 地址,这样黑客就能利用 MAC 地址伪装等手段入侵网络了。

9.3.4　WEP 协议的威胁

下面介绍无线网络中的 WEP 密钥。

相对于有线网络来说,通过无线网络发送和接收数据更容易被窃听。在 IEEE 802.1.1. 标准中采用了 WEP(Wired Equivalent Privacy,有线对等保密)协议来设置专门的安全机制,WEP 是建立在 RC4 流密码机制上的协议,并使用 CRC-32 算法进行数据验和校正,从而确保数据在无线网络中的传输完整性。RC4 流密码机制的目的在于对无线环境中的数据进行加密,从而使数据在传递过程中不被窃听和破解。它采用对称加密机理,即数据的加密和解密采用相同的密钥和加密算法,WEP 使用加密密钥(也称为 WEP 密钥),如图 9-1 所示。

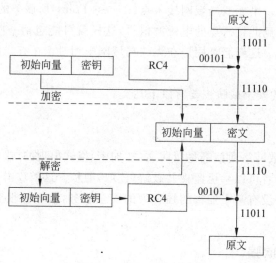

图 9-1　WEP 工作流程

WEP 支持 64 位和 1.28 位加密,对于 64 位加密,加密密钥为 1.0 个十六进制字符或 5 个 ASCII 字符;对于 1.28 位加密,加密密钥为 26 个十六进制字符或 1.3 个 ASCII 字符。依赖通信双方共享的密钥来保护所传的加密数据帧。其数据的加密过程如下。

1. 计算校验和(Check Summing)

(1) 对输入数据进行 CRC-32 完整性校验和计算。

(2) 把输入数据和计算得到的校验和组合起来得到新的加密数据,也称为明文,明文作为下一步加密过程的输入数据。

2. 加密

在这个过程中,将第一步得到的数据明文采用 RC4 算法加密。对明文的加密有两层含义:明文数据的加密,保护未经认证的数据。

(1) 将 24 位的初始化向量和 40 位的密钥连接并进行校验和计算,最终得到 64 位的数据。

(2) 将 64 位的数据输入到基于 RC4 流密码算法的虚拟随机数产生器中,它用于初始化向量和密钥的校验以及加密计算。

(3) 经过校验和计算的明文与虚拟随机数产生器的输出密钥流进行按位异或运算得到加密后的信息,即密文。

3. 传输

将初始向量和密文串接起来,得到要传输的加密数据帧,并在无线网络上传输。

4. 解密过程

(1) 恢复初始明文。重新产生密钥流,将其与接收到的密文信息进行异或运算,以恢复初始明文信息。

(2) 检验校验和。接收方依照恢复的明文信息来检验校验和,将恢复的明文信息进行分离,重新计算校验和,并检查它是否与接收到的校验和相匹配。这样即确保只有正确校验和的数据帧才会被接收方接受,并获取无线网络中的数据。

9.3.5　WEP 缺陷

WEP 密钥缺陷主要源于三个方面。

1. WEP 帧的数据负载

由于 WEP 加密算法实际上是利用 RC4 流密码算法作为伪随机数产生器,并由初始向量和 WEP 密钥组合而生成 WEP 密钥流,再将该密钥流与 WEP 帧的数据负载进行异或运算来实现加密运算。RC4 流密码算法是将输入密钥进行某种置换和组合运算来生成 WEP 密钥流。由于 WEP 帧的数据负载的第一个字节是逻辑链路控制的 802.2 头信息,这个头信息对于每个 WEP 帧的数据都是相同的,攻击者很容易猜测,利用猜的第一个明文字节和 WEP 帧的数据负载密文即可通过异或运算得到伪随机数发生器生成的密钥流中的第一个字节。

2. CRC-32 算法在 WEP 中的缺陷

在 802.1.1. b 协议中是允许初始向量被重复多次使用,这就构成了恶意攻击者充分利用 CRC-32 算法在 WEP 中的缺陷进行数据窃听和攻击。

于 WEP 而言,CRC-32 算法的作用在于对数据进行完整性校验。但是 CRC-32 的校验和并不是 WEP 中的加密函数,它只是负责检查原文是否完整。也就是说在整个过程中,恶意的攻击者可以截获 CRC-32 数据明文,可重构自己的加密数据并结合初始向量一起发给接受者。

3. 在 WEP 过程中,无身份验证机制

恶意攻击者通过简单的手段就可以实现与无线局网客户端的伪链接。可获取相应的异或文件,并通过 CRC-32 进行完整性校验,从而攻击者能用异或文件伪造 ARP 包,然后依靠这个包去捕获无线局网中的大量有效数据。

9.3.6　基于 WEP 密钥缺陷引发的攻击

目前针对 WEP 密钥缺陷引发的攻击,可大致分为两类。

1. 被动无线网络窃听,破解 WEP 密码

这种攻击模式的主要特征在于,在无线网络中进行大量的数据窃听,收集到足够多的有效数据帧,并利用这些信息对 WEP 密码进行还原。从这个数据帧里攻击者可以提取初始向量值和密文。对应明文的第一个字节是逻辑链路控制的 802.2 头信息。通过这一个字节的明文和密文,攻击者做异或运算就能得到一个字节的 WEP 密钥流,由于 RC4 流密码产生算法只是把原来的密码打乱次序,攻击者获得的这一字节的密码仅是初始向量和密码的一部分。但由于 RC4 的打乱,攻击者并不知道这一个字节具体的位置和排列次序。但当攻击者收集到足够多的初始向量值和密码之后,就可以进行统计并分析运算。利用上面的密码碎片重新排序,最终利用得到的密码碎片进行正确的顺序排列,从而分析出 WEP 的密码。

2. ARP 请求攻击模式

ARP 请求攻击模式为攻击者抓取合法无线局网客户端的数据请求包。如果截获到合法客户端发给无线访问接入点的 ARP 请求包,攻击者便会向无线访问接入点重发 ARP 包。由于 802.1.1. b 允许初始向量值重复使用,所以无线访问接入点接到这样的 ARP 请求后就会自动回复到攻击者的客户端,这样攻击者就能搜集到更多的初始向量值。当捕捉到足够多的初始向量值,就可以进行被动无线网络窃听并进行 WEP 密码破解。但当攻击者没办法获取 ARP 请求时,其通常采用的模式即使用 ARP 数据包欺骗,让合法的客户端和无线访问接入点断线,然后在其重新连接的过程中截获 ARP 请求包,从而完成 WEP 密码的破解。

9.3.7　对应决策

目前针对 WEP 密钥的破解技术和相应工具已经相当成熟。通过互联网搜索引擎可以找到大量的相关信息,使得任意一个用户都可能成为恶意攻击者,并对使用 WEP 密钥的无线网络造成威胁。

为此越来越多的用户开始转向于使用 WPA 加密方案,但是由于其完整的 WPA 实现比较复杂,操作过程较为困难(微软针对这些设置过程还专门开设了一门认证课程),一般用户不容易掌握。对于企业和政府来说,很多设备和客户端并不支持 WPA,最重要的是 TKIP(暂时密钥集成协议)加密并不能满足一些更高要求的加密需求,还需要更高的加密方式,所以 WPA 的使用出现了较多的问题。同时公认为较为安全的 WPA 加密方案的破解技术也已经出现,仅因为目前计算机运算速度等多方面的原因,使得破解 WPA 加密许花费大量的时间。但我们可以预见的是:在不久之后 WPA 加密方案也会如 WEP

加密一样脆弱。

当今比较成熟的无线网络安全方案通常不仅仅局限于一种安全策略的方案。这是源于其单一策略的功能局限性。此处我们提出了安全策略组（图 9-2）的概念。根据这些策略自身的特点可以构建出一个安全的无线环境。

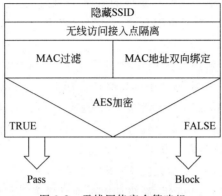

图 9-2 无线网络安全策略组

1. 隐藏 SSID 策略

SSID，即 Service Set Identifier 的简称，让无线客户端对不同无线网络的识别，客户端只有收到这个参数或者手动设定与无线访问接入点相同的 SSID 才能连接到无线网络。SSID 策略可以保障在当前网络中的无线信道中的数据不被窃听，从而保障了对应的无线网络密码安全。这一策略为无线网络策略组的第一步，仅当通过这一策略之后，才能进入到无线访问接入点隔离阶段。

2. 无线访问接入点隔离策略

无线访问接入点隔离策略类似于有线网络的 VLAN，即将所有的无线客户端设备完全隔离，使其只能访问无线访问接入点连接的固定网络。不同的 VLAN 之间不能直接通信，从而降低了无线接入点被恶意攻击者攻击的概率。当无线用户接入点进入到访问接入点隔离策略阶段时，根据各自的接入交换机将会被自动划分到相应的 VLAN 上。划分完毕之后，策略组就自动对各个接入点进行第三步策略判断。

3. MAC 地址策略

在这一策略中包含两个详细的规则。

（1）MAC 地址过滤。这种方式就是通过对无线访问接入点的设定，将指定的无线网卡的物理 MAC 地址输入到无线访问接入点中。而访问接入点对收到的每个数据包都会做出判断，只有符合设定标准的才能被转发，否则将会被丢弃。这样就从很大程度上保障了非当前的无线网络中注册的计算机不能登录网络。

（2）MAC 地址双向绑定策略，MAC 地址双向绑定的方法多用于企业内部针对 ARP 欺骗病毒进行防御，不过对于伪造 MAC 地址非法入侵无线网络来说同样奏效。其从根本上防御无线网络中的 ARP 请求攻击。在这一策略过程中,仅当接入点设备满足如上两个详细规则后,才能进行最终的无线通信,并在通信的过程中使用 AES 加密策略。

4. AES 加密策略

AES 加密策略是整个策略组中最重要的策略,虽然上面的几种策略能从一定策略上保障整个网络的安全。但是为了更为有效地确保网络安全,AES 加密策略成为整个策略组的核心部分。

AES 加密作为一种全新加密标准,其加密算法采用对称块加密技术,提供比 WEP 中 RC4 算法更高的加密性能,是密码学中的高级加密标准(Advanced Encryption Standard,AES),又称 Rijndael 加密法。尽管人们对 AES 还有不同的看法,但总体来说,AES 作为新一代的数据加密标准汇集了强安全性、高性能、高效率、易用和灵活等优点。这个标准已经替代了原先的 DES,被多方分析且广为全世界所使用。经过五年的甄选流程,高级加密标准由美国国家标准与技术研究院(NIST)于 2001 年 11 月 26 日发布,并在 2002 年 5 月 26 日成为有效的标准。2006 年,高级加密标准已成为对称密钥加密中最流行的算法之一。仅当通过安全策略组时,接入点才能正常地进行网络信息通信。

上面四种安全策略构建的无线网络策略组,其中分别从 VLAN、MAC 两个方面来降低无线接入点被恶意攻击的风险。隐藏 SSID 策略则降低了接入点信息被窃听的风险。其安全系数已经完全能够抵御大多数无线网络攻击,并保证其正常工作以及无线接入点的各个用户数据的安全。

9.3.8　无线安全机制

由于无线网络没有网线的束缚,任何在无线网络范围之中的无线设备都可搜索到无线网络,并可共享连接无线网络;这就对我们的网络和数据造成了安全问题,如何解决这种不安全因素呢? 这就需要对无线网络进行安全设置,详细过程及步骤如下。

无绺网络安全设置只要从路由器中设置即可,现在路由器大多是使用 Web 设置方法,因此从浏览器地址栏中输入路由器的 IP 地址,即可进入路由器设置环境

对路由器无线安全设置可通过取消 SSID 广播(无线网络服务用于身份验证的 ID 号,只有 SSID 号相同的无线主机才可以访问本无线网络)或采用无线数据加密的方法。

1. 取消 SSID 广播

SSID(Service Set Identifier)也可以写为 ESSID,用来区分不同的网络,最多可以有 32 个字符,无线网卡设置了不同的 SSID 就可以进入不同网络,SSID 通常由 AP 广播出来,通过 Windows XP 自带的扫描功能可以查看当前区域内的 SSID。出于安全考虑,可以不广播 SSID,此时用户就要手工设置 SSID 才能进入相应的网络。简单地说,SSID 就是一个局域网的名称,只有设置为具有相同的 SSID 值的计算机才能互相通信。

2. 禁用 SSID 广播

通俗地说,SSID 是给无线网络所取的名字。需要注意的是,同一生产商推出的无线路由器或 AP 都使用了相同的 SSID,一旦那些企图非法连接的攻击者利用通用的初始化字符串来连接无线网络,就极易建立起一条非法的连接,从而给无线网络带来威胁。因此,建议最好能够将 SSID 命名为一些较有个性的名字。

无线路由器一般都会提供"允许 SSID 广播"功能。如果不想让自己的无线网络被别人通过 SSID 名称搜索到,那么最好"禁止 SSID 广播"。你的无线网络仍然可以使用,只是不会出现在其他人所搜索到的可用网络列表中。

注意:通过禁止 SSID 广播设置后,无线网络的效率会受到一定的影响,但以此换取安全性的提高,这还是值得的。而且由于没有进行 SSID 广播,该无线网络被无线网卡忽略了,尤其是在使用 Windows XP 管理无线网络时,达到了"掩人耳目"的目的。

首先进入路由器设置界面,选择无线参数,取消允许 SSID 广播,一般路由器设置的SSID,厂家都会默认使用自己的标识或机型,因此,如果不想被别人猜出无线网络的SSID,可手动修改 SSID,可指定任意个性化的名称,当然也可不指定而采用默认的 SSID。

9.3.9　无线 VPN

1. 需求描述

一些中小型企业和政府机构出于布线系统困难的考虑,采用无线局域网。主要有以下情况。

- 布线困难和安装成本高,如历史建筑、腐蚀性环境和开阔地带。
- 频繁变化的环境,如零售店、工厂和银行频繁地重新安排工作场所和改变工作地点。
- 用于特殊的项目或高峰时间的临时局域网,零售店和航空公司在高峰时期需要额外的工作站。展览会和交易展会短期内需要安装临时局域网。
- 应急局域网,在网络遭遇灾难被破坏时,需要快速安装和紧急恢复。

2. 解决方案

上述网络构建需求可以通过采用 Avaya 公司的 VPN 网关 VSU-100 和 VSU-2000实现 VPN 安全网络。

其中 VSU-100 是用于小型和中型业务的 VPN 设备,它具有 2 个局域网端口,16Mbps 速率的加密 3DES 算法,可以同时支持 100 个 VPN 隧道;而 VSU-2000 适合用于分支办事处,它具有 2 个局域网端口,16Mbps 速率的加密 3DES 算法,可以同时支持100 个 VPN 隧道,如图 9-3 所示。

无线局域网由于采用无线电波的方式传输信息,所以信息很容易被接收,其安全对于一些企业和单位是十分值得关注的问题。采用 VPN 后,在空中传输的是经过加密的信

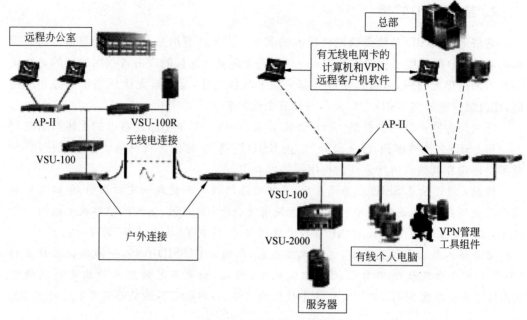

图 9-3　VPN 安全网络

息，因此不会出现安全隐患。该解决方案的 VPN 隧道安全服务还具有以下特点。

- 采用 IPSec 安全协议。
- 采用信息压缩技术压缩，提高了传输效率。
- 采用密钥管理技术（IKE 和 SKIP）。
- 具有设备验证（数字认证和共享机密）的功能。
- 具有用户检查的功能，采用了 LDAP、CHAP/PAP、RADIUS 和 SecurID 等技术。

Avaya 公司的无线 VPN 解决方案为企业和业务提供者的 IP-VPN 网络提供了安全措施和基于策略的管理。随着 IEEE 802.1.1.b 和 IEEE 802.1.1.a 标准的出台，无线局域网市场将有很大的发展，所以该解决方案对于安全性要求较高的用户具有很大的吸引力。

通过 Avaya 公司为该网关配置的 Avaya VPN-manager，用户可以采用集中的策略管理。使用了 VPNmanager 配置和 VPN 策略，信息可以被集中管理，并被有效而透明地发送到 VSU 网关。这样，减少了对用来支持 VPN 配置和管理的昂贵 IT 资源的需要。

9.4　项 目 实 施

任务 9-1　无线局域网安全配置

WLAN 是 Wireless LAN 的简称，即无线局域网。所谓无线网络，顾名思义就是利用无线电波作为传输媒介而构成的信息网络，由于 WLAN 产品不需要铺设通信电缆，可以灵活机动地应付各种网络环境的设置变化。

WIAN 技术为用户提供更好的移动性、灵活性和扩展性，在难以重新布线的区域提供快速而经济有效的局域网接入，无线网桥可用于为远程站点和用户提供局域网接入。但是，当用户对 WLAN 的期望日益升高时，其安全问题随着应用的深入表露无遗，并成为制约 WLAN 发展的主要瓶颈。

1. 威胁无线局域网的因素

首先应该被考虑的问题是，由于 WLAN 是以无线电波作为上网的传输媒介，因此无线网络存在着难以限制网络资源的物理访问，无线网络信号可以传播到预期的方位以外的地域，具体情况要根据建筑材料和环境而定，这样就使得在网络覆盖范围内都成为 WLAN 的接入点，使入侵者有机可乘，可以在预期范围以外的地方访问 WLAN，窃听网络中的数据，有机会入侵 WLAN 并应用各种攻击手段对无线网络进行攻击，当然这是在入侵者拥有了网络访问权以后。

其次，由于 WLAN 还是符合所有网络协议的计算机网络，所以计算机病毒一类的网络威胁因素同样也威胁着所有 WLAN 内的计算机，甚至会产生比普通网络更加严重的后果。

因此，WLAN 中存在的安全威胁因素主要是：窃听、截取或者修改传输数据、置信攻击、拒绝服务等。

IEEE 802.1. x 认证协议发明者 VipinJain 接受媒体采访时表示：“谈到无线网络，企业的 IT 经理人最担心两件事：首先，市面上的标准与安全解决方案太多，使得用户无所适从；其次，如何避免网络遭到入侵或攻击？无线媒体是一个共享的媒介，不会受限于建筑物实体界线，因此有人要入侵网络可以说十分容易。”因此 WLAN 的安全措施还是任重而道远。

2. 无线局域网的安全措施

（1）采用无线加密协议防止未授权用户

保护无线网络安全的最基本手段是加密，通过简单地设置 AP 和无线网卡等设备，就可以启用 WEP 加密。无线加密协议（WEP）是对无线网络上的流量进行加密的一种标准方法。许多无线设备商为了方便安装产品，交付设备时关闭了 WEP 功能。但一旦采用这种做法，黑客就能利用无线嗅探器直接读取数据。建议经常对 WEP 密钥进行更换，有条件的情况下启用独立的认证服务为 WEP 自动分配密钥。另外一个必须注意的问题就是用于标识每个无线网络的服务者身份（SSID），在部署无线网络的时候一定要将出厂时的默认 SSID 更换为自定义的 SSID。现在的 AP 大部分都支持屏蔽 SSID 广播，除非有特殊理由，否则应该禁用 SSID 广播，这样可以减少无线网络被发现的可能。

但是目前 IEEE 802.1.1. 标准中的 WEP 安全解决方案在 1.5min 内就可被攻破，已被广泛证实不安全。所以如果采用支持 1.28 位的 WEP，破解 1.28 位的 WEP 是相当困难的，同时也要定期地更改 WEP，保证无线局域网的安全。如果设备提供了动态 WEP 功能，最好应用动态 WEP。值得我们庆幸的，Windows XP 本身就提供了这种支持，可以选中 WEP 选项"自动为我提供这个密钥"。同时,应该使用 IPSec、VPN、SSH 或其他 WEP 的替代方法。不要仅使用 WEP 来保护数据。

（2）改变服务集标识符并且禁止 SSID 广播

SSID 是无线接入的身份标识符,用户用它来建立与接入点之间的连接。这个身份标识符是由通信设备制造商设置的,并且每个厂商都用自己的默认值。例如,3COM 的设备都用"1.01."。因此,知道这些标识符的黑客可以很容易不经过授权就享受你的无线服务。你需要给每个无线接入点设置一个唯一并且难以推测的 SSID。如果可能,还应该禁止你的 SSID 向外广播。这样,你的无线网络就不能够通过广播的方式来吸纳更多用户。当然这并不是说你的网络不可用,只是它不会出现在可使用网络的名单中。

（3）静态 IP 与 MAC 地址绑定

无线路由器或 AP 在分配 IP 地址时,通常是默认使用 DHCP 即动态 IP 地址分配,这对无线网络来说是有安全隐患的,"不法"分子只要找到了无线网络,很容易就可以通过 DHCP 而得到一个合法的 IP 地址,由此就进入了局域网络中。因此,建议关闭 DHCP 服务,为家里的每台计算机分配固定的静态 IP 地址,然后再把这个 IP 地址与该计算机网卡的 MAC 地址进行绑定,这样就能大大提升网络的安全性。"不法"分子不易得到合法的 IP 地址,即使得到了,因为还要验证绑定的 MAC 地址,相当于两重关卡。设置方法如下。

首先,在无线路由器或 AP 的设置中关闭"DHCP 服务器"。其次,激活"固定 DHCP"功能,把各计算机的"名称"（即 Windows 系统属性里的"计算机描述"）,以后要固定使用的 IP 地址,其网卡的 MAC 地址都如实填写好。最后单击"执行"命令就可以了。

任务 9-2 确保无线网安全

随着科技时代的发展,越来越多的无线产品正在投入使用,无线安全的概念也不是风声大雨点小,不论是咖啡店、机场的无线网络,还是自家用的无线路由,都已经成为黑客进攻的目标。那么如何才能保证自己的无线安全呢?

步骤/方法:正确放置网络的接入点设备并从基础做起。在网络配置中,要确保无线接入点放置在防火墙范围之外。

利用 MAC 阻止黑客攻击利用基于 MAC 地址的 ACL（访问控制表）,确保只有经过注册的设备才能进入网络。MAC 过滤技术就如同给系统的前门再加一把锁,设置的障碍越多,越会使黑客知难而退,不得不转而寻求其他低安全性的网络。

所有无线局域网都有一个默认的 SSID（服务标识符）或网络名。立即更改这个名字,用文字和数字符号来表示。如果企业具有网络管理能力,应该定期更改 SSID。不要到处使用这个名字:即取消 SSID 自动播放功能。

WEP 协议（不能将加密保障都寄希望于 WEP 协议）。WEP 是 802.11b 无线局域网的标准网络安全协议。在传输信息时,WEP 可以通过加密无线传输数据来提供类似有线传输的保护。在简便的安装和启动之后,应立即更改 WEP 密钥的默认值。最理想的方式是 WEP 的密匙能够在用户登录后进行动态改变,这样,黑客想要获得无线网络的数据就需要不断跟踪这种变化。基于会话和用户的 WEP 密钥管理技术能够实现最优保护,为网络增加另外一层防范,确保无线安全。

尽管现在无线局域网的构建已经相当方便,非专业人员可以在自己的办公室安装无线路由器和接入点设备,但是,他们在安装过程中很少考虑到网络的安全性,只要通过网络探测工具扫描网络就能够给黑客留下攻击的后门。因而,在没有专业系统管理员同意和参与的情况下,要限制无线网络的构建,这样才能保证无线安全。

部分概念说明如下。

- MAC:MAC(Media Access Control)地址,或称为 MAC 位址、硬件位址,用来定义网络设备的位置。
- WEP:Wired Equivalent Privacy 加密技术,WEP 安全技术源自于名为 RC4 的 RSA 数据加密技术,以满足用户更高层次的网络安全需求。
- ACL:ACL(Access Control List,访问控制列表)是路由器和交换机接口的指令列表,用来控制端口进出的数据包。
- VPN:VPN(Virtual Private Network,虚拟专用网络)指的是在公用网络上建立专用网络的技术。其之所以称为虚拟网,主要是因为整个 VPN 网络的任意两个节点之间的连接并没有传统专网所需的端到端的物理链路,而是架构在公用网络服务商所提供的网络平台上,如 Internet、ATM(异步传输模式)、Frame Relay(帧中继)等之上的逻辑网络,用户数据在逻辑链路中传输。它涵盖了跨共享网络或公共网络的封装、加密和身份验证链接的专用网络的扩展。VPN 主要采用了隧道技术、加解密技术、密钥管理技术和使用者与设备身份认证技术。
- RADIUS:RADIUS(Remote Authentication Dial In User Service,远程用户拨号认证系统)由 RFC2865、RFC2866 定义,是目前应用最广泛的 AAA 协议。
- SSID:SSID(Service Set Identifier,服务集标识)技术可以将一个无线局域网分为几个需要不同身份验证的子网络,每一个子网络都需要独立的身份验证,只有通过身份验证的用户才可以进入相应的网络。

任务 9-3 无线 VPN 安全设置

启用 VPN 连接和连接后无线路由的设置方法:由于架设 VPN 的需要,各网点原来使用的无线路由器需要重新设置。具体设置方法如下所示(这里截取的是 TP-LINK 路由器的图片,华为路由器设置请参考本方法并对照设置执行)。

(1) 打开浏览器,在地址栏输入 http://192.168.1.1 并按 Enter 键,进入路由器登录提示框(图 9-4)。

输入用户名、密码后,登录路由器。

打开网络设置中的 LAN 设置界面进行更改(图 9-5)。

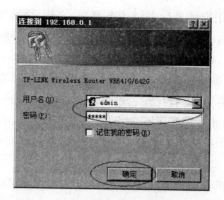

图 9-4　路由器登录

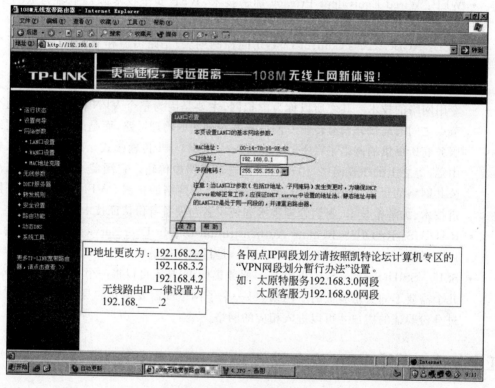

图 9-5　LAN 设置界面

（2）打开网络设置中的 WAN 设置界面进行更改（图 9-6）。

（3）打开无线参数中的基本设置界面进行更改（图 9-7）。

（4）打开 DHCP 服务器中的 DHCP 服务界面进行更改（图 9-8）。

（5）其他未列出的项目均不需要更改和设置。

（6）更改设置完成后，切记要保存，然后重新启动路由器。

（7）设置完成后，无线路由器将会当作无线交换机的功能使用，不再使用原有的路由功能，所以在网线连接时，要将 WAN 口空出，所有需要连接的线路（包括与 VPN 连接的主线）都插在 LAN 口上（图 9-9、图 9-10）。

252

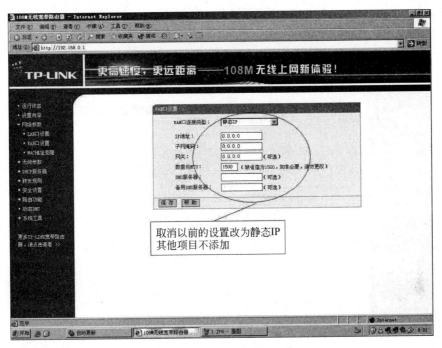

图 9-6　WAN 设置界面

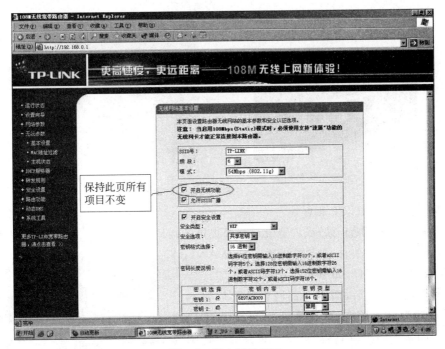

图 9-7　基本设置界面

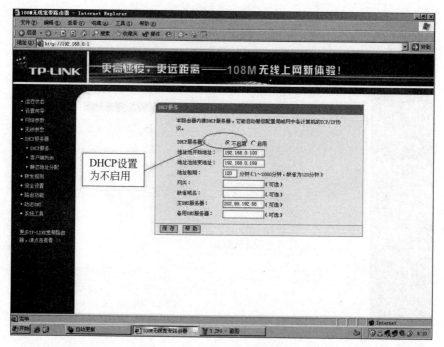

图 9-8　DHCP 服务界面

图 9-9　插线实物图(1)

图 9-10　插线实物图(2)

　　VPN 连接时注意以下几点。

　　(1) 宽带从 Modem(猫)或者宽带运营商提供的接口连接出来后,直接通过网线连接到 VPN 上。连接时要注意将网线插入到 WAN1 口上,WAN2 口为预留口,如图 9-11 所示。

　　(2) 架设 VPN 后,需将全部网内计算机的本机 IP 地址设置为自动获取,待计算机取得 IP 后才能连接网络。如果手动添加 IP,则需要注意自己所在的网段(网段划分见"VPN 网段划分暂行办法")。

图 9-11　插线实物图(3)

　　(3) VPN 连接成功后,一律将各网点电子监控设备(硬盘录像机)的主机 IP 地址设置为 192. 168. 1.

28,端口一律更改为 8001,否则监控系统不能联网。

9.5　习　　题

一、填空题

1. 掉话率＝$(\sum$ 话音信道掉话总次数 $/\sum$ 系统应答总次数$)\times 100\%$,其中,话音信道掉话总次数统计的是无线侧的_____消息。

2. 与定位功能相关的辅助无线功能有:_____、_____、_____、_____、_____、_____。

3. 是否启用 L-算法,是由_____和_____参数来决定的。

4. BO 软件包括 3 个模块:_____、_____、_____。当我们要直接做一张报表,不需要建立新的 universe 的时候,要用模块_____;当我们要建立一个新的 universe 的时候,要用模块_____;当我们要做用户管理的工作的时候,要用模块_____。

5. 调整向外分担负荷可调整参数_____,调整向内负荷分担可调整参数_____。

二、选择题

1. GSM 小区(CELL)的发射半径控制在 35 公里内,主要由(　　)因素决定。
   A. 时隙定位的问题　　　　　　　B. 频率复用方式
   C. 输出功率不允许超过 40W

2. 每个基站中都装配两个接收天线的原因是(　　)。
   A. 增强发射信号强度　　　　　　B. 互为备份
   C. 增强接收信号强度

3. (　　)逻辑信道移动用户用于连接系统。
   A. 寻呼信道(PCH)　　　　　　　B. 广播信道(BCCH)
   C. 随机接入信道(RACH)　　　　 D. TS2

4. 测量结果通过(　　)逻辑信道传回基站。
   A. SDCCH　　　　B. SACCH　　　　C. TCH

5. RAND、Kc 和 SRES 组合的英文名称为(　　)。
   A. Mobile number group　　　　　B. Triplet
   C. Triplegroup

6. (　　)功能是在 BSC 中完成的。
   A. 测量无线连接的信号强度　　　B. 分配无线信道
   C. 本地交换

7. 临时移动用户识别号(TMSI)的作用是(　　)。

　　A. 识别出租的手机

　　B. 减少移动用户的身份在无线空间的暴露次数

　　C. 作为用户使用新设备的临时身份号

8. 当移动用户移动到同一 LA 中另一单元时,是否总要将此变化通知 GSM 网络系统?(　　)

　　A. 总要

　　B. 只有当移动用户正在呼叫时才要

　　C. 不需要

9. 在 CME20 系统中,克服时间色散的措施是(　　)。

　　A. 采用跳频技术　　　　　　　　　　B. 采用接收机均衡器

　　C. 采用交织技术　　　　　　　　　　D. 采用 GMSK 调制技术

10. 在逻辑信道的分类中,(　　)不属于广播信道(BCH)。

　　A. 同步信道(SCH)　　　　　　　　　B. 频率校正信道(FCCH)

　　C. 广播控制信道(BCCH)　　　　　　D. 寻呼信道(PCH)

三、简答题

1. 简述 WLAN 的应用现状。

2. 简述 WLAN 面临的安全问题。

3. 简述 WLAN 业界的安全技术。

4. 简述无线产品的选型原则。

项目 10　Internet 安全与应用

10.1　项 目 导 入

Internet 是全球最大的、开放的、由众多网络互联而成的计算机网络,现在无论做什么,都和 Internet 打交道,网络的开放性和共享性在方便了人们使用的同时也使得网络很容易遭受到攻击,而攻击的后果是严重的,诸如数据被人窃取、服务器不能正常提供服务等,所以我们应该加强安全意识。

10.2　项 目 分 析

××公司早已应用计算机作为生产管理的工具,因为公司经营有道,目前已经建立了三十多个分公司(办事处),各分支机构内部也全部采用计算机作为业务工具,并建立了自己的局域网络,所有的子公司都需要接入 Internet,需要互相发邮件,访问网站等,但是对于整个公司来说,分公司仍然是信息孤岛,若想通过 Internet 访问,有时速度是很慢的,××公司的信息网络建设已经滞后于业务发展的步伐。新的 ERP 系统的使用也迫切地需要将各分公司与总公司的局域网连接在一起,形成一个大的内部 Intranet 广域网络。为了解决上面的问题,我们需要致力于研究 Internet 安全与应用来解决 ×× 公司所面临的问题。

10.3　相 关 知 识 点

10.3.1　电子邮件安全

电子邮件已经成为现代商业及日常生活通信中的重要部分,快客邮件统计资料显示在全球范围内,目前平均每秒就有 300 万封电邮被发送出去,由于中国的网民位居世界之冠,其电子邮件通信量也相当多。由于许多用户对电子邮件的安全风险漏洞认识不够透彻,甚至有更多的人根本没有防范意识,以致各种威胁乘虚而入。

1. 电子邮件的安全漏洞

传统的邮件系统在传输、保存、管理上均无安全性控制,存在着泄密、易被监听和破解等严重安全隐患,电子邮件已经成为近年来从国家机密到个人隐私泄密事件的主要通道。

（1）电子邮件协议

常见的电子邮件协议有 SMTP 和 POP3,它们都属于 TCP/IP 协议簇的。默认状态下,分别通过 TCP 端口 25 和 110 建立连接。其中 SMTP 是一组用于从源地址到目的地址传输邮件的规范,用来控制邮件的中转方式。POP 协议负责从邮件服务器中检索电子邮件。

（2）电子邮件的安全漏洞

其包括以下方面。

① 缓存漏洞。

② Web 信箱漏洞。

③ 历史记录漏洞。

④ 密码漏洞。

⑤ 攻击性代码漏洞。

2. 电子邮件安全技术与策略

（1）电子邮件安全技术

① 端到端的安全电子邮件技术

端到端的安全电子邮件技术可保证邮件从被发出到被接收的整个过程中,内容保密,无法修改,并且不可否认。目前,成熟的端到端安全电子邮件标准有 PGP 和 S/MIME。

② 传输层的安全电子邮件技术

目前主要有两种方式实现电子邮件在传输过程中的安全,一种是利用 SSL SMTP 和 SSL POP;另一种是利用 VPN 或者其他的 IP 通道技术,将所有的 TCP/IP 传输（包括电子邮件）封装起来。

（2）电子邮件安全策略

① 选择安全的客户端软件。

② 利用防火墙技术。

③ 对邮件进行加密。

④ 利用病毒杀软件。

⑤ 对邮件客户端进行安全配置。

10.3.2　Internet 电子欺骗与防范

2002 年 1 月 12 日,广东省阳江市公安局网络安全监察科接到当地一位李女士的报案：她收到了一封附有 7 张色情图片的电子邮件。公安部门接到报案后,迅速展开了调查,通过查询电信部门的 IP 记录,找到了发送色情邮件的 IP 地址,顺藤摸瓜找到了梁瑞本。梁瑞本称有黑客盗用他的计算机管制权限而向外乱发色情图片,他据此向阳江市城区法院递交行政起诉状,请求撤销阳江市公安局对他的处罚。法院审理后认为,根据 IP 地址、网上账号和口令在网络上的唯一性、排他性,认为该色情邮件就是从梁瑞本家的计算机发出的。

如今,Internet 的普及使其几乎时时刻刻都遭受着各种各样的有意或无意的电子攻击,不时有 Internet 服务器被攻击的报告,使 Internet 的安全性受到了严重威胁,干扰了人们正常使用 Internet。因此,如何有效地防范电子攻击、增强网络安全性是一个不容忽视的研究课题。由于它是一种非常专业化的攻击,而一般网民对其攻击机制并不了解,由此造成了防范此类攻击的困难。那么电子欺骗可以用一句话概括:通过伪造源于一个可信任地址的数据,可以使一台机器认证另一台机器的电子攻击手段。它可分为 ARP 电子欺骗、DNS 电子欺骗和 IP 电子欺骗三种类型。下面对这三种电子欺骗分别进行介绍。

1. ARP 电子欺骗

(1) ARP 协议

ARP 是负责将 IP 地址转化成对应的 MAC 地址的协议。

为了得到目的主机的 MAC 地址,源主机就要查找其 ARP 缓存,若没有找到,源主机就会发送一个 ARP 广播请求数据包。此 ARP 请求数据包包含源主机的 IP 地址、MAC 地址和目的主机的 IP 地址。它向以太网上的每一台计算机询问:"如果你是这个 IP 地址,请回复你的 MAC 地址"。只有具有此 IP 地址的主机收到这份广播报文后,才会向源主机回送一个包含其 MAC 地址的 ARP 应答。

(2) ARP 欺骗攻击原理

ARP 请求是以广播方式进行的,主机在没有接到请求的情况下也可以随意发送 ARP 响应数据包,且任何 ARP 响应都是合法的,无须认证,自动更新 ARP 缓存,这些都为 ARP 欺骗提供了条件。

当 LAN 中的某台主机 B 向主机 A 发送一个自己伪造的 ARP 应答,如果这个应答是 B 冒充 C 伪造的,即 IP 地址为 C 的 IP 地址,而 MAC 地址是 B 的。当 A 接收到 B 伪造的 ARP 应答后,就会更新本地的 ARP 缓存,建立新的 IP 地址和 MAC 地址的映射关系,从而,B 取得了 A 的信任。这样,以后 A 要发送给 C 的数据包就会直接发送到 B 的手里。

比如举一个简单的例子:一个入侵者想非法进入某台主机,他知道这台主机的防火墙只对于 192.168.1.1 开放 23 号端口(Telnet),而他必须要使用 Telnet 来进入这台主机,所以他要进行如下操作。

① 研究 192.168.1.1 主机,发现如果他发送一个洪泛(Flood)包给 192.168.1.1 的 139 端口,该机器就会应声而死。

② 主机发到 192.168.1.1 的 IP 包将无法被机器应答,系统开始更新自己的 ARP 对应表,将 192.168.1.1 的项目删去。

③ 入侵者把自己的 IP 改成 192.168.1.1,再发一个 ping 命令给主机,要求主机更新 ARP 转换表。

④ 主机找到该 IP,然后在 ARP 表中加入新的 IP 地址与 MAC 地址的映射关系。

⑤ 这样,防火墙就失效了,入侵者的 MAC 地址变成合法,可以使用 Telnet 进入主机了。

现在如果该主机不只提供 Telnet,还提供 r 命令(如 rsh、rcopy、rlogin),那么,所有的安全约定都将无效,入侵者可放心地使用该主机的资源而不用担心被记录什么。

（3）ARP 欺骗攻击的防御

采用如下措施可有效地防御 ARP 攻击。

① 不要把网络的安全信任关系仅建立在 IP 地址或 MAC 地址的基础上,而是应该建立在 IP＋MAC 基础上（即将 IP 和 MAC 两个地址绑定在一起）。

② 设置静态的 MAC 地址到 IP 地址的对应表,不要让主机刷新设定好的转换表。

③ 除非很有必要,否则停止使用 ARP,将 ARP 作为永久条目保存在对应表中。

④ 使用 ARP 服务器,通过该服务器查找自己的 ARP 转换表来响应其他机器的 ARP 广播,确保这台 ARP 服务器不被攻击。

⑤ 定期清除计算机中的 ARP 缓存信息,达到防范 ARP 欺骗攻击的目的。

⑥ 使用 ARP 监控服务器。当进行数据传输时,客户端把 ARP 数据包捕获发送给服务器端,由服务器端进行处理。

⑦ 划分多个范围较小的 VLAN,一个 VLAN 内发生的 ARP 欺骗不会影响到其他 VLAN 内的主机通信,缩小了 ARP 欺骗攻击影响的范围。

⑧ 使用交换机的端口绑定功能。

⑨ 使用防火墙连续监控网络。

2. DNS 电子欺骗

（1）DNS 欺骗

DNS 欺骗是攻击者冒充域名服务器的一种欺骗行为。DNS 欺骗攻击是危害性较大、攻击难度较小的一种攻击技术。当攻击者危害 DNS 服务器并明确地更改主机名与 IP 地址映射表时,DNS 欺骗就会发生。

（2）DNS 欺骗攻击原理

在域名解析过程中,客户端首先以特定的标识（ID）向 DNS 服务器发送域名查询数据报,在 DNS 服务器查询之后以相同的 ID 号给客户端发送域名响应数据报。这里,客户端会将收到的 DNS 响应数据报的 ID 和自己发送的查询数据报的 ID 相比较,两者相匹配,则表明接收到的正是自己等待的数据包;如果不匹配,则丢弃之。

攻击者的欺骗条件只有一个,那就是发送的与 ID 匹配的 DNS 响应数据报在 DNS 服务器发送响应数据报之前到达客户端。

在主要由交换机搭建的网络环境下,要想实现 DNS 欺骗,攻击者首先要向攻击目标实施 ARP 欺骗。

假设用户、攻击者和 DNS 服务器在同一个 LAN 内,则其攻击过程如下。

① 攻击者通过向攻击目标以一定的频率发送伪造 ARP 应答包,改写目标机的 ARP 缓存中的内容,并通过 IP 续传方式使数据通过攻击者的主机再流向目的地;攻击者配合嗅探器软件监听 DNS 请求包,取得 ID 和端口号。

② 取得 ID 和端口号后,攻击者立即向攻击目标发送伪造的 DNS 应答包。用户收到后确认 ID 和端口号无误,以为收到了正确的 DNS 应答包。而其实际的地址很可能被导向攻击者想让用户访问的恶意网站,用户的信息安全受威胁。

③ 当用户再次收到 DNS 服务器发来的 DNS 应答包时，由于晚于伪造的 DNS 应答包，因此被用户抛弃，用户的访问被导向攻击者设计的地址。一次完整的 DNS 欺骗完成。

（3）DNS 欺骗攻击的防范

① 直接使用 IP 地址访问

对少数信息安全级别要求高的网站应直接使用（输入）IP 地址进行访问，这样可以避开 DNS 对域名的解析过程，也就避开了 DNS 欺骗攻击。

② DNS 服务器冗余

借助于"冗余"思想，可在网络上配置两台或多台 DNS 服务器，并将其放置在网络的不同地点。

③ MAC 与 IP 地址绑定

DNS 欺骗是攻击者通过改变或冒充 DNS 服务器的 IP 地址实现的，所以将 DNS 服务器的 MAC 地址与 IP 地址绑定，保存在主机内。这样，每次主机向 DNS 发出请求后，都要检查 DNS 服务器应答中的 MAC 地址是否与保存的 MAC 地址一致。

④ 加密数据

防止 DNS 欺骗攻击最根本的方法是加密传输的数据，对服务器来说应尽量使用 SSH 等支持加密的协议，对一般用户则可使用 PGP 之类的软件加密所有发到网络上的数据。

有一些例外情况不存在 DNS 欺骗：如果 IE 中使用代理服务器，那么 DNS 欺骗就不能进行，因为此时客户端并不会在本地进行域名请求；如果访问的不是本地网站主页，而是相关子目录文件，这样在自定义的网站上不会找到相关的文件，DNS 欺骗也会以失败告终。

3. IP 电子欺骗

（1）IP 电子欺骗原理

IP 电子欺骗是建立在主机间的信任关系的。

由于 IP 协议不是面向链接的，所以 IP 层不保持任何连接状态的信息。因此，可以在 IP 包的源地址和目标地址字段中放入任意的 IP 地址。假如某人冒充主机 B 的 IP 地址，就可以使用 rlogin 登录到主机 A，而不需任何口令认证。这就是 IP 电子欺骗的理论依据。

（2）IP 电子欺骗过程

① 使被信任主机丧失工作能力

由于攻击者将要代替真正地被信任主机，他必须确保真正地被信任主机不能收到任何有效的网络数据，否则将会被揭穿。比如，使用 SYN 洪泛攻击使被信任主机失去工作能力。

② 序列号取样和推测

先与被攻击主机的一个端口（如 25）建立起正常连接，并将目标主机最后所发送的初始序列号（ISN）存储起来；然后还需要估计他的主机与被信任主机之间的往返时间。

③ 对目标主机的攻击

攻击者可伪装成被信任主机的 IP 地址,然后向目标主机的 513 端口(rlogin 的端口号)发送连接请求。目标主机立刻对连接请求做出反应,发送 SYN/ACK 确认数据包给被信任主机。此时被信任主机处于瘫痪状态,无法收到该包。随后攻击者向目标主机发送 ACK 数据包,该包使用前面估计的序列号加 1。如果攻击者估计正确,目标主机将会接收该 ACK。连接就正式建立。

(3) IP 电子欺骗的防范

① 抛弃基于 IP 地址的信任策略。

② 进行包过滤。

③ 使用加密方法。

④ 使用随机的初始序列号。

10.3.3 VPN 概述

虚拟专用网络(Virtual Private Network,VPN),指的是在公用网络上建立专用网络的技术。之所以称为虚拟网,主要是因为整个 VPN 网络的任意两个节点之间的连接并没有传统专网所需的端到端的物理链路,而是架构在公用网络服务商所提供的网络平台(如 Internet、ATM、Frame Relay 等)之上的逻辑网络,用户数据在逻辑链路中传输。

VPN 类似于点到点直接拨号连接或租用线路连接,尽管它是以交换和路由的方式工作。VPN 常用的连接方式有:通过 Internet 实现远程访问、通过 Internet 实现网络互联和连接企业内部网络计算机等。VPN 允许远程通信方、销售人员或企业分支机构使用 Internet 等公用网络的路由基础设施以安全的方式与位于企业 LAN 端的企业服务器建立连接。通过 VPN,网络对每个使用者都是"专用"的。

1. 应用

(1) 用于政府、企事业单位总部与分支机构内部联网(Intranet-VPN)

(2) 适用于商业合作伙伴之间的网络互联(Extranet-VPN)VPN 的功能。

2. 功能

(1) 通过隧道(Tunnel)或虚电路(Virtual Circuit)实现网络互联。

(2) 支持用户安全管理。

(3) 能够进行网络监控、故障诊断。

3. 特点

(1) 建网快速方便。用户只需将各网络节点采用专线方式本地接入公用网络,并对网络进行相关配置即可。

(2) 降低建网投资。由于 VPN 是利用公用网络为基础而建立的虚拟专网,因而可以避免建设传统专用网络所需的高额软硬件投资。

（3）节约使用成本。用户采用 VPN 组网，可以大大节约链路租用费及网络维护费用，从而减少企业的运营成本。

（4）网络安全可靠。VPN 主要采用国际标准的网络安全技术，通过在公用网络上建立逻辑隧道及网络层的加密，避免网络数据被修改和盗用，保证了用户数据的安全性及完整性。

（5）简化用户对网络的维护及管理工作。大量的网络管理及维护工作由公用网络服务提供商来完成。

4. 服务

（1）根据用户的需求提供 VPN 组网方案。

- 设备选型。
- 网络设计。

（2）专线接入 CHINANET，为用户提供 VPN 公用网络基础。

- DDN
- Frame Relay
- DSL

（3）安装调试，根据用户的具体需求，可以选择以下两种配置方案。

- 建立 IP Tunel（逻辑隧道）方式。
- IP Tunel（逻辑隧道）与数据加密相结合的方式。

5. 业务优势

VPN 不但是一种产品，更是一种服务。VPN 通过公众网络建立私有数据传输通道，将远程的分支办公室、商业伙伴、移动办公人员等连接起来。可减轻企业的远程访问费用负担，节省开支，并且可提供安全的端到端的数据通信方式。VPN 兼备了公众网和专用网的许多特点，将公众网可靠的性能、扩展性、丰富的功能与专用网的安全、灵活、高效结合在一起，可以为企业和服务提供商带来以下益处：

（1）显著降低了用户在网络设备的接入及线路的投资。

（2）采用远程访问的公司提前支付了购买和支持整个企业远程访问基础结构的全部费用。

（3）减小了用户网络运维和人员管理的成本。

（4）网络使用简便，具有可管理性、可扩展性。

（5）公司能利用无处不在的 Internet 通过单一网络结构为分支机构提供无缝和安全的连接。

（6）能加强与用户、商业伙伴和供应商的联系。运营商、ISP 和企业用户都可从中获益。

6. VPN 安全技术

VPN 可以采用多种安全技术来保证安全。这些安全技术主要有半隧道（tunneling）

技术、加密/解密(encryption&decryption)技术、密钥管理(key management)技术和身份认证(authentication)技术等,它们都由隧道协议支持。

(1)隧道技术

隧道技术是 VPN 的基本技术,类似于点对点连接技术。它是在公司网络上建立一条数据通道(隧道),数据包通过这条隧道传输。使用隧道传递的数据可以是不同协议的数据帧或包。隧道协议将这些其他协议的数据帧或包重新封装在新的包头中发送。新的包头提供了路由信息,从而使封装的负载数据能够通过互联网络传递。被封装的数据包在隧道的两个端点之间通过公共网络进行路由。

(2)加密/解密技术

加密/解密技术是在 VPN 应用中将认证信息、通信数据等由明文转换为密文和由密文变为明文的相关技术,其可靠性主要取决于加密/解密的算法及强度。

(3)密钥管理技术

密钥管理技术的主要任务是如何在公用数据网上安全地传递密钥。现行密钥管理技术分为 SKIP 和 ISAKMP/OAKLEY 两种。SKIP 协议主要是利用 Diffie-Hellman 算法法则,在网络中传输密钥;在 Internet 安全连接和密钥管理协议(ISAKMP)中,双方都有两个密钥,分别用于公用和私用。

(4)身份认证技术

在正式的隧道连接开始之前,VPN 要运用身份认证技术确认使用者和设备的身份,以便系统进一步实施资源访问控制或用户授权。

7. VPN 的安全性

(1)密码与安全认证。
(2)扩展安全策略。
(3)日志记录。

10.4 项 目 实 施

任务 10-1 电子邮件安全应用实例

1. Web 邮箱安全应用实例

Web 邮箱有很多种,用户可根据个人习惯选择合适的邮箱。下面以 163 邮箱为例,介绍 Web 邮箱的安全配置。

(1)防密码嗅探

163 邮箱在登录时采用了 SSL 加密技术,它对用户提交的所有数据先进行加密,然后再提交到网易邮箱,从而可以有效防止黑客盗取用户名、密码和邮件内容,保证了用户邮件的安全,用户在输入用户名和密码时,选择"SSL 安全登录"即可实现该功能。当用户单击"登录"或并按 Enter 键后,会发现地址栏中的"http：//"瞬间变成"https：//",之后又恢复成"http：//",这就是 SSL 加密登录,如图 10-1 所示。

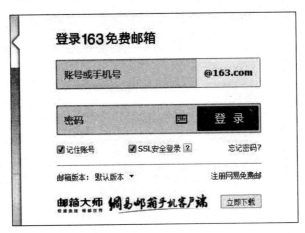

图 10-1　163 邮箱登录

（2）来信分类功能

邮箱的来信分类功能是根据用户设定的分类规则,将来信投入指定文件夹,或者拒收来信。这样,不仅能够防止垃圾邮件,还可以过滤掉一些带病毒的邮件,减少病毒感染的机会。

登录网易邮箱,单击"设置",进入"邮箱设置"界面。选择左侧的"来信分类"→"新建来信分类",打开"编辑分类规则"界面,设置分类规则,如图 10-2 所示。

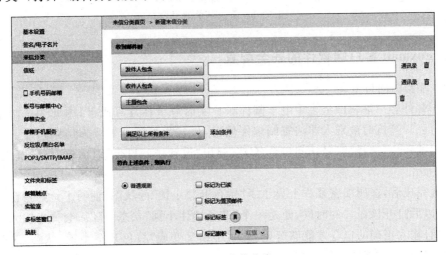

图 10-2　来信分类

（3）反垃圾邮件处理

默认情况下,网易邮箱具有反垃圾邮件的功能,用户通过单击"设置"→"反垃圾/黑白名单"→"反垃圾规则",打开"反垃圾级别"界面,如图 10-3 所示。

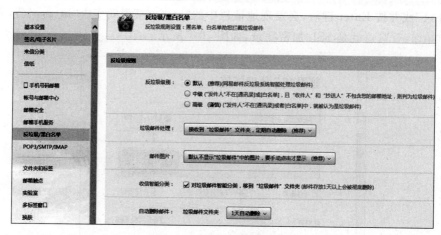

图 10-3　反垃圾邮件处理

（4）黑名单和白名单

用户通过单击"设置"→"反垃圾/黑白名单"→"黑白名单设置"，打开黑白名单设置界面，如图 10-4 所示。

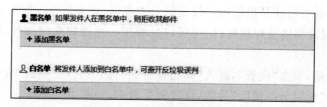

图 10-4　黑白名单的设置

2. Foxmail 客户端软件的安全配置

（1）邮箱访问口令

由于邮件客户端软件将多个电子邮件账户实时登录在计算机上，因此为了防止当用户离开自己计算机时被别人非法查阅邮件信息，最好为邮箱设置账户访问口令。右击要添加密码的账户，选择"账号访问口令（C）"，弹出"设置访问口令"对话框，可设置密码，如图 10-5 所示。

设置完成后，在所加密账户上显示了"黄色开锁小锁"的状态，证明了该账户已经被加密了，当以后打开该账户的时候，便是一个"蓝色锁住小锁"状态。随后会弹出输入口令的窗口，只有输入正确的口令才能够解密，此时小锁又变成"黄色开锁小锁"状态，这时才可以查看此邮箱中的邮件信息。

（2）垃圾邮件设置

某种程度上，对垃圾邮件的定义可以是那些人们没有意愿去接收到的电子邮件都是垃圾邮件。比如：商业广告、政治言论、蠕虫病毒邮件、恶意邮件等。Foxmail 最引以为豪的就是它的贝叶斯过滤和黑白名单的反垃圾邮件功能。用户通过单击"Foxmail 的管理选项"→"设置…"，打开"系统设置"对话框，选择"反垃圾"选项卡，它包括邮件过滤、黑名单和白名单,如图 10-6 所示。

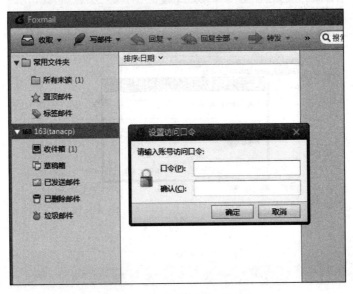

图 10-5　给邮箱设置访问口令

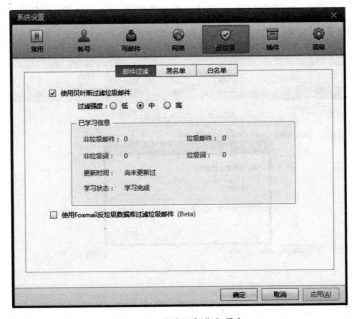

图 10-6　"反垃圾"选项卡

在邮件过滤中有两个选项,一个是"使用贝叶斯过滤垃圾邮件",它是一种智能型的反垃圾邮件设计,它通过让 Foxmail 不断地对垃圾与非垃圾邮件的分析学习,来提高自身对垃圾邮件的识别准确率。另一个是"使用 Foxmail 反垃圾数据库过滤垃圾邮件"。

在"黑名单"选项卡中,用户只需要单击"添加"按钮,将一些确认的垃圾邮件地址输入到黑名单中,就可完成对该邮件地址发来的所有邮件的监控,如图 10-7 所示。

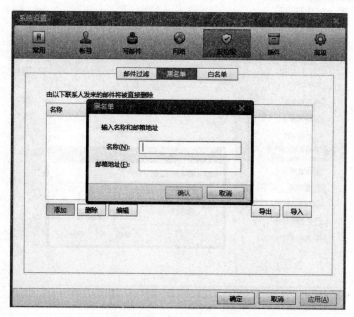

图 10-7　黑名单的设置

在"白名单"选项卡中用户只需要单击"添加"按钮,将一些确认不是垃圾邮件的地址输入到白名单中,就可完成对该邮件地址发来的所有邮件的监控,如图 10-8 所示。

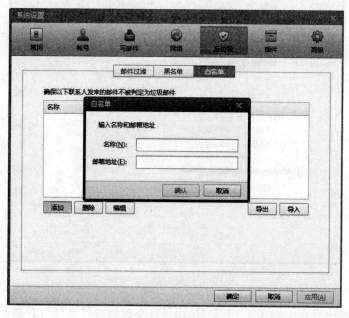

图 10-8　白名单设置

任务 10-2　Internet 电子欺骗防范实例

对合法用户进行 IP＋MAC＋端口绑定,可防止恶意用户通过更换自己地址后上网的行为。

现以锐捷 S2126G 交换机为例介绍 IP 地址与 MAC 地址和端口的绑定设置,如图 10-9 所示。

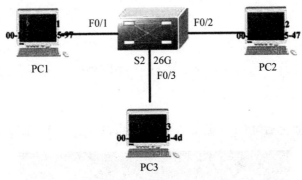

图 10-9　网络拓扑图

1. 工作原理

交换机检查接收的 IP 包,不符合绑定的被交换机丢弃。

2. 配置命令

根据上面的网络拓扑图,进行个人计算机 IP 地址和交换机的配置,PC 的 IP 地址很简单,这里就不赘述了,主要是交换机的配置命令,具体如下。

(1) 在端口 F0/1 上绑定 IP 为 192.168.1.1、MAC 为 00-15-58-28-35-97 的主机。

(2) 进入全局配置模式。

```
Switch#configure terminal
```

(3) 进入端口 1 配置模式。

```
Switch(config)#interface fastethernet 0/1
```

(4) 把端口模式改为 access。

```
Switch(config-if)#switchport mode access
```

(5) 启用端口安全设置。

```
Switch(config-if)#switchport port-security
```

(6) 设置最多允许的 MAC 地址数。

```
Switch(config-if)#switchport port-security maximum 1
```

269

（7）端口＋MAC 地址＋IP 地址绑定。

```
Switch(config-if)#switchport port-security mac-address 0015.5828.3597 ip-
address 192.168.1.1
Switch(config-if)#end
```

（8）将配置保存并写入交换机中。

```
Switch#wr
```

3. 测试方法

在 S2126G 上启用端口安全,绑定端口、IP、MAC,PC1 可以 ping 通 PC2。
期望目标:修改 PC1 的端口、IP、MAC,PC1 不能 ping 通 PC2。

4. 测试结果

经过上面的配置之后,PC1 开始 ping PC2 是可以 ping 通的,如图 10-10 所示。

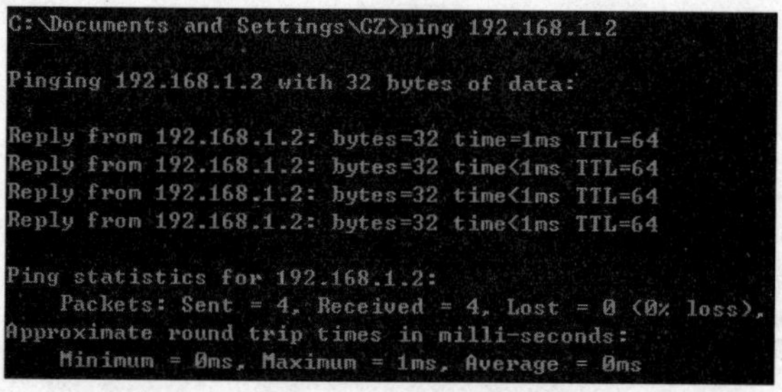

图 10-10　PC1 没改 MAC 地址之前 ping 的状态

修改 PC1 的端口、IP、MAC 之后,PC1 就不能 ping 通 PC2 了,如图 10-11 所示。

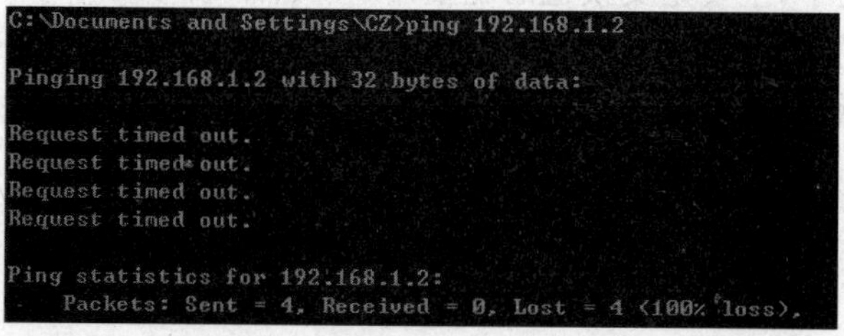

图 10-11　PC1 改变之后 ping 的状态

任务 10-3　VPN 的配置与应用实例

1. VPN 服务器的安装

（1）首先单击任务栏中"开始"→"管理工具"→"服务器管理器",如图 10-12 所示。
（2）在服务器管理器中添加角色"网络策略和访问服务",并安装以下角色服务,如

图 10-13 所示。

图 10-12　服务器管理器

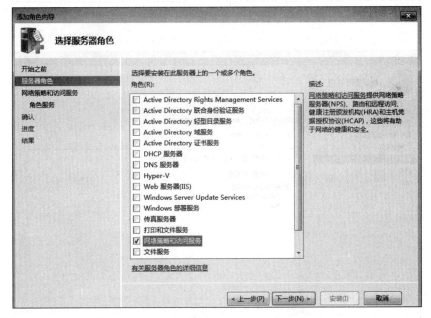

图 10-13　添加"网络策略和访问服务"角色

（3）两次单击"下一步"按钮。选择"路由和远程访问服务"及相关组件，单击"下一步"按钮，如图 10-14 所示。

（4）现在确认一下所选择的组件是否正确，确认后单击"安装"按钮，如图 10-15 所示。

（5）现在可以开始安装路由和远程访问服务了，如图 10-16 所示。

（6）现在可以看到已经将这个服务安装好了，如图 10-17 所示。

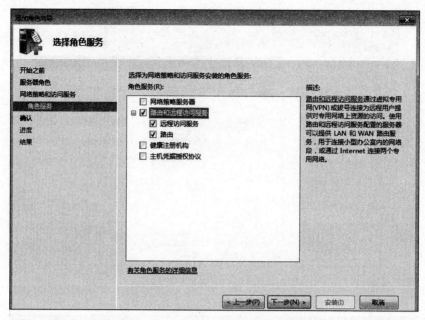

图 10-14　添加"路由和远程访问服务"组件

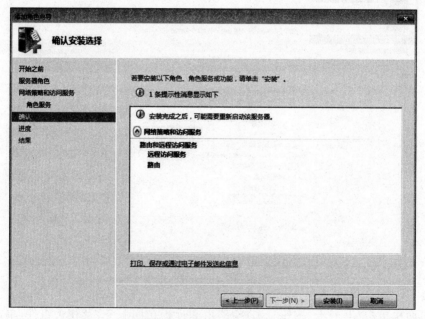

图 10-15　"确认安装选择"页面

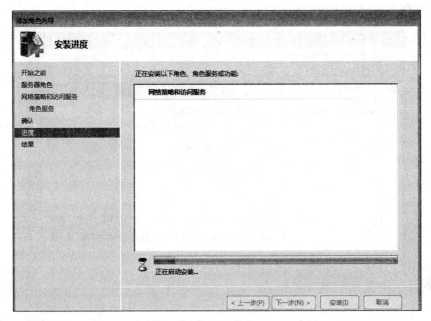

图 10-16 安装进度

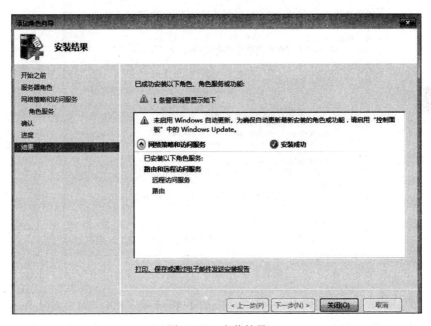

图 10-17 安装结果

(7) 从图 10-17 中可以看出，Windows 自动更新功能没有开启，没有关系，只要启动就可以了。

单击"开始"→"管理工具"→"路由和远程访问"，如图 10-18 所示。

(8) 在列出的本地服务器(WIN-NHI72D78E5S)上右击并选择"配置并启用路由和

273

远程访问"命令,打开向导,如图 10-19 所示。

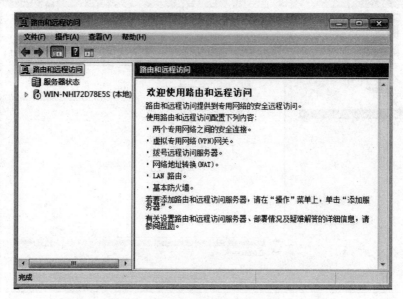

图 10-18 "路由和远程访问"界面

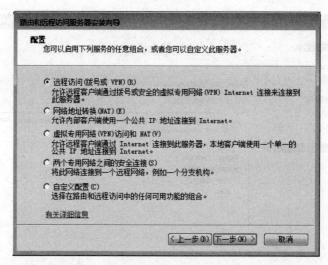

图 10-19 "配置并启用路由和远程访问"安装向导

(9) 如果服务器有两张网卡,选择"远程访问(拨号或 VPN)"。如果只有一张网卡,则选择自定义配置并在下一步中选择 VPN。此台计算机只有一张网卡,故选择自定义配置,如图 10-20 所示。

(10) 注,同时选择 NAT(A),然后就可以完成了。单击"完成"按钮后,出现如图 10-21 所示的内容,让你启动服务。

(11) 单击"启动服务"后,VPN 服务器即安装完毕。

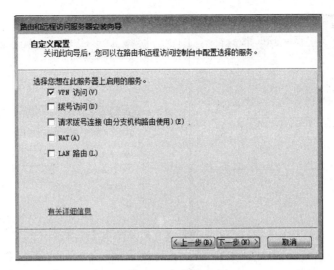

图 10-20　自定义配置

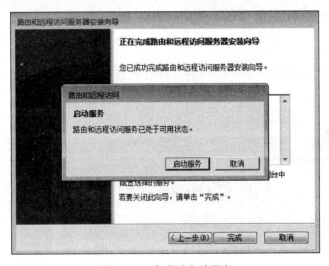

图 10-21　完成后启动服务

2. VPN 服务器的配置

（1）配置 VPN 的 IP 地址分配方式：在"路由和访问"窗口中右击"WIN-NHI72D78E5S(本地)"并选择"属性"命令，转到 IPv4 标签页，如图 10-22 所示。

（2）这里可以选择"动态主机配置协议"或"静态地址池"。"动态主机配置协议"需要有 DHCP 服务器，因为涉及 DHCP 服务器的配置等，这里只做简单设置，就选择"静态地址池"选项，添加一个地址段，如图 10-23 所示。

（3）这里选用的是 192.168.1.200～192.168.1.249 共 50 个地址，这时候主机一定是 192.168.1.200，就是地址池的第一个地址。于是 RRAS 的配置已经完成了，我们可以转到 NPS 中去。

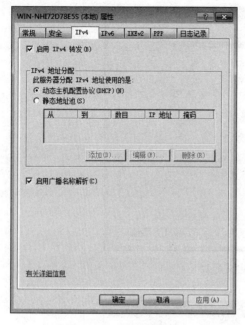
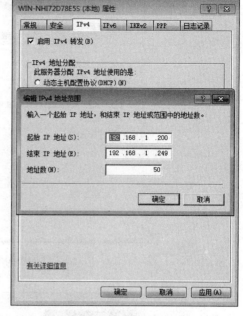

图 10-22　IPv4 选项卡　　　　　　　　　图 10-23　添加静态地址池

（4）在"开始"→"管理工具"→"网络策略服务器"中打开 NPS。NPS 内置了一个用于拨号或 VPN 连接的 RADIUS 服务器配置。直接选择这一项，打开向导，如图 10-24 所示。

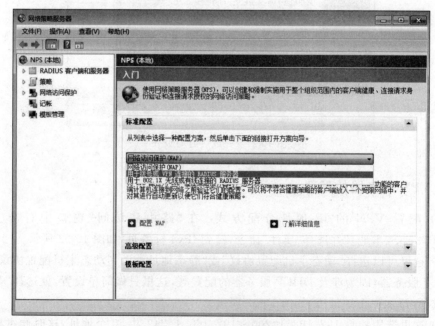

图 10-24　网络策略服务器

（5）选择"配置 NAP"，出现选择拨号或虚拟专用网络连接类型，如图 10-25 所示。

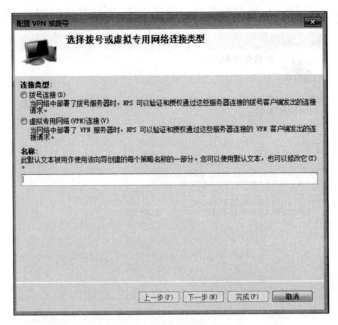

图 10-25　选择网络连接类型

（6）选择"虚拟专用网络（VPN）连接（V）"，然后单击"下一步"按钮。

（7）添加一个 RADIUS 客户端，取一个友好的名称，地址就选本地 IP，然后生成一个共享机密，当然手动输入也可以，这不是密码，如图 10-26 所示。

图 10-26　添加 RADIUS 客户端

（8）单击"下一步"按钮，出现配置身份验证方法，选择默认值即可，如图 10-27 所示。

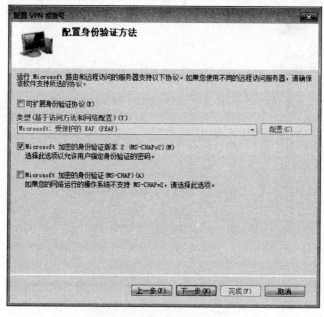

图 10-27　配置身份验证方法

（9）单击"下一步"按钮，出现选择组的信息，因这里选择了 MS-CHAPV2 认证，那么需要指定授权给 VPN 拨入的用户组。这里添加了 Administrators 和 Users 组。最好是新建一个新组，专门用于 VPN 接入，这里简略用了现成的用户组，如图 10-28 所示。

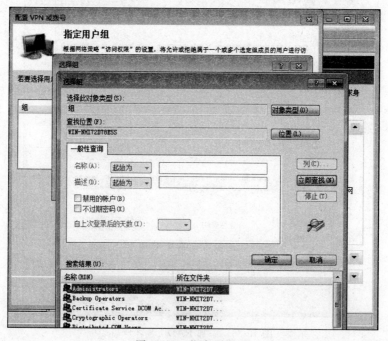

图 10-28　指定用户组

（10）下几步的 IP 筛选器、指定加密设置、指定一个领域名称，均取默认值。

（11）最后完成的效果如图 10-29 所示。

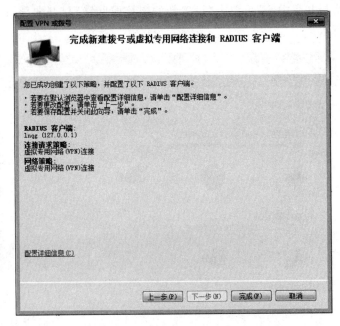

图 10-29　完成 NPS 的配置

（12）给 VPN 连接建立账户。

在"开始"→"管理工具"→"服务器管理"中，打开"配置"→"本地用户与组"→"用户"，右击右边窗口并新建一个用户 VPN，设置密码为 123456。新用户默认隶属于 Users 组，已经具备 VPN 拨入权限，如图 10-30 所示。

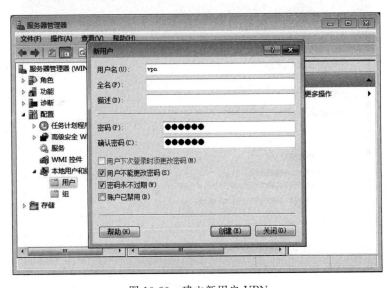

图 10-30　建立新用户 VPN

3. 测试 VPN 连接

（1）在"网络与共享中心"里单击"设置新的连接或网络"打开向导，选择连接到工作区，如图 10-31 所示。

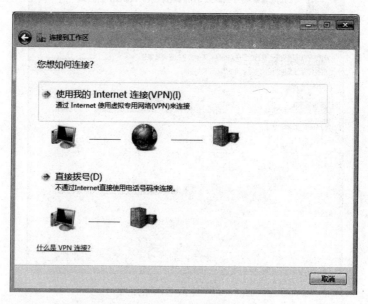

图 10-31　连接到工作区

（2）选择第一项"使用我的 Internet 连接（VPN）（I）"，因是测试，地址就选择本地地址，如图 10-32 所示。

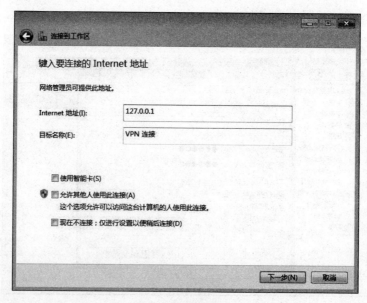

图 10-32　选择地址

（3）单击"下一步"按钮，输入用户名和密码，如图 10-33 所示。

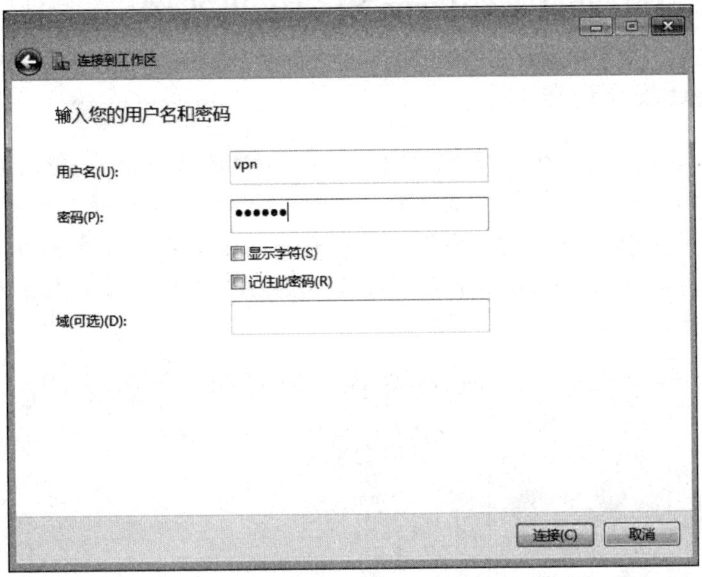

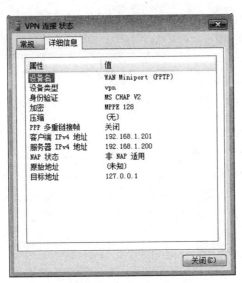

图 10-33　用户名及密码输入框

（4）单击"连接"按钮，开始尝试连接，并验证用户名和密码，成功后提示用户已经完成连接，至此拨入成功。查看信息，可以看到已经取得，之前分配的 192.168.1.201 这个IP 地址，如图 10-34 所示。

图 10-34　VPN 连接状态

至此，完成了整个实例。这只是从最简单的内容入手，并在 Windows Server 2008 环境下架设一台 VPN 服务器的简单案例。要实现 VPN 功能并投入实际使用，还有许多细节需要继续完善。

任务 10-4　Internet Explorer 安全应用实例

1．Internet 安全设置

这里以 Internet Explorer 8 为例说明。打开 Internet Explorer，单击菜单栏中的"工具"→"Internet 选项"，打开"安全"选项卡。在"安全"选项卡中选择 Internet，就可以针对 Internet 区域的一些安全选项进行设置。虽然有不同级别的默认设置，但最好是根据自己的实际情况亲自调整一下，单击下方的"自定义级别"，这里就显示出具体组件的设置，如图 10-35 所示。

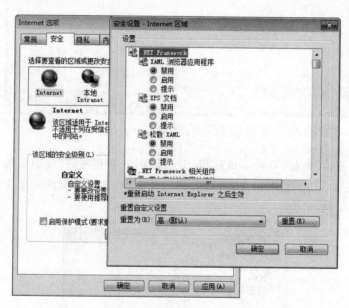

图 10-35　Internet 区域自定义安全级别的设置

在这里需要说明一点，对于 IE 8 安全级别只有"高"（默认），无法更改，解决办法如下。

直接按下 Win＋r 组合键，在"运行"对话框中输入 regedit，打开注册表编辑器，找到 HKEY_LOCAL_MACHINE\Software\Microsoft\Windows\CurrentVersion\Internet Settings\Zones\3 分支，将右侧的滚动条拉到最下面，找到 MinLevel，将 MinLevel 修改为 "10000"（十六进制），单击"确定"按钮即可，如图 10-36 所示。

2．可信站点的安全设置

在"Internet 选项"的"安全"选项卡下单击"受信任的站点"，然后单击"站点"按钮，在新窗口中输入希望添加的网络地址（例如：http://www.lnqg.com.cn），然后单击右侧的"添加"按钮即可，如图 10-37 所示。

3．隐私（Cookie）安全设置

大部分用户关于隐私方面的设置，基本不会设置，也不知道如何设置，泄露个人信息

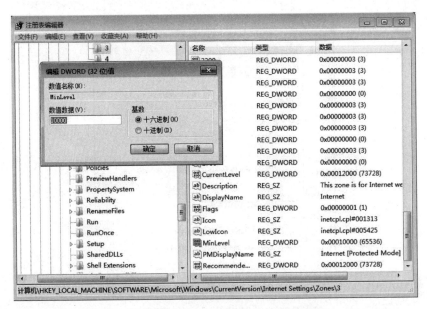

图 10-36　在注册表中修改 IE 8 的默认级别

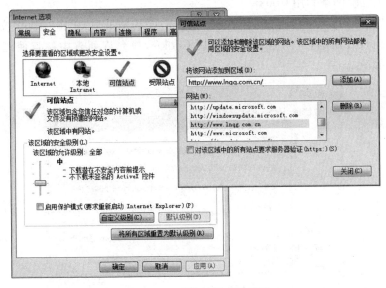

图 10-37　可信任站点的设置

最多的就是这个。关于 Cookie 的作用,可以用"天使"与"魔鬼"来形容,它可以让互联网服务供应商更贴心地为用户服务,但是也让别人知道用户的信息太多,而且知道的人不止一个。以下操作可使之保持平衡。

(1) 减少第三方 Cookie

打开"Internet 选项"中的"隐私"选项卡,然后选择单击"高级(V)",打开"高级隐私设置"对话框,选择"替代自动 Cookie 处理",设置阻止第三方 Cookie,并选择"总是允许会话Cookie(W)",如图 10-38 所示。

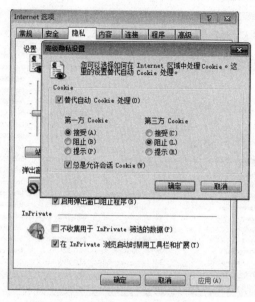

图 10-38　针对 Cookie 的高级设置

（2）阻止危险网站利用 Cookie

还是在"隐私"选项卡单击"站点"按钮，输入需要的网址后，单击"阻止"按钮，"允许"按钮是给反向设置用的，也就是说对外禁用 Cookie，只允许列表中站点使用 Cookie，如图 10-39 所示。

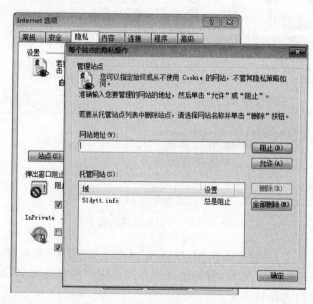

图 10-39　隐私站点设置

4. Internet 内容的安全设置

打开"Internet 选项"中的"内容"选项卡，可以看到有"内容审查程序"、"证书"、"自动完成"和"源和网页快讯"四栏，可以根据需要设置，如图 10-40 所示。

5. Internet 的高级安全设置

打开"Internet 选项"的"高级"选项卡，可根据实际情况对"设置"中的各"安全"项进行具体设置，如图 10-41 所示。

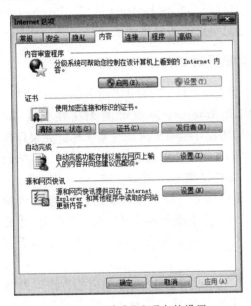

图 10-40　"内容"选项卡的设置

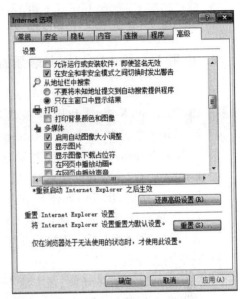

图 10-41　"高级"选项卡的设置

10.5　拓展提升　了解 Internet Explorer 增强的安全配置

Internet Explorer 增强的安全配置能够对服务器和 Internet Explorer 进行配置，该配置可降低服务器暴露在通过 Web 内容和应用程序脚本产生的潜在攻击之下的可能性。因此，一些网站可能无法正常显示或无法正常执行。

1. Internet Explorer 安全区域

在 Internet Explorer 中，可以为其中两个内置的安全区域"本地 Intranet"区域和"受信任的站点"区域配置安全设置。无法更改 Internet 区域和"受限制的站点"区域的安全设置。

若要更改安全设置，必须以管理员模式打开 Internet Explorer，即使已经以本地管理

285

员的身份登录也是如此。若要以管理员模式打开 Internet Explorer,请右击 Internet Explorer,然后单击"以管理员身份运行"。

Internet Explorer 增强的安全配置按照如下方式为这些区域分配安全级别。

- 对于 Internet 区域,安全级别设置为"高"。
- 对于"受信任的站点"区域,安全级别设置为"中",即允许浏览很多 Internet 站点。
- 对于"本地 Intranet"区域,安全级别设置为"中低",即允许将自己的用户凭据(用户名和密码)自动发送给需要它们的站点和应用程序。
- 对于"受限制的站点"区域,安全级别设置为"高"。
- 默认情况下,所有 Internet 和 Intranet 站点均分配到 Internet 区域。Intranet 站点不属于"本地 Intranet"区域,除非将它们明确添加到此区域中。

2. 启用 Internet Explorer 增强的安全配置时如何进行浏览

增强的安全配置提高了服务器上的安全级别,但它也会以下列方式影响 Internet 浏览。

- 由于 ActiveX 控件和脚本被禁用,因此 Internet 站点可能无法在 Internet Explorer 中正常显示,使用 Internet 的应用程序也可能无法正常工作。如果你信任某个 Internet 站点并且需要它正常工作,则可以将该站点添加到 Internet Explorer 的"受信任的站点"区域。如果你尝试浏览使用脚本或 ActiveX 控件的 Internet 站点,则 Internet Explorer 将提示你考虑将该站点添加到"受信任的站点"区域。仅当你完全确认站点值得信任并且要添加的 URL 确实正确时,才能将该站点添加到"受信任的站点"区域。有关详细信息,请参阅将站点添加到受信任的站点区域。
- 对 Intranet 站点的访问、在本地 Intranet 上运行的基于 Web 的应用程序以及网络共享上的其他文件都可能受限制。如果你信任某个 Intranet 站点或共享并且需要它正常工作,则可以将其添加到"本地 Intranet"区域。有关详细信息,请参阅将站点添加到本地 Intranet 区域。

3. Internet Explorer 增强的安全配置的影响

Internet Explorer 增强的安全配置可调整现有安全区域的安全级别。表 10-1 介绍了每个区域如何受到影响。

表 10-1　受影响区域

区　　域	安全级别	结　　果
Internet	高	该区域与"受限制的站点"区域的安全设置相同。默认情况下,所有 Internet 和 Intranet 站点均分配到该区域。由于脚本、ActiveX 控件和文件下载已被禁用,因此,网页可能无法在 Internet Explorer 中正常显示,而需要该浏览器的应用程序也可能无法正常工作。如果你信任某个 Internet 站点并且需要它正常工作,则可以将该站点添加到 Internet Explorer 的"受信任的站点"区域。有关详细信息,请参阅将站点添加到受信任的站点区域。对通用命名约定(UNC)共享上的脚本、可执行文件以及其他文件的访问受限制,除非将该共享明确添加到"本地 Intranet"区域

续表

区　　域	安全级别	结　　果
本地 Intranet	中低	由于增强的安全配置，访问 Intranet 站点时，可能会重复提示你提供凭据（用户名和密码）。增强的安全配置禁止对 Intranet 站点的自动检测。如果你希望将凭据自动发送给某些 Intranet 站点，则将这些站点添加到"本地 Intranet"区域。有关详细信息，请参阅将站点添加到本地 Intranet 区域。不要将 Internet 站点添加到"本地 Intranet"区域，因为这样将你的凭据自动发送给请求的站点
受信任的站点	中	该区域用于你信任其内容的 Internet 站点。有关详细信息，请参阅将站点添加到受信任的站点区域
受限制的站点	高	该区域包含你不信任的站点，例如可能会损害你的计算机或数据的站点（如果尝试从这些站点中下载或运行文件）

增强的安全配置还调整 Internet Explorer 的扩展性和安全设置，以便进一步降低暴露在未来可能的安全威胁之下的可能性。这些设置位于 Internet Explorer 中"Internet 选项"对话框的"高级"选项卡上。表 10-2 描述了受影响的设置。

表 10-2　受影响的设置

名　　称	默认设置	描　　述
启用第三方浏览器扩展	禁用	禁用安装用来与 Internet Explorer 一起使用的功能，这些功能可能是由 Microsoft 以外的其他公司创建的
在网页中播放声音	禁用	禁用音乐和其他声音
在网页中播放动画	禁用	禁用动画
检查服务器证书吊销	启用	自动检查网站的证书，以查看该证书是否已被吊销，如果有效再接受该证书
不要将加密的页面保存到磁盘	启用	禁止将安全信息保存在"Internet 临时文件"文件夹中
关闭浏览器时，会清空"Internet 临时文件"文件夹	启用	关闭浏览器时，会自动清除"Internet 临时文件"文件夹
当在安全模式和非安全模式之间发生更改时发出警告	启用	将浏览器从安全的网站重定向到不安全的网站时显示警告
启用内存保护以帮助减少联机攻击	禁用	启用数据执行保护（DEP）以帮助减少联机攻击。该选项仅适用于 Windows Server 2008

这些更改会减少网页、基于 Web 的应用程序、本地网络资源和使用浏览器显示帮助、支持及常规用户协助的应用程序中的功能。

有关使用"本地 Intranet"或"受信任的站点"区域的包含列表的详细信息，请参阅"管理 Internet Explorer 增强的安全配置"。

当 Internet Explorer 增强的安全配置已启用时，具备以下功能。

- 将 Microsoft Update 网站添加到"受信任的站点"区域。这允许你继续获得有关你的操作系统的重要更新。
- 将 Windows 错误报告站点添加到"受信任的站点"区域。这允许你报告操作系统遇到的问题并搜索解决方案。

- 将多个本地计算机站点(如 http://localhost、https://localhost 和 hcp://system)添加到"本地 Intranet"区域。这允许应用程序和代码在本地工作,以便完成常用的管理任务。
- 对于"受信任的站点"区域,将隐私首选项平台(P3P)级别设置为"中"。如果你想更改除 Internet 区域之外的任何区域的 P3P 级别,请转到"Internet 选项"对话框的"隐私"选项卡,单击"导入"以应用自定义隐私策略。有关隐私策略的示例,请参阅"如何创建自定义隐私导入文件"。

4. Internet Explorer 增强的安全配置和终端服务

根据安装类型,将增强的安全配置应用于不同的用户账户。表 10-3 描述了影响用户的方式。

表 10-3 影响用户的方式

安装类型	增强的安全配置适用于管理员	增强的安全配置适用于超级用户	增强的安全配置适用于受限用户	增强的安全配置适用于受限制的用户
操作系统的升级	是	是	否	否
操作系统的无人参与安装	是	是	否	否
终端服务的手动安装	是	是	是	是

为了在启用终端服务时获得更好的体验,应该从"用户"组的成员中删除"增强的安全配置"。这些用户对服务器的权限较少,因此受到攻击时他们的风险级别比较低。

5. Internet Explorer 增强的安全配置对 Internet Explorer 用户体验的影响

表 10-4 描述 Internet Explorer 增强的安全配置如何影响每个用户使用 Internet Explorer 的体验。

表 10-4 安全配置影响用户体验

任 务	可以由管理员完成	可以由超级用户完成	可以由受限用户完成	可以由受制的用户完成
启用或禁用 Internet Explorer 增强的安全配置	是	否	否	否
调整 Internet Explorer 中特殊区域的安全级别	是。 备注:只能更改"本地 Intranet"区域和"受信任的站点"区域的安全设置	为"是",在运行 Windows Server 2003 的计算机上;为"否",在运行 Windows Server 2008 的计算机上	否	否

续表

任　　务	可以由管理员完成	可以由超级用户完成	可以由受限用户完成	可以由受制的用户完成
将站点添加到"受信任的站点"区域	是	是	是	是
将站点添加到"本地 Intranet"区域	是	是	是	是

所有其他 Internet Explorer 任务都可以由所有用户组完成,除非你选择进一步限制用户访问权限。

6. 管理 Internet Explorer 增强的安全配置

Internet Explorer 增强的安全配置设计用于减少服务器暴露在安全威胁之下的可能性。为了确保尽可能地获益于增强的安全配置,请考虑以下浏览器管理建议。

- 默认情况下,所有 Internet 和 Intranet 站点均分配到"Internet"区域。如果你信任某个 Internet 或 Intranet 站点并且需要该站点正常工作,请将 Internet 站点添加到"受信任的站点"区域,将 Intranet 站点添加到"本地 Intranet"区域。有关每个区域的安全级别的详细信息,请参阅 Internet Explorer 增强的安全配置的影响。
- 如果你想在 Internet 上运行基于浏览器的客户端应用程序,则应该将该应用程序所在的网页添加到"受信任的站点"区域。有关详细信息,请参阅将站点添加到受信任的站点区域。
- 如果你想在受保护且安全的本地 Intranet 上运行基于浏览器的客户端应用程序,则应该将该应用程序所在的网页添加到"本地 Intranet"区域。有关详细信息,请参阅将站点添加到本地 Intranet 区域。
- 将内部站点和本地服务器添加到"本地 Intranet"区域可确保你可以访问、运行服务器中的应用程序。
- 作为安装过程的一部分,使用 unattend. txt 将 Intranet 站点和 UNC 服务器添加到"本地 Intranet"区域包含列表。
- 使用客户端计算机下载驱动程序、Service Pack 以及其他更新。避免从服务器进行任何浏览。
- 如果使用磁盘映像在服务器上安装操作系统,请在基本映像上将信任的 Intranet 站点和 UNC 服务器添加到"本地 Intranet"区域,将信任的 Internet 站点添加到"受信任的站点"区域。然后可以根据不同的服务器类型和需求更改映像上的列表。

7. 将站点添加到受信任的站点区域

在服务器上启用 Internet Explorer 增强的安全配置时,所有 Internet 站点的安全设置都设置为"高"。如果你信任某个网页并且需要它正常工作,则可以将该网页添加到

Internet Explorer 的"受信任的站点"区域。

（1）导航到要添加的站点。

（2）在状态栏上，双击安全区域名称（如 Internet）以打开"Internet 安全"对话框。

（3）单击"受信任的站点"，然后单击"站点"按钮。

（4）在"受信任的站点"对话框中，单击"添加"以将站点添加到列表中，然后单击"关闭"按钮。

（5）刷新页面以从其新区域查看该站点。

（6）检查浏览器的状态栏，以确认该站点位于"受信任的站点"区域。

8. 将 Internet Explorer 增强的安全配置应用到特定用户

使用 Internet Explorer 增强的安全配置，可以控制允许对服务器上某些用户组进行 Internet Explorer 访问的级别。

运行 Windows Server 2008 的计算机将增强的安全配置应用到特定用户的步骤如下。

（1）使用是本地 Administrators 组成员的用户账户登录计算机。

（2）单击"开始"按钮，指向"管理工具"，然后单击"服务器管理器"。

（3）如果出现"用户账户控制"对话框，请确认所显示的是你要执行的操作，然后单击"继续"按钮。

（4）在"安全信息"下单击"配置 IE Esc"。

（5）在 Administrators 下，根据所需的配置单击"启用（推荐）"或"禁用"。

（6）在"用户"下，根据所需的配置单击"启用（推荐）"或"禁用"。

（7）单击"确定"按钮。

（8）重新启动 Internet Explorer 以应用增强的安全配置。

10.6 习   题

一、填空题

1. 常用的电子邮件协议有_____和_____。

2. 目前，成熟的端到端安全电子邮件标准有_____和_____。

3. Internet 电子欺骗主要有_____、_____、_____。

4. ARP 是负责将_____转化成对应的_____的协议。

5. VPN 常用的连接方式有：_____、_____。

二、选择题

1. Internet，Explorer 浏览器本质是一个（   ）。

    A. 连入 Internet 的 TCP/IP 程序

    B. 连入 Internet 的 SNMP 程序

C. 浏览 Internet 上 Web 页面的服务器程序

D. 浏览 Internet 上 Web 页面的客户程序

2. 关于发送电子邮件,下列说法中正确的是(　　)。

A. 你必须先接入 Internet,别人才可以给你发送电子邮件

B. 你只有打开了自己的计算机,别人才可以给你发送电子邮件

C. 只要你有 E-mail 地址,别人就可以给你发送电子邮件

D. 没有 E-mail 地址,也可以收发送电子邮件

3. ARP 为地址解析协议。关于 ARP 的下列说法中,正确的是(　　)。

A. ARP 的作用是将 IP 地址转换为物理地址

B. ARP 的作用是将域名转换为 IP 地址

C. ARP 的作用是将 IP 地址转换为域名

D. ARP 的作用是将物理地址转换为 IP 地址

4. 在常用的网络安全策略中,最重要的是(　　)。

A. 检测　　　　　　B. 防护　　　　　　C. 响应　　　　　　D. 恢复

5. 从攻击方式区分攻击类型,可分为被动攻击和主动攻击。被动攻击难以(　　),然而(　　)这些攻击是可行的;主动攻击难以(　　),然后(　　)这些攻击是可行的。

A. 阻止,检测,阻止,检测　　　　　　B. 检测,阻止,检测,阻止

C. 检测,阻止,阻止,检测　　　　　　D. 上面 3 项都不是

三、简答题

1. 电子邮件的安全漏洞都有哪些?

2. 电子邮件安全策略都有哪些?

3. IP 电子欺骗的防范都有哪些?

4. DNS 欺骗攻击原理是什么?

5. 什么是 VPN?

参 考 文 献

[1] 王常吉,龙冬阳.信息与网络安全实验教程[M].北京:清华大学出版社,2007.

[2] 冯昊.计算机网络安全[M].北京:清华大学出版社,2011.

[3] 蒋罗生.网络安全案例教程[M].北京:中国电力出版社,2010.

[4] 张同光.信息安全技术实用教程[M].北京:电子工业出版社,2011.

[5] 钟乐海.网络安全技术(第2版)[M].北京:电子工业出版社,2011.

[6] 赖小卿.网络与信息安全实验指导[M].北京:中国水利水电出版社,2008.

[7] 崔宝江.网络安全实验教程[M].北京:北京邮电大学出版社,2008.

[8] 刘建伟.网络安全实验教程[M].北京:清华大学出版社,2007.

[9] 刘宁.计算机网络实验与实训[M].北京:电子工业出版社,2006.